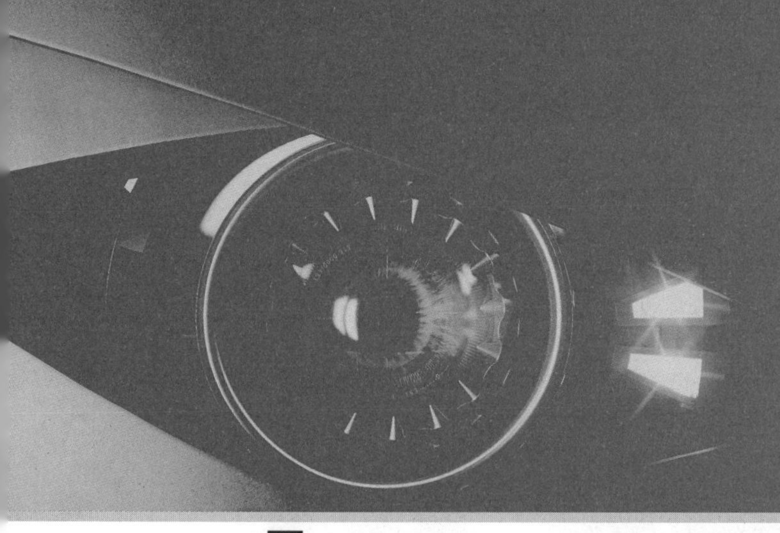

机器视觉技术基础

MACHINE VISION

肖苏华　主编

化学工业出版社
·北京·

内容简介

本书在讲述机器视觉基本原理和基本概念的基础上，重点介绍了机器视觉系统的构成以及机器视觉技术在实际生产中的应用，有较强的参考价值。本书具体内容包括：数字图像基础、HALCON 功能及应用、图像预处理、图像分割、特征提取、图像的形态学处理、图像模板匹配、3D 视觉、综合项目案例分析等。

本书可作为高等学校自动化类、机电类、电子信息类、计算机类相关专业的教学参考书，也可作为工程技术人员加深理解机器视觉及其应用技术的参考用书。

图书在版编目（CIP）数据

机器视觉技术基础/肖苏华主编. —北京：化学工业出版社，2020.12（2025.2重印）

ISBN 978-7-122-38298-6

Ⅰ.①机… Ⅱ.①肖… Ⅲ.①计算机视觉 Ⅳ.①TP302.7

中国版本图书馆CIP数据核字（2020）第267930号

责任编辑：王 烨　　文字编辑：陈 喆
责任校对：张雨彤　　装帧设计：王晓宇

出版发行：化学工业出版社（北京市东城区青年湖南街13号 邮政编码100011）
印　　装：三河市航远印刷有限公司
787mm×1092mm 1/16 印张15 字数371千字 2025年2月北京第1版第7次印刷

购书咨询：010-64518888　　售后服务：010-64518899
网　　址：http://www.cip.com.cn
凡购买本书，如有缺损质量问题，本社销售中心负责调换。

定　　价：69.00元

前言

PREFACE

伴随着科技的高速发展，自动化、智能化已经成为工程界的普遍趋势。一般而言，机器视觉技术是图像处理在工程界的应用，尤其是工业检测领域，具有准确度高、稳定性好、可靠性强的要求，机器视觉技术在此领域被广泛采用。市面上，机器视觉的书籍很丰富，为学习机器视觉技术提供了良好的帮助。笔者的目标是编写一本理论知识简洁精悍、结合实战项目讲解应用技能的教程，以更好地服务于广大的理工科大学生和工程技术人员。

HALCON 是当前工程界广泛使用的机器视觉软件，具有上手简单、学习方便等众多优点，基于市场对机器视觉工程师的普遍要求，本书采取 HALCON 作为视觉软件进行编写。

本书系统地讲解了机器视觉基础和视觉系统设计的关键知识和技术，首先讲解机器视觉概述、图像处理基础；然后再以 HALCON 为软件讲解其基础、图像预处理、图像分割、特征提取、形态学、模板匹配等知识和技能，并将具体的案例贯穿于各个核心知识点中；接下来结合工程界的广泛应用，讲解相机标定、3D 视觉技术；最后，讲解 HALCON/C++ 混合编程，以达到开发实际应用项目的能力，并结合作者的实战项目，挑选具有代表性的 5 个项目进行了比较详细的讲解，为学有余力的读者提供了参考。

本书还可作为机器人工程、机械电子工程、计算机科学、自动化、电子信息等专业的机器视觉课程教材，建议 2 个学分或 3 个学分。2 个学分的学习建议修读第 1 ～ 8 章。书中的视觉原理和算法部分，可根据生源情况，进行选取授课。另外，建议至少有一半学时安排在机房授课，以提高学习效果。作者的授课，将课程 48 学时全部安排在机房，并有部分电脑连接了工业相机等进行实时彩图和视觉识别教学，此方式可供读者参考。

本书由广东技术师范大学肖苏华教授主编，编写过程中得到了肖苏华视觉智能实验室学生的大力协助，包括资料搜集、程序调试、案例优化、文字修订等。他们是研究生王志勇，本科生吴建毅、何晓霜、赖南英。全书由肖苏华统稿、定稿，在编写过程中参阅了相关的书籍、论文和网络资料，也引用了部分内容，对原作者表示衷心的感谢。尤其对我的学生表示衷心的感谢，感恩遇见优秀的你们，在实验室见证你们的学习和成长也是我宝贵的记忆，也特别感谢广东技术师范大学机电学院的领导和老师给予我的支持和帮助。

由于水平有限，书中难免存在不妥之处，敬请读者批评指正。

肖苏华

2020 年 12 月 12 日

目录

CONTENTS

第 1 章

机器视觉概述

人眼与大脑的协作使得人们可以获取、理解及处理视觉信息。人类利用视觉感知外界环境信息的效率很高，事实上人类获取的环境信息中有 80% 左右是通过视觉得到的。近年来，随着计算机技术和数字信号处理技术的迅猛发展，人们学会了用摄像机获取环境图像并将其转换成数字信号，并用计算机实现对视觉信息的处理，这样就形成了一门新兴的学科——计算机视觉。计算机视觉是一门研究如何使机器“看”的科学。机器视觉则是建立在计算机视觉理论基础上，关注图像的处理结果，使机器感知环境中物体的形状、位置、姿态、运动等几何信息并控制接下来的行为。目前这种技术已经在传统行业中广泛应用起来，尤其是在一些不适合人工的危险工作环境或人眼难以满足要求的场合，常用机器视觉来替代人工视觉。不仅提高了生产效率，并且在精度、质量和速度方面都比人工具有巨大的优势，可见，未来的机器视觉发展一定有非常广阔的前景。本章针对机器视觉的基本原理以及应用方向问题进行解释和说明。

1.1
什么是机器视觉

提起视觉，自然而然就联想到人眼，眼睛是人获知外界事物多元信息的一个重要渠道，将获得的信息传入大脑，由大脑结合人类知识经验处理分析信息，完成信息的识别。通俗来讲，机器视觉是机器的“眼睛”，但其功能又不仅仅局限于模拟视觉对图像信息的接收，还包括模拟大脑对图像信息的处理与判断。

由于机器视觉涉及的领域非常广泛且非常复杂，因此目前还没有明确的定义。美国制造工程师协会（Society of Manufacturing Engineers, SME）机器视觉分会和美国机器人工业协会（Robotic Industries Association, RIA）的自动化视觉分会对机器视觉下的定义为：“机器视觉是研究如何通过光学装置和非接触式传感器自动地接收、处理真实场景的图像，以获得所需信息或用于控制机器人运动的学科。”机器视觉系统通常通过各种软硬件技术和方法，对反映现实场景的二维图像信息进行分析、处理后，自动得出各种指令数据，以控制机器的动作。例如通过检测产品表面划痕、裂纹、磨损、粗糙度、纹理等，进而划分产品质量，从而达到质量控制的目的。

和人类视觉相比，机器视觉具备很多优势：

① 安全可靠。观测者与被观测者之间无接触，不会产生任何损伤，所以机器视觉可以广泛应用于不适合人工操作的危险环境或者是长时间恶劣的工作环境中，十分安全可靠。

② 生产效率高，成本低。机器视觉能够更快地检测产品，并且适用于高速检测场合，大大提高了生产效率和生产的自动化程度，加上机器不需要停顿、能够连续工作，这也极大提高了生产效率。机器视觉早期投入高，但后期只需要支付机器保护、维修费用即可。随着计算机处理器价格的下降，机器视觉的性价比也越来越高，而人工和管理成本则逐年上升。从长远来看，机器视觉的成本会更低。

③ 精度高。机器视觉的精度能够达到千分之一英寸，且随着硬件的更新，精度会越来越高。

④ 准确性高。机器检测不受主观控制，具有相同配置的多台机器只要保证参数设置一致，即可保证相同的精度。

⑤ 重复性好。人工重复检测产品时，即使是同一种产品的同一特征，检测工作也可能会得到不同的结果，而机器由于检测方式的固定性，因此可以一次次地完成检测工作并且得到相同的结果，重复性强。

⑥ 检测范围广。除肉眼可见的物质外，还可以检测红外线、超声波等，扩展了视觉检测范围。

机器视觉系统的应用领域越来越广泛。在工业、农业、国防、交通、医疗、金融甚至体育、娱乐等行业都获得了广泛的应用，可以说已经深入到我们的生活、生产和工作的方方面面。

1.2 机器视觉系统硬件构成

随着技术的演进，在实际工作中机器视觉系统的工作流程如图 1.1 所示。

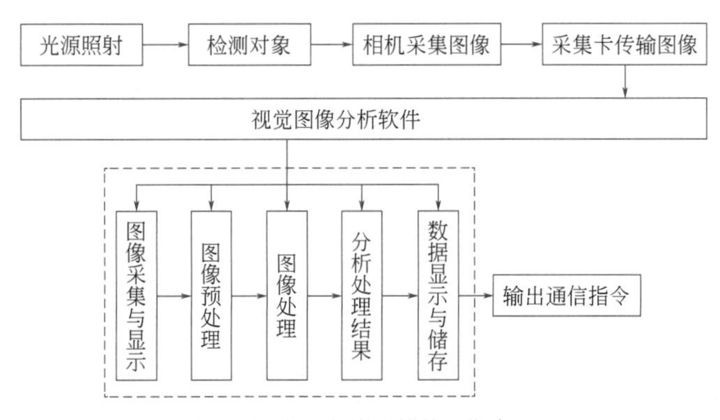

图 1.1　机器视觉系统的工作流程

光照环境准备好后，检测目标开始进入相机视野范围，此时图像采集卡开始工作，相机开始扫描并输出。接着图像采集卡接收图像模拟信号或数字信号转化成数据流并传输到图像处理单元，视觉软件中的图像采集部分将图像存储到计算机内存中，并对图像进行识别、分析、处理，以完成检测、定位、测量等任务。最后将处理结果进行显示，并将结果或控制信号发送给外部单元，以完成对机器设备的运动控制。

典型的机器视觉硬件系统一般包括光源、镜头、相机、图像采集模块、图像处理单元、交互界面等，如图 1.2 所示。

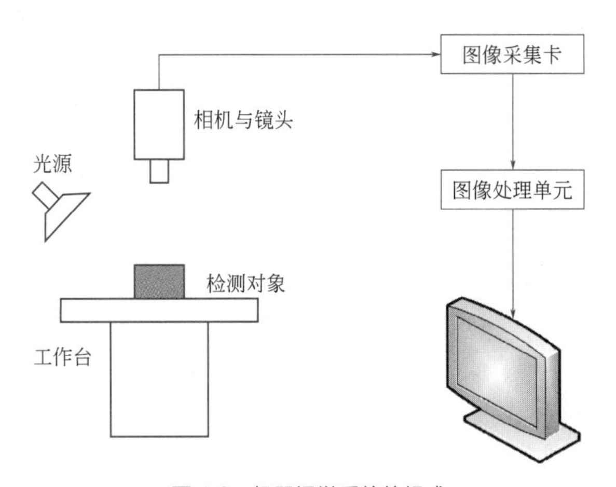

图 1.2　机器视觉系统的组成

（1）光源

光源作为辅助成像设备，是机器视觉系统的重要组成部分，它为机器视觉系统的图像获取提供足够的光线。在机器视觉系统中，光源的作用有：①显现被测物的重要特征；②消隐

不感兴趣区域；③保证成像效果有利于图像处理；④保证图像的稳定等。因此，光源会直接影响到相机成像质量，进而影响视觉系统性能。

（2）镜头

镜头的主要作用是将目标成像在图像传感器的光敏面上。如果将机器视觉系统与人类视觉系统进行类比，那么镜头类似于人眼的晶状体。有了镜头，相机才可以输出清晰的图像。在机器视觉系统中镜头和相机常作为一个整体出现，其质量直接影响到机器视觉系统的整体性能，合理地选择和安装镜头是决定机器视觉成像子系统成败的关键。

（3）相机

工业相机又俗称摄像机，是一种将影像转化成数字信号或者模拟信号的工具，相比于传统的民用相机（摄像机）而言，它具有高的图像稳定性、高传输能力和高抗干扰能力等，是机器视觉系统中的一个关键组件。相机的选用要考虑到检测产品的精度要求、检测物体的速度、是动态检测还是静态检测、相机的类型以及参数、相机的价格等。

（4）图像采集单元

通常是用图像采集卡的模式，图像采集卡的功能是将图像信号采集到计算机中，以数据文件的形式保存在硬盘上。实际上，图像采集卡并不是在任何情况下都会使用，需要考虑工业相机的接口问题，一般来说，Camera Link 接口是一定需要图像采集卡，而网口、USB2.0、USB3.0 接口由于采集卡已集成到电脑主板上，因此基本都不需要采集卡。

（5）图像处理单元

信息主要通过计算机及图像处理软件处理后再输入到控制机构进行具体操作，本书主要介绍运用 HALCON 图像处理软件对图像进行分割 ROI、图像增强、平滑、特征提取、识别与理解等。

（6）交互界面

交互界面是人和计算机进行信息交换的通道，用户通过交互界面向计算机输入信息、进行操作，计算机则通过交互界面向用户提供信息，以供阅读、分析和判断。软件的交互界面是用户直接看到的内容，也是使用软件操作的平台，因此，交互界面的设计应以简洁易做、可操作性强为主。

1.3 硬件选型

硬件的选型将关系到图像的质量和传输的速率，也会间接影响视觉软件算法的工作效率，本节将介绍机器视觉硬件系统的 4 个主要硬件选型。

1.3.1 光源

照明系统是机器视觉应用重要的部分之一，其主要目标是以合适的方式将光线投射到被测物体上，获得高品质、高对比度的图像。合适的光源能够改善整个系统的分辨率，简化软件的运算；不合适的照明，则会引起很多问题，例如花点和过度曝光会隐藏很多重要信息。所以，有时我们需要屏蔽一些光线变化，有时需要增加照明或调整打光方式。

光源的种类很多，根据光源的发光机理不同，可以分为高频荧光灯、卤素灯（光纤光源）、发光二极管（LED）光源、气体放电灯、激光二极管 LD。按形状分有环形光源、背光源、点光源等。选择光源时，应根据检测的目标物体和检测要求决定如何打光以及选择何种光源。例如，如果要突出被测物体的结构细节，可以使用正面或者正侧面光源。如果要凸显物体的轮廓，可以使用背面光源。在选择和布置光源时，应根据检测的对象和希望呈现出的画面效果进行设计。除了可见光外，某些情况下也需要使用红外光源。例如，某眼球追踪项目需要捕捉瞳孔位置，这时就应该选择红外光源，这样光线不可见，不会对测试者造成干扰。总的来说，要根据实际需求进行光源选择。

在实际工程应用中，可以委托专业光源公司进行样品打光测试，然后再进行选型。

1.3.2 相机

机器视觉项目第一步就是图像输入。而图像的输入离不开相机，如图 1.3 所示。相机是一种将现场的影像转化成数字信号或模拟信号的工具，是采集图像的重要设备。本节将对相机的参数、分类等进行阐述。

图 1.3 MV-SUA33GM-T 工业相机

（1）相机的分类

作为机器视觉系统中的核心部件，对于机器视觉系统的重要性是不言而喻的。按照分类的不同，相机又分为很多种：

① 按色彩分，可以分为彩色相机和黑白相机。黑白相机直接将光强信号转换成图像灰度值，生成的是灰度图像。而彩色相机能获得景物中红、绿、蓝三个分量的光信号，输出彩色图像。一般来说，除了需要检测颜色的情况外，通常情况下都是选黑白相机，因为黑白相机更加高效，即使采集了彩色图像，输入到软件中也是先转为黑白图像再进行后续处理。

② 按感光芯片的技术分，可以分 CCD 相机和 CMOS 相机。芯片主要差异在于将光转换为电信号的方式。对于 CCD 传感器，光照射到像元上，像元产生电荷，电荷通过少量的输出电极传输并转化为电流、缓冲、信号输出。对于 CMOS 传感器，每个像元自己完成电荷到电压的转换，同时产生数字信号。在大多数情况下，CCD 相机的成像质量优于 CMOS 相机，需要根据项目的需求进行选择。例如，在弱光低速的检测环境下可以选择 CCD, 有助于获得更丰富的图像细节；若追求高性价比、高成像速度和成像质量，可以选择新式的 CMOS。

③ 按传感器的像素排列方式进行分类，可以分为面阵相机和线阵相机。面阵相机是将图像以整幅画面的形式输出，因此其可以应用到面积、形状、尺寸、位置，甚至温度等的测量。而线阵相机则是将图像逐行输出，可应用于图像区域是条形或者高速运动物体成像等。此外，两者在价格上也不同，线阵相机主要应用于一些需要高精度扫描数据领域，而面阵相机则广泛应用于一些不需要太高精度的扫描场合，因此线阵相机的市场价格相对同一类型的面阵相机昂贵很多。

④ 按相机数据输出模式的不同，分为模拟相机和数字相机，模拟相机输出模拟信号，数字相机输出数字信号。模拟相机通用性好，成本低，缺点为一般分辨率较低、采集速度慢，且在图像传输过程中容易受到噪声干扰，大多用于对图像质量要求不高的机器视觉系统。数字相机内部集成了 A/D 转换电路，可以直接将模拟量的图像信号转化为数字信号，具有图像传输抗干扰能力强、分辨率高、视频信号格式多样、视频输出接口丰富等特点，因此目前机器视觉系统一般选用数字相机。

（2）相机的主要参数

在选择相机前，首先要对相机有基本的了解，相机参数信息一般在各厂商提供的产品信息中都有详细介绍，接下来我们介绍与机器视觉相关的相机的主要参数。

① 分辨率：相机每次采集图像的像素点数。主要用于衡量相机对物像中明暗细节的分辨能力。一般用 $W \times H$ 的形式表示，W、H 分别表示图像水平方向 / 垂直方向上每一行 / 列的像素数。如 30 万像素的相机，其分辨率一般为 640×480，总像素数为 307200，即 30.72 万像素。就同类相机而言，分辨率越高，相机的档次也就越高。但选择相机时并不是分辨率越高越好，一般来讲，相机像素精度≥项目测量精度。

② 像素尺寸：指每一个像素的实际大小，单位一般是 μm。在分辨率一样的情况下，像素尺寸越小，得到的图像越大。

③ 像素深度：每位像素数据的位数。一般来说，8bits 表示黑白图像，24bits 表示彩色 RGB 图像，总的来说，像素的深度越大，图像的颜色信息也越丰富，但相应的图像文件也就越大。

④ 帧率：相机每一秒钟拍摄的帧数。对于面阵相机一般为每秒采集的帧数（Frames/s），对于线阵相机为每秒采集的行数（Hz）。帧率越大，每秒捕捉到的图像越多，图像显示就越流畅。通常一个系统要根据被测物的运动速度大小、视场的大小、测量精度计算得出需要什么速度的相机。

⑤ 曝光方式（Exposure）和快门速度（Shutter）：对于线阵相机都是逐行曝光的方式，可以选择固定行频和外触发同步的采集方式，曝光时间可以与行周期一致，也可以设定一个固定的时间；面阵相机有帧曝光、场曝光和滚动行曝光等几种常见方式，数字相机一般都提供外触发采图的功能。快门速度一般可到 10μs，高速相机还可以更快。

⑥ 数字接口：相机的接口是用来输出相机数据的，一般有 USB2.0/3.0、Fire Ware、GigE、Camera Link 等类型。

（3）智能相机

典型的机器视觉系统图像的采集功能由相机及图像采集卡完成，图像的处理则是在图像采集 / 处理卡的支持下，由软件在 PC 机中完成。智能相机是一个同时具有图像采集、图像处理和信息传递功能的小型机器视觉系统，是一种嵌入式计算机视觉系统（Embedded Machine Vision System）。它将图像传感器、数字处理器、通信模块和其他外设集成到一个单一的相机之内，使相机能够完全替代传统的基于 PC 的计算机视觉系统，独立完成预先设定的图像处理和分析任务。由于采用一体化设计，可降低系统的复杂度，并可提高系统的可靠性，同时系统的尺寸大为缩小。

（4）相机的选型

相机的选型步骤可参考如下内容：

① 确定系统精度要求和相机分辨率，当进行尺寸测量时，通过其测量精度作为其精度

要求；当进行缺陷检测时，将检出的最小缺陷的尺寸作为其精度要求，可以通过公式：

X 方向系统精度 (X 方向像素值) = 视野范围 (X 方向)/CCD 芯片像素数量 (X 方向)

Y 方向系统精度 (Y 方向像素值) = 视野范围 (Y 方向)/CCD 芯片像素数量 (Y 方向)

分辨率= (视野的高/精度)×(视野的宽/精度)×2

② 根据被测物是否运动，来选择相机的快门方式。若物体处于运动状态，则采用全局快门；若物体处于静止状态，则采用卷帘快门。

③ 确定相机的帧率。根据物体的运动速度，确定相机的帧率，通过公式：

最低速率=运动速度/视野。

④ 确定相机的图像色彩。在一般情况下，基本选用黑白相机，由于黑白图像检测精度优于彩色相机，其中包括其对比度和锐度。在进行色彩识别或色彩缺陷检测等处理时，则选择彩色相机。

⑤ 确定相机与图像采集卡的匹配问题。a. 分辨率的匹配，每款板卡都只支持某一分辨率范围内的相机；b. 特殊功能的匹配，如用相机的特殊功能，先确定所用板卡是否支持此功能，比如，项目需要多部相机同时拍照，这个采集卡就必须支持多通道，如果相机是逐行扫描的，那么采集卡就必须支持逐行扫描；c. 接口的匹配，确定相机与板卡的接口是否相匹配，如 Camera Link、GigE、CoxPress、USB3.0 等；d. 视频信号的匹配，对于黑白模拟信号相机来说有两种格式，即 CCIR 和 RS170(EIA)，通常采集卡同时支持这两种相机。

⑥ 在满足对检测的必要需求后，最后才是价格的比较。

1.3.3 镜头

镜头是与相机配套使用的一种成像设备，如图 1.4 所示。选择相机之后，就可以考虑选择合适的镜头了。镜头的主要作用是将成像目标聚焦在图像传感器的光敏面上。在机器视觉系统中，镜头常和相机作为一个整体出现，它的质量和技术指标直接影响成像子系统的性能，合理地选择和安装镜头是决定机器视觉成像子系统成败的关键。

图 1.4 工业镜头

（1）镜头分类

① 按焦距能否调节，可分为定焦镜头和变焦镜头两大类。机器视觉系统中常用定焦镜头，一般来说定焦镜头的光学品质更出众，缺点是当拍摄距离确定，其拍摄视角也就固定了，要想改变视角画面，则需要移动拍摄者位置。依据焦距的长短，定焦距镜头又可分为鱼眼镜头、短焦镜头、标准镜头、长焦镜头四大类。需要注意的是，焦距的长短划分并不是以焦距的绝对值为首要标准，而是以像角的大小为主要区分依据，所以当靶面的大小不等时，其标准镜头的焦距大小也不同。变焦镜头涵盖了从超广角镜头到超望远镜头的各种焦段选择，目前专业级的变焦镜头在光学品质方面几乎能够和定焦镜头相媲美。

② 根据镜头接口类型划分，镜头和摄像机之间的接口有许多不同的类型，物镜的接口有三种国际标准：F 接口、C 接口和 CS 接口。其中 C 接口和 CS 接口是工业相机最常见的标准接口，适用于物镜焦距小于 25mm 且物镜的尺寸不大的情况。F 接口是通用型接口，一般

适用于焦距大于 25mm 的镜头。接口类型的不同和镜头性能及质量并无直接关系，只是接口方式不同，一般可以找到各种常用接口之间的转接口。

③ 特殊用途的镜头。

a. 显微镜头，一般是指成像比例大于 10：1 的拍摄系统所用镜头，但由于现在的摄像机的像元尺寸已经做到 3μm 以内，所以一般成像比例大于 2：1 时也会选用显微镜头。

b. 微距镜头（Macro），一般是指成像比例为（2：1）～（1：4）范围内的特殊设计的镜头。在对图像质量要求不是很高的情况下，一般可采用在镜头和摄像机之间加近摄接圈的方式或在镜头前加近拍镜的方式达到放大成像的效果。

c. 远心镜头（Telecentric），主要是为纠正传统镜头的视差而特殊设计的镜头，它可以在一定的物距范围内，使得到的图像放大倍率不会随物距的变化而变化，这对被测物不在同一物面上的情况是非常重要的应用。

d. 紫外镜头和红外镜头，一般镜头是针对可见光范围内的使用设计的，由于同一光学系统对不同波长的光线折射率不同，导致同一点发出的不同波长的光成像时不能会聚成一点，产生色差。常用镜头的消色差设计也是针对可见光范围的，紫外镜头和红外镜头即是专门针对紫外线和红外线进行设计的镜头。

（2）镜头参数

① 分辨率。镜头分辨率表示它的空间极限分辨能力，常用拍摄正弦光栅的方法来测试。镜头的分辨率越高，成像越清晰。分辨率的选择，关键看对图像细节的要求。同时，镜头的分辨率应当不小于相机的分辨率。

② 物距与焦距。物距是目标对象与相机的距离。焦距指目标对象在镜头的像方所成像位置到像方主面的距离。焦距体现了镜头的基本特性：即在不同物距上，目标的成像位置和成像大小由焦距决定。对于相同的感光元件，搭配的镜头焦距越长，视场角越小，反之成立（排除枕形畸变的影响）。可以根据图 1.5 直观感受一下使用同款感光芯片的焦距概念。

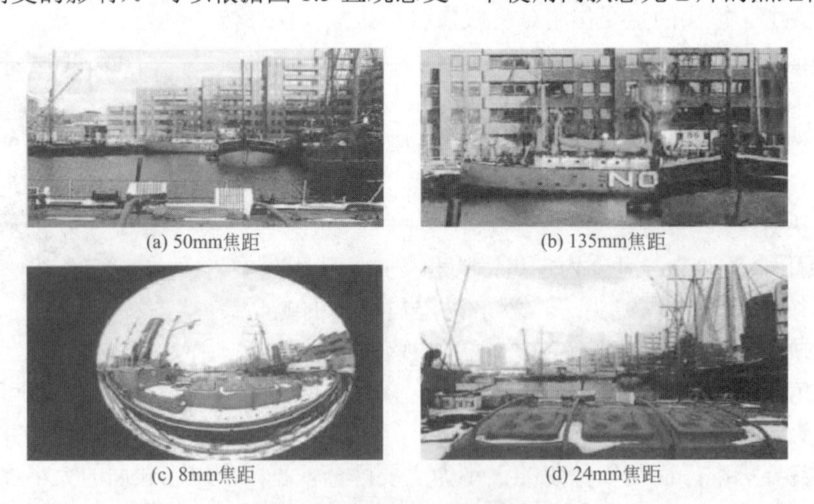

(a) 50mm焦距　(b) 135mm焦距　(c) 8mm焦距　(d) 24mm焦距

图 1.5　同款感光芯片的不同焦距

③ 最大像面。最大像面是指镜头能支持的最大清晰成像范围（常用可观测范围的直径表示），超出这个范围所成的像对比度会降低，而且会变得模糊不清。由于机器视觉成像系统中的传感器多制作成长方形或正方形，因此镜头的最大像面常用它可以支持的最大传感器尺寸（单位为 in，靶面 1in 表示对角线 16mm）来表示。相应地，镜头的视场也可以用最大像

面所对应的横向和纵向观测距离或视场角来表示，如图 1.6 所示。

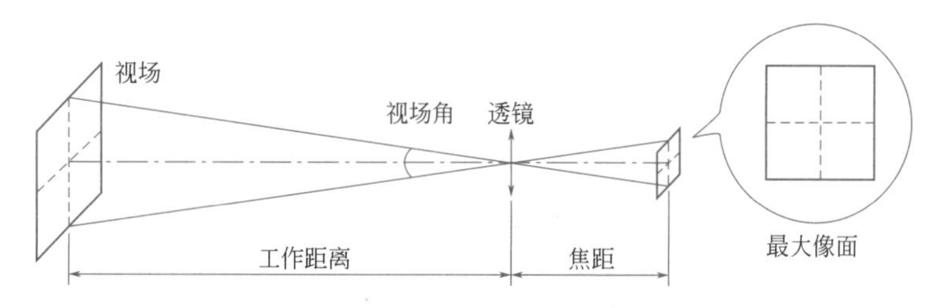

图 1.6 机器视觉系统中镜头的视场和最大像面

④ 视场 / 视场角。镜头的视场就是镜头最大像面所对应的观测区域。视场角为以光学仪器的镜头为顶点，被测目标的物像可通过镜头的最大范围的两条边缘构成的夹角。也就是说，如果目标物体超过视场角就不会被收在镜头里。在远距离成像系统中，例如望远镜、航拍镜头等场合，镜头的成像范围均用视场角来衡量。而近距离成像中，常用实际物面的直径（即幅面）来表示。

⑤ 光圈（F）。光圈是镜头相对孔径的倒数，它是一个用来控制光线透过镜头，进入机身内感光面光量的装置，一般用 F 来表示这一参数。例如，镜头的相对孔径是 1∶2，光圈就是 $F2.0$，也就是说，光圈系数的标称值数字越小，表示其实际光圈越大。当相机曝光时间、增益等参数恒定时，光圈越大，进入相机的光线越多，画面就越亮，如图 1.7 所示。因此对于光线比较暗的场合，可选用大一点的光圈。

(a) $F2.8$　(b) $F4$　(c) $F5.6$　(d) $F8$

图 1.7 F 的变化

⑥ 景深。景深是指在镜头前方沿着光轴所测定的能够清晰成像的范围，与镜头和成像系统关系十分密切。可成清晰像的最远的物平面称为远景平面，它与对准平面的距离称为后景深 DOF_2；能成清晰像的最近物平面称为近景平面，它与对准平面的距离称为前景深 DOF_1；景深 = 前景深 + 后景深。如图 1.8 所示，与景深有关的计算公式如式（1.1）～式（1.3）所示。

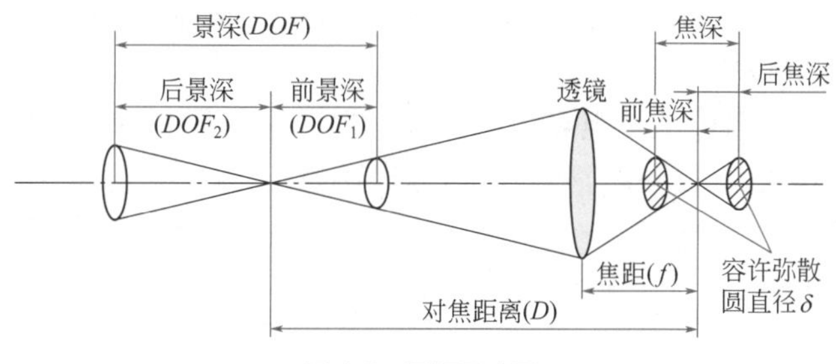

图 1.8 景深示意图

前景深：

$$DOF_1 = \frac{F\delta D^2}{f^2 + F\delta D} \tag{1.1}$$

后景深：

$$DOF_2 = \frac{F\delta D^2}{f^2 - F\delta D} \tag{1.2}$$

景深：

$$DOF = \frac{2f^2 F\delta D^2}{f^4 - F^2\delta^2 D^2} \tag{1.3}$$

其中，δ 为容许弥散圆直径；f 为镜头焦距；D 为对焦距离；F 为镜头的拍摄光圈值。

⑦ 对比度。对比度用来形容图像最亮处和最暗处的差别，用 *MTF* 来表示，*MTF* 描述的是光学成像系统对各频率分量对比度的传递特性，如式（1.4）所示。

$$MTF = \frac{(I'_{\max} - I'_{\min}) / (I'_{\max} + I'_{\min})}{(I_{\max} - I_{\min}) / (I_{\max} + I_{\min})} \tag{1.4}$$

式中，$I'_{\max}$ 和 $I'_{\min}$ 表示像的最大和最小灰度值；$I_{\max}$ 和 $I_{\min}$ 表示物的最大和最小灰度值。很明显，调制度介于 0 ～ 1 之间，调制度 M 越高，意味着对比度越大；当图像中的最大亮度和最小亮度相等，此时 *MTF* 为 0。

⑧ 镜头倍率。镜头倍率即放大倍数，这个值与被测物体的工作距离有关，要根据放大需求决定。

⑨ 接口。接口是镜头与相机的机械连接方式。镜头的接口应与相机的物理接口相匹配。例如，相机的接口是 C 口，镜头也应选择 C 口。还有 F 口、CS 口、S 口等接口，不同的接口是为了适应不同的相机芯片尺寸。

（3）镜头选择步骤

选择镜头时，可以参考以下步骤。

① 确定镜头的工作波长和是否需要变焦，变焦与定焦镜头的选择由成像过程需要改变放大的倍率决定。

② 确定镜头的景深效果（*DOF*）。景深效果（*DOF*）是指由于物体移动导致的模糊，是保持理想对焦状态下物体允许的移动量（从最佳焦距前后移动）。当物体的放置位置比工作距离近或者远的时候，它就位于焦外了，这样解析度和对比度都会受到不好的影响。出于这个原因，*DOF* 同指定的分辨率和对比度相配合。当景深一定的情况下，*DOF* 可以通过缩小镜头孔径来变大，同时也需要光线增强。

③ 确定焦距。首先测量工作距离和目标物体的大小，得到图像的宽或高。然后确定相机的安装位置，从相机的拍摄角度推测视角，最后根据二者的几何关系计算相机的焦距。镜头的焦距是和镜头的工作距离、系统分辨率（及 CCD 像素尺寸）相关的。

④ 根据现场的拍摄要求，考虑光圈、价格等其他因素。

1.3.4 图像采集卡

图像采集卡（如图 1.9 所示）又称图像捕捉卡，其功能主要是将来自相机的模拟信号或数字信号转化为所需的图像数据流并发送到计算机端，是相机和计算机之间的重要连接组件。在上一节我们已经了解到并不是所有情况都需要用到图像采集卡，但是在接口传输速度要求很高的项目中往往需要应用图像采集卡方可满足需求。

图 1.9 图像采集卡

（1）图像采集卡的种类

① 按接收信号的种类，可以分为模拟信号图像采集卡和数字信号图像采集卡。

② 按接口的适用性，可以分为专用接口（如 Camera Link、模拟视频接口等）采集卡和通用接口采集卡（如 GigE、USB3.0 等）。

③ 按支持的颜色，可以分为彩色图像采集卡和黑白图像采集卡。

④ 按其性能作用，可以分为电视卡、图像采集卡、DV 采集卡、电脑视频卡、监控采集卡、多屏卡、流媒体采集卡、分量采集卡、高清采集卡、笔记本采集卡、DVR 卡、VCD 卡、非线性编辑卡（简称非编卡）。

（2）图像采集卡的技术参数

① 图像传输接口与数据格式。图像采集卡的传输接口需与所选用相机一致。大多数摄像机采用 RS422 或 EIA644（LVDS）作为输出信号格式。在数字相机中，IEEE1394、USB2.0 和 Camera Link 几种图像传输形式得到了广泛应用。若选用数字制式，还必须考虑相机的数字位数。

② 图像格式（像素格式）。

a. 黑白图像：通常情况下，图像灰度等级可分为 256 级，即以 8 位表示。在对图像灰度有更精确要求时，可用 10 位、12 位等来表示。

b. 彩色图像：彩色图像可由 RGB（YUV）3 种色彩组合而成，根据其亮度级别的不同有 8-8-8、10-10-10 等格式。

③ 传输通道数。当摄像机以较高速率拍摄高分辨率图像时，会产生很高的输出速率，这一般需要多路信号同时输出，图像采集卡应能支持多路输入。一般情况下，有 1 路、2 路、4 路、8 路输入等。随着科技的不断发展和行业的不断需求，路数更多的采集卡也出现在市面上。

④ 分辨率。采集卡能支持的最大点阵反映了其分辨率的性能。一般采集卡能支持 768×576 点阵，而性能优异的采集卡支持的最大点阵可达 64k×64k。单行最大点数和单帧最大行数也可反映采集卡的分辨率性能。同三维推出的采集卡能达到 1920×1080 分辨率。

⑤ 采样频率。采样频率反映了采集卡处理图像的速度和能力。在进行高度图像采集时，需要注意采集卡的采样频率是否满足要求。高档的采集卡采样频率可达 65MHz。

⑥ 传输速率。主流图像采集卡与主板间都采用 PCI 接口，其理论传输速度为 132MB/s。

（3）图像采集卡的选型

选择图像采集卡之前，要明确项目的功能需求，如分辨率、传输速率等要求，以及相机的详细参数。图像采集卡的选型应当与相机匹配，主要指以下几个方面的匹配。

① 支持的接口模式，如 Camera Link 接口的相机支持的模式有 Base 模式、Medium 模式、Full 模式，那么图像采集卡在选择时也应当与相机的模式匹配。在实际项目中曾发现，如果相机选择 Base 模式，而图像采集卡选用 Full 模式，会造成图像数据的丢失或缺色。

② 支持的分辨率：在选择时应考虑图像采集卡的分辨率是否能满足输入图像的要求。

③ 其他：还应当考虑硬件的可靠性，如有没有过电压保护、散热性能如何等。除了硬件外，还要考虑配套软件的易用性。图像采集卡一般都有配套的开发包，如 SDK、开发平台等，可根据开发者的经验和偏好进行选择。

【例】 大小为 17mm × 12mm、精度要求 0.01mm 的零件的几何测量硬件选型。

① 选择面阵相机还是线阵相机？

因为拍摄的是全局物体，所以选择面阵相机。

② 选择彩色相机还是黑白相机？

因为只需要测量零件的尺寸值，因此选择黑白相机。

③ 选择 CCD 相机还是 CMOS 相机？

拍摄的是静止物体，因此选择高性价比、高成像速度和成像质量的 CMOS 相机。

④ 选择多大的相机分辨率？

由于零件大小为 17mm × 12mm，视野范围大于零件尺寸，选定视野为 20mm × 15mm，所以相机最低分辨率为：

$$(20/0.01)\times(15/0.01)=2000\times1500=300(\text{万像素})$$

考虑像素误差、系统稳定性，一般选用 3 ～ 4 倍或以上像素，实际相机最低分辨率：

$$300\times3=900(\text{万像素})$$

所以选用相机分辨率要大于 900 万像素。

⑤ 选择什么样的光源？

测量项目选用背光源，背光源能很好地凸显零件的外形轮廓，有利于提取零件的边缘用于测量。

⑥ 选择什么样的镜头？

测量项目对图像畸变较为敏感，高的畸变率会影响测量的精度，应该选择畸变低的镜头，远心镜头的畸变低，适合用于测量项目。假定选择的相机靶心为 6.4mm × 4.6mm，则远心镜头的放大倍率为：

$$6.4\div20=0.32(\text{倍})$$

因此应该选择放大倍率在 0.32 左右的远心镜头。

⑦ 其他需求：

如帧率、数据接口、相机镜头接口等按照实际需求选取。

1.4 机器视觉的应用及展望

机器视觉近几年随着人工智能技术的发展而逐渐得到应用，对比人工，其精度、质量和速度都拥有极大的优势，在如今我国的众多领域，其关键技术在现代化智能装备以及自动化领域得到广泛的应用。

（1）在工业领域的应用

机器视觉在工业检测领域的应用比较广泛，在保证了产品的质量和可靠性的同时，大幅度提高了生产的速度。例如，在进行食品包装加工、饮料行业各种质量检测以及半导体集成块封装质量检测时，机器视觉极大提高了其生产速度。此外，其在装配机器人视觉检测、搬运机器人视觉导航方面也有广泛应用。

（2）在医学领域的应用

随着对药品以及医疗器械安全性问题的日益关注，在医学领域，许多医院利用机器视觉技术辅助医生进行医学影像的分析。在医学领域主要运用在医学疾病的诊断方面，例如，基于 X 射线图像、超声波图像、显微镜图像、核磁共振图像、CT 图像、红外图像、人体器官三维图像等的病情诊断和治疗，病人检测与看护。另外，机器视觉技术可以应用在自动细胞计数与统计，通过利用数字图像的边缘提取与图像分割技术，对细胞的医学图像数据进行检测，节省了人力与物力，提高了工作效率。

（3）在交通领域的应用

随着计算机技术的不断普及，国内外许多科研机构、高校以及汽车厂商将机器视觉技术大量运用于汽车辅助驾驶系统，包括视频检测系统、安全保障系统、车牌识别系统等。在视频检测时，主要运用图像处理技术与计算机视觉技术，通过对图像的分析来对车辆、行人等交通目标的运动进行识别与跟踪。通过识别系统对交通行为进行理解与分析，从而完成各种交通数据的采集、交通事件的检测等。机器视觉技术在汽车辅助驾驶方面的应用主要作用于车流量监控、车辆违规判断及车牌照识别和汽车自动导航等。

（4）在农业领域的应用

当前，在农业领域，机器视觉主要应用于果蔬采摘、果蔬分级、农田导航以及各种作物生长因素检测。中国作为传统的农业生产大国，视觉技术在农业生产上的应用前景不言而喻，对农产品升级、实行优质优价，以产生更好的经济效益，意义十分重大。

（5）生活领域的应用

机器视觉技术在生活中也获得了广泛的应用。在大数据、物联网的时代背景下，智能家居正走入寻常百姓家。无论是自动感知光强的智能窗帘，还是能自动避障的扫地机器人，都离不开机器视觉技术。随着科技的发展进步，无人驾驶技术的实用化进程将加快，相信在不久的未来，曾经出现在科幻电影中的场景，会成为我们期盼已久的现实。此外，定位导航也成为我们生活中不可或缺的一部分，为了增加其定位的准确性，机器视觉技术发挥着重要作用。

小结

本章主要介绍了机器视觉的概念、机器视觉的硬件系统以及机器视觉当前的实际应用。机器视觉成像系统能反映真实场景的性能和质量，直接决定整个机器视觉系统的性能和开发难度。镜头与相机在视觉系统中是最重要的两个元素，在进行相机与镜头选择时，通常需要考虑实际项目所需的相机参数、镜头参数，同时也应注意镜头与相机之间的物理接口的匹配等。总之，机器视觉成像系统中相机和镜头的选择并无固定流程可循。筛选过程是一个在项目预算范围内综合各种技术指标，最大限度地满足项目需求的过程。因此，必须在实践中根据各种情况灵活应变，并积累经验。

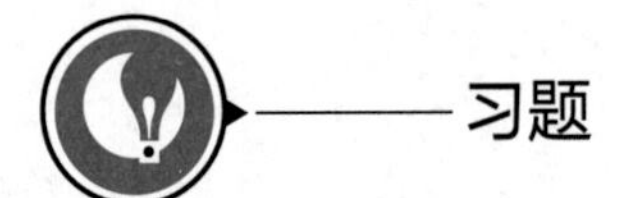

习题

1.1 什么是机器视觉？说说你的理解。

1.2 机器视觉系统主要由哪几部分组成？每一部分各起什么作用？

1.3 选择相机时需要考虑什么因素？

1.4 镜头的主要参数有哪些？

1.5 如何搭建机器视觉硬件系统？

第2章 数字图像基础

学习机器视觉，其实质就是对各类图像的处理过程，早在20世纪20年代曾引入Bartlane电缆图片传输系统，把横跨大西洋传送一幅图片所需的时间从一个多星期减少到3小时。数字图像处理技术彻底改变了传统工作的观念和方法，体现了其超高的优越性，使得图像的采集处理从模拟走向了数码，从后期处理走向了现场实时处理，从档案袋走向了数据库，实现了全数字化的飞跃。数字图像处理技术在当今世界应用已经非常普遍，应用手段越来越丰富，功能也越来越强大。本章将介绍有关图像处理的一些基础内容。

2.1 图像和数字图像

图像是客观对象的一种相似性的、生动性的描述或写真，是人类社会活动中最常用的信息载体。或者说图像是客观对象的一种表示，它包含了被描述对象的有关信息。图像在人类对外部世界的感知中起着最重要的作用，因为视觉系统是人类具备的感官系统中最高级也是最复杂的。图像与其他的信息形式相比，具有直观、具体、生动等诸多显著的优点。自然界中的图像都是模拟量，但是，计算机只能处理数字量，而不能直接处理模拟图像，数字化后的图像就称为数字图像。数字图像扩展了人类获取信息的渠道，可以帮人们更加客观、准确、快速地了解世界和认识世界。

2.1.1 图像

广义上，图像就是所有具有视觉效果的画面，它包括：纸介质上的，底片或照片上的，电视、投影仪或计算机屏幕上的。我们可以按照图像的存在形式、亮度等级和图像的光谱这几种形式对其进行分类。

（1）按照图像的存在形式分类

① 可见图像　包括照片、形状线条图片等和透镜、光栅等成像的光图像。

② 不可见图像　包括红外、微波成像的不可见光成像和温度、压力等按数学模型生成的图像。

（2）按照图像的亮度等级分类

① 二值图像　只有黑白两种亮度等级的图像。

② 灰度图像　有多种亮度等级的图像。

按照图像的亮度等级分类如图 2.1 所示。

(a) 二值图像

(b) 灰度图像

图 2.1　按照图像的亮度等级分类

（3）按照图像的光谱分类

① 彩色图像　每个像素由R（红）、G（绿）、B（蓝）分量构成的图像，其中R、G、B是由不同的灰度级来描述的。

② 黑白图像　每个像素点只有一个亮度值分量，如黑白照片、黑白电视画面。

按照图像的光谱分类如图2.2所示。

(a) 彩色图像

(b) 灰度图像

图2.2　按照图像的光谱分类

（4）按照图像是否随时间变换分类

① 静态图像　不随时间而变化的图像，如各种图片等。

② 动态图像　随时间而变化的图像，如电影和电视画面等。

（5）按照图像所占空间和维数分类

① 二维图像　平面图像，如照片等。

② 三维图像　空间分布的图像，一般使用两个或者多个摄像头得到。

2.1.2　数字图像

一幅图像可定义为一个二维函数$f(x,y)$，其中x和y是空间坐标，而在任何一对空间坐标(x,y)处的幅值f称为图像在该点处的强度或灰度。当(x,y)和灰度值f是有限的离散数值时，我们称该图像为数字图像。注意，一个大小为$M\times N$的数字图像是由M行N列的有限元素组成的，每个元素都有特定的位置和幅值，代表了其所在行列位置上的图像物理信息，如灰度和色彩等。这些元素称为图像元素或像素。

每个图像的像素在二维空间中的特定"位置"，均由一个或者多个与那个点相关的采样值组成数值。根据这些采样数目及特性的不同，数字图像可以划分为：

（1）二值图像（Binary Image）

二值图像的灰度值只有0、1，其中灰度值0代表黑色，1代表白色。二值图像包含信息少，占用空间少，但是二值图像往往能够排除干扰，获得对象的最突出点，如指纹图像的识别、文字的自动识别等。

（2）灰度图像（Gray Scale Image）

在二值图像中进一步加入许多介于黑色与白色之间的颜色深度，就构成了灰度图像。图像中每个像素可以由0（黑）～255（白）的灰度值表示，每种灰度（颜色深度）称为一个灰度级，通常用L表示。在灰度图像中，像素可以取0～（L−1）之间的整数值，根据保存灰度数值所使用的数据类型不同，可能有256种取值或者说2^k种取值。

（3）彩色图像（Color Image）

彩色图像是指由红、绿、蓝三种基本颜色组合而成，通常称它们为RGB三原色。计算机显示彩色图像时采用最多的就是RGB模型，对于每个像素，通过控制R、G、B三原色的合成比例就可以决定该像素的最终显示颜色。

（4）伪彩色图像（False-Color）

伪彩色图像的每个像素值实际上是一个索引值或代码，该代码值作为色彩查找表CLUT（Color Look-Up Table）中某一项的入口地址，根据该地址可查找出包含实际R、G、B的强度值。这种用查找映射的方法产生的色彩称为伪彩色，生成的图像为伪彩色图像。

（5）三维图像（3D Image）

三维图像是由一组堆栈的二维图像组成。每一幅图像表示该物体的一个横截面。数字图像也用于表示在一个三维空间分布点的数据，例如计算机断层扫描（Computed Tomography，CT）设备生成的图像，在这种情况下，每个数据都称作一个体素。

2.2 图像的数字化

前文我们了解到模拟图像是不能直接用数字计算机来处理的。为了使计算机能够处理图像，必须将各类图像（如照片、图形、X光照片等）转化为数字图像。

将图像数字化，就是把图像分割成如图2.3所示的称为像素的小区域，每个像素的亮度或灰度值用一个整数来表示。图像的数字化过程主要分采样、量化与编码三个步骤，其中采样、量化分别确定图像的空间分辨率以及像素灰度分辨率。

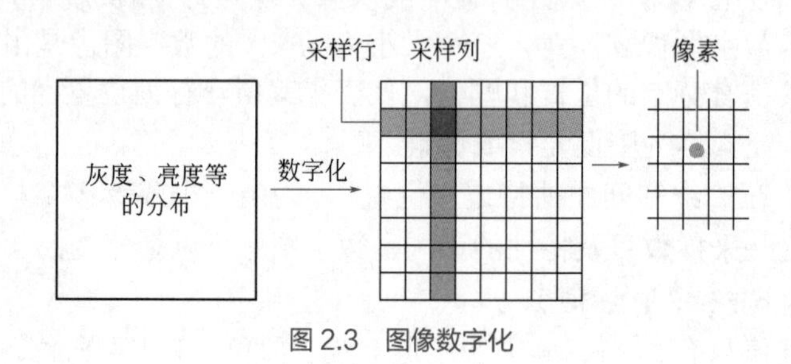

图2.3　图像数字化

2.2.1 采样

将空间上连续的图像变换成离散点的操作称为采样。采样越细，像素越小，越能精细地表现图像；采样越粗，图像表现得越粗糙。采样的精度有许多不同的设定，例如，采用水平 256 像素 × 垂直 256 像素、水平 512 像素 × 垂直 512 像素、水平 640 像素 × 垂直 480 像素的图像等，目前智能手机相机 6400 万像素 /4800 万像素（水平 4000 像素 × 垂直 3000 像素）已经很普遍。可以预见，未来图像分辨率会越来越高，图像也会越来越清晰。

采样间隔和采样孔径的大小是两个很重要的参数。采样孔径的形状和大小与采样方式有关。采样孔径通常有如图 2.4 所示圆形、正方形、长方形、椭圆形四种，在实际使用时，由于受到光学系统特性的影响，采样孔径会在一定程度上产生畸变，使其边缘出现模糊，降低输入图像信噪比。

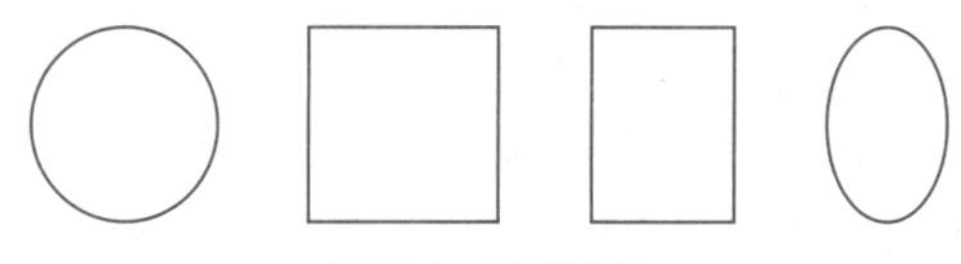

图 2.4　采样孔径

采样间隔是指采样方式确定后，相邻像素间的位置关系，通常有有缝采样、无缝采样和重叠采样三种情况，如图 2.5 所示。一般来说，采样间隔越小，所得图像像素数越多，图像质量就越好，缺点是数据量也较大。采样间隔越大，所得图像像素数越少，图像质量差，严重时甚至会出现马赛克效应。

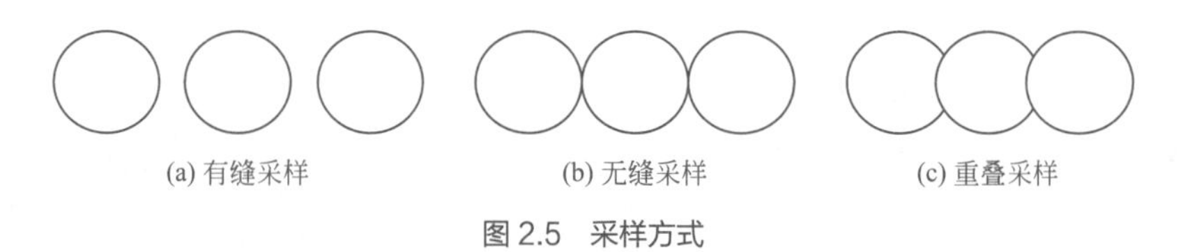

图 2.5　采样方式

2.2.2 图像量化

经采样操作后，图像在空间上为离散的像素，但此时计算机还不能对其进行处理，因为其灰度仍然是连续的。将像素的灰度（亮度）变换成离散的整数值的操作称为量化。一幅数字图像中不同灰度值的个数称为灰度级数，用 G 表示。最简单的是用黑（0）和白（1）2 个数值即 1 比特（bit）（2 级）来量化，称为二值图像。若一幅数字图像的量化灰度级数 $G=256=2^8$ 级，则像素灰度取值范围一般是 0 ～ 255 的整数。量化等级越多，所得图像层次越丰富，灰度分辨率越高，质量越好，但数据量大。量化等级越少，图像层次欠丰富，灰度分辨率低，质量变差，会出现假轮廓现象，但数据量小。由于用 8bit 就能表示灰度图像像素的灰度值，因此常称 8bit 量化。6bit（64 级）以上的图像，人眼几乎看不出有什么区别。

数字化前需要决定影像大小（行数 M、列数 N）和灰度级数 G 的取值。一般数字图像灰度级数 G 为 2 的整数幂，即 $G=2^g$，那么一幅大小为 $M \times N$、灰度级数为 G 的图像所需的存储空间 $M \times N \times g$ (bit) 称为图像的数据量。一般当限定数字图像的大小时，为了得到质量较好的图像，可以采用以下原则：

① 对缓变的图像，应该粗采样、细量化，以避免出现假轮廓。

② 对细节丰富的图像，应该细采样、粗量化，以避免模糊。

2.2.3 压缩编码

图像压缩编码是专门研究图像数据压缩的技术，通过用离散的数字表示模拟量，以此来减少表示数据图像所需要的数据量。1MB 空间可以存放一部百万字的小说，却只能存放大约 20 张 256×256 大小的灰度 BMP 图片。因此必须按照一定的规则进行变换和组合，从而达到以尽可能少的数据来表示尽可能多的数据信息，压缩其信息量。大多数图像内相邻像素之间有较大的相关性，这称为空间冗余；序列图像前后帧内相邻之间有较大的相关性，这称为时间冗余。通过图像压缩技术消除这些冗余，除去人眼不敏感的信息，从而实现数据压缩。目前已有许多成熟的编码算法应用于图像压缩，常见的有图像的预测编码、变换编码、分形编码、小波变换图像压缩编码等。在图像编码压缩过程中，高比率压缩需要利用到比较复杂的技术。但是图像编码技术存在不同系统间不能兼容的问题，因此需要有一个共同的标准做基础。为了使图像压缩标准化，20 世纪 90 年代后，国际电信联盟（ITU）、国际标准化组织（ISO）和国际电工委员会（IEC）已经制定并继续制定一系列静止和活动图像编码的国际标准，已批准的标准主要有 JPEG 标准、MPEG 标准、H.261 等。

2.2.4 数字图像的表示

为了表示像素之间的相对和绝对位置，通常要对像素的位置进行坐标约定。一幅 $m\times n$ 的数字图像可用矩阵表示为：

$$\boldsymbol{f}(m,n)=\begin{bmatrix} f(0,0) & f(0,1) & \cdots & f(0,n-1) \\ f(1,0) & f(1,1) & \cdots & f(1,n-1) \\ \vdots & \vdots & & \vdots \\ f(m-1,0) & f(m-1,1) & \cdots & f(m-1,n-1) \end{bmatrix} \tag{2.1}$$

矩阵中的元素一一对应图像中的像素。把数字图像表示成矩阵可以便于应用矩阵理论对图像进行分析处理。灰度图像只是用一个量化的灰度来描述图像的每个像素，没有彩色信息。典型的数字图像表示如图 2.6 所示。

在这里，我们还可以按行或列的顺序进行像素排列，需要注意的是，选定一种顺序后，后面的处理都要与之保持一致。一幅图像按行排列表示成的列向量 $\boldsymbol{f}$。

$$\boldsymbol{f}=[f_0,f_1,\cdots,f_{m-1}]^{\mathrm{T}} \tag{2.2}$$

式中，$\boldsymbol{f}=[f(i,0),f(i,1),\cdots,f(i,n-1)]^{\mathrm{T}},i=0,1,\cdots,m-1$。这种表示方法的优点在于可以直接利用向量分析的有关理论和方法对图像进行处理。

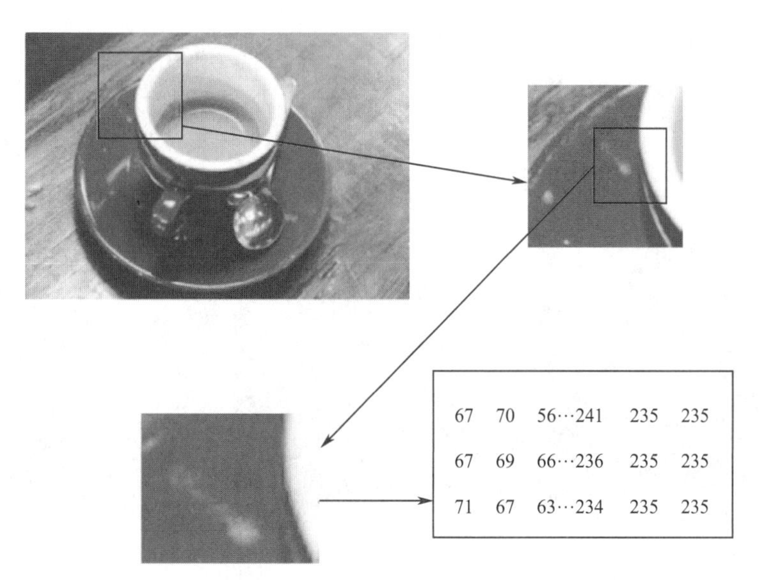

图 2.6　典型数字图像表示

2.2.5　采样、量化参数与数字化图像间的关系

数字化方式可分为均匀采样、量化和非均匀采样、量化。“均匀”就是指采样、量化为等间隔。均匀采样、量化是现在最常用的图像数字化方式，采用非均匀采样与量化，会使问题复杂化，因此很少采用。

图 2.7（a）～（f）是采样间距递增获得的图像，像素数从 256×256 递减至 8×8。很容易可以得出，随着图像像素的减少，图像质量也越来越差。

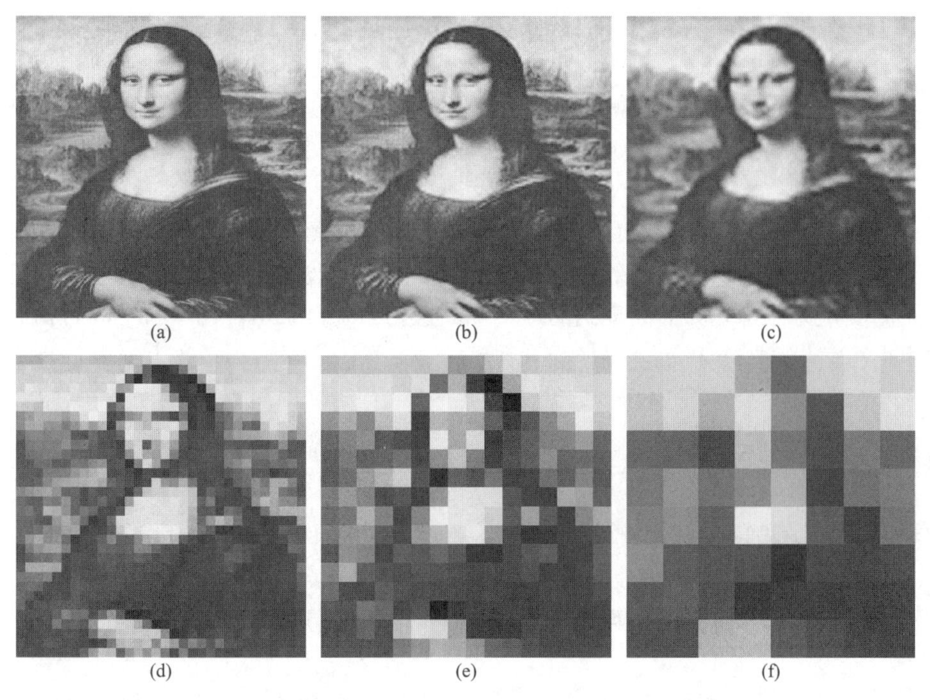

图 2.7　随像素数减少产生的数字图像效果

图 2.8（a）～（f）是在采样间距相等时灰度级数从 256 逐次减少为 64、16、8、4、2 所得到的图像，随着灰度级数的减少，图像层次感明显降低，质量变差。在极少数情况下，当图像大小固定时，减少灰度级能改善质量，产生这种情况的最可能原因是减少灰度级一般会提高图像的对比度，例如对细节比较丰富的复杂图像。

图 2.8　随量化级数减少产生的数字图像效果

2.3 图像像素间的关系

像素间的关系主要指像素与像素之间的关联，理解像素间的关系是学习图像处理的必要准备，其中主要包括邻域关系，邻接性、连通性，区域、边界的概念，以及今后要用到的一些常见距离度量方法。正如前面提到的，一幅图像用 $f(x,y)$ 表示。在本节中，当我们指特殊像素时用小写字母，如 p 和 q。

2.3.1 邻域关系

邻域关系用于描述相邻像素之间的相邻关系，包括 4 邻域、8 邻域、D 邻域等类型。假定位于坐标 (x,y) 的一个像素 p 有 4 个水平和垂直的相邻像素，如图 2.9 所示，相应坐标如式（2.3）所示。

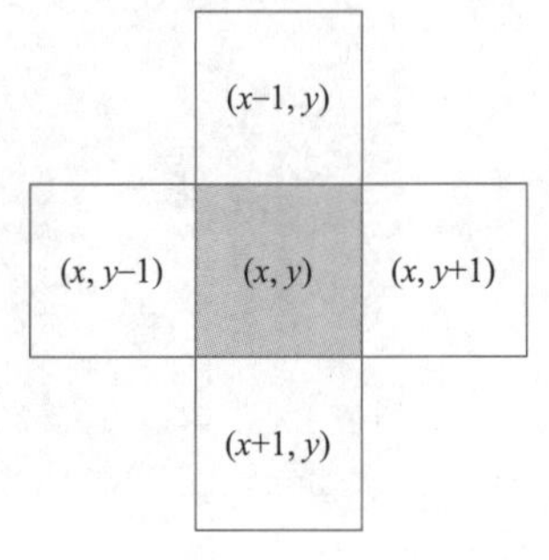

图 2.9　四邻域

$$(x+1,y),(x-1,y),(x,y+1),(x,y-1) \tag{2.3}$$

这个像素集就称为p的4邻域，用$N_4(p)$表示。而8邻域就是除了水平和垂直外，还加上了斜方向的四个像素点。D邻域的像素点在(x,y)的四个角。每个像素距(x,y)一个单位距离，如果(x,y)位于图像的边界，则$N_4(p)$和$N_8(p)$中的某些点可能落入图像外部。

2.3.2 邻接性、连通性、区域和边界

（1）邻接性

定义V是用于定义邻接性的灰度值集合，它是一种相似性的度量，用于确定所需判断邻接性的像素之间的相似程度。在二值图像中，如果把具有1值的像素归入邻接，则V={1}，此时邻接性完全由位置决定。对于灰度图像，概念是一样的，但是集合V一般包含更多元素。例如，对于那些可能性比较大的灰度值的像素邻接性，集合V可能是这256个值（0～255）的任何一个子集。这里考虑三种类型的邻接性：

① 4邻接：如果q在$N_4(p)$集中，则具有V中数值的两个像素p和q是4邻接的。

② 8邻接：如果q在$N_8(p)$集中，则具有V中数值的两个像素p和q是8邻接的。

③ m邻接（混合邻接）：如果q在$N_4(p)$中，或者q在$N_D(p)$中且集合$N_4(p)\cap N_4(p)$没有V值像素，则具有V值的像素p和q是m邻接的。

混合邻接是8邻接的改进。混合邻接的引入是为了消除采用8邻接常常发生的二义性。例如，考虑图2.10对于V={1}所示的像素位置排列。位于图2.10（b）上部的三个像素显示了多重（二义性）8邻接，如虚线所示。这种二义性可以通过m邻接消除，如图2.10（c）所示。

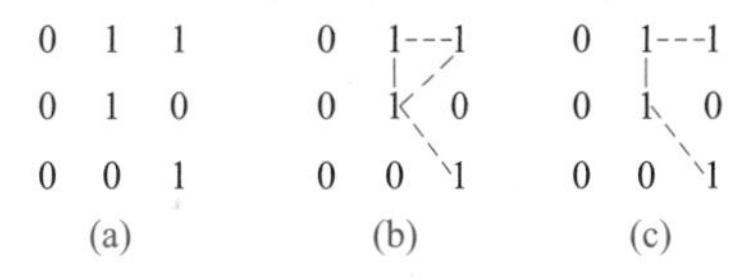

图2.10 像素邻接示意图

（2）连通性

从具有坐标(x,y)的像素p到具有坐标（s,t）的像素q的通路（或曲线）是特定的像素序列，其坐标为：

$$(x_0,y_0),(x_1,y_1),\cdots,(x_n,y_n) \tag{2.4}$$

其中$(x_0,y_0)=(x,y),(x_n,y_n)=(s,t)$并且像素$(x_i,y_i)$和$(x_{i-1},y_{i-1})$（对于$1\leqslant i\leqslant n$）是邻接的。在这种情况下，$n$是通路的长度。如果$(x_0,y_0)=(x_n,y_n)$，则通路是闭合通路。可以依据特定的邻接类型定义4、8或m邻接。如图2.10（b）所示，东北角点和东南角点之间的通路是8通路，而图2.10（c）中的通路是m通路。注意在m通路中不存在二义性。

令S代表一幅图像中像素的子集。如果在S中全部像素之间存在一个通路，则可以说两个像素p和q在S中是连通的。对于S中的任何像素p, S中连通到该像素的像素集称为S的连通分量。如果S仅有一个连通分量，则集合S称为连通集。

（3）区域和边界

区域的定义是建立在连通集的基础上的，令R是图像中的像素子集。如果R是连通集，则称R为一个区域。

一个区域R的边界（也称为边缘或轮廓）是区域中像素的集合，该区域有一个或多个不在R中的邻点。显然，如果R是整幅图像（我们设这幅图像是像素的方形集合），则边界由

图像首行、首列、末行和末列定义。因而，正常情况下，当我们提到一个区域时，指的是一幅图像的子集，并包括区域的边缘。而区域的边缘（Edge）由具有某些导数值的像素组成，是一个像素及其直接邻域的局部性质，是一个有大小和方向属性的矢量。

边界和边缘是不同的。边界是和区域有关的全局概念，而边缘表示图像函数的局部性质。

2.3.3 像素之间的距离

对于像素p、q和z，其坐标分别为(x,y)、(s,t)和(v,w)，如果函数D满足距离三要素，即：

① 非负性，$D(p,q)\geqslant 0$ [$D(p,q)=0$，当且仅当$p=q$]

② 对称性，$D(p,q)=D(q,p)$

③ 三角不等式，$D(p,z)\leqslant D(p,q)+D(q,z)$

则称函数D为有效距离函数或度量，常用的像素间距离度量包括欧式距离、D_4距离（城市距离）及D_8距离（棋盘距离）。

p和q间的欧式距离定义如下：

$$D_e(p,q)=[(x-s)^2+(y-t)^2]^{\frac{1}{2}} \tag{2.5}$$

距点(x,y)的距离小于或等于某一值r的像素是中心在(x,y)且半径为r的圆平面。

p和q间的距离D_4如式（2.6）定义：

$$D_4(p,q)=|x-s|+|y-t| \tag{2.6}$$

在这种情况下，距(x,y)的D_4距离小于或等于某一值r的像素形成一个中心在(x,y)的菱形。例如，距(x,y)的D_4距离小于或等于2的像素形成固定距离的下列轮廓：

$$\begin{array}{ccccc} & & 2 & & \\ & 2 & 1 & 2 & \\ 2 & 1 & 0 & 1 & 2 \\ & 2 & 1 & 2 & \\ & & 2 & & \end{array}$$

具有$D_4=1$的像素是(x,y)的4邻域。

p和q间的D_8距离（又称棋盘距离）定义为式（2.7）：

$$D_s(p,q)=\max(|x-s|,|y-t|) \tag{2.7}$$

在这种情况下，距(x,y)的D_8距离小于或等于某一值r的像素形成中心在(x,y)的方形。例如，距点(x,y)（中心点）的D_8距离小于或等于2的像素形成下列固定距离的轮廓：

$$\begin{array}{ccccc} 2 & 2 & 2 & 2 & 2 \\ 2 & 1 & 1 & 1 & 2 \\ 2 & 1 & 0 & 1 & 2 \\ 2 & 1 & 1 & 1 & 2 \\ 2 & 2 & 2 & 2 & 2 \end{array}$$

具有 $D_8 = 1$ 的像素点是关于 (x, y) 的 8 邻域。

注意，p 和 q 之间的 D_4 和 D_8 距离与任何通路无关，通路可能存在于各点之间，因为这些距离仅与点的坐标有关。然而，如果选择考虑 m 邻接，则两点间的 D_m 距离用点间最短的通路定义。在这种情况下，两像素间的距离将依赖于沿通路的像素值及其邻点值。例如，考虑下列安排的像素并假设 p、p_2 和 p_4 的值为 1，p_1 和 p_3 的值为 0 或 1：

$$\begin{matrix} & p_3 & p_4 \\ p_1 & p_2 & \\ p & & \end{matrix}$$

假设考虑值为 1 的像素邻接（即 $V=\{1\}$）。如果 p_1 和 p_3 是 0，则 p 和 p_4 最短 m 通路的长度（D_m 距离）是 2。如果 p_1 是 1，则 p_2 和 p 将不再是 m 邻接（见 m 邻接的定义），并且 m 通路的长度变为 3（通路通过点 p、p_1、p_2、p_4）。类似地，如果 p_3 是 1（并且 p_1 为 0），则最短的通路距离也是 3。最后，如果 p_1 和 p_3 都为 1，则 p 和 p_4 间的最短 m 通路长度为 4，在这种情况下，通路通过点 p、p_1、p_2、p_3、p_4。

2.4 图像灰度直方图

对一幅图像，若对应于每一个灰度值，统计出具有该灰度值的像素数，并描绘出像素数 - 灰度值图形，则该图形称为该图像的灰度直方图，简称直方图。从图形上来说，灰度直方图是一个二维图，横坐标为图像中各个像素点的灰度级别，纵坐标表示具有各个灰度级别的像素在图像中出现的次数或概率。直方图如图 2.11 所示。若令全图中灰度值为 q_i 以上的像素数为 $A(q_i)$，灰度值为 $q_i + \Delta q_i$ 以上的像素数为 $A(q_i + \Delta q_i)$，则全图中具有灰度值 q_i 的像素数 $H(q_i)$ 可表示为：

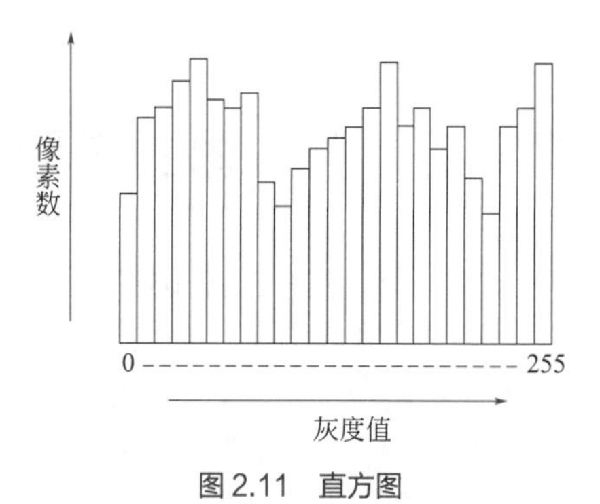

图 2.11　直方图

$$H(q_i) = \lim_{\Delta q_i \to 0} \frac{A(q_i) - A(q_i + \Delta q_i)}{\Delta q_i} = -\frac{\mathrm{d}}{\mathrm{d}q_i} A(q_i) \tag{2.8}$$

对离散图像，则：

$$H(q) = A(q) - A(q+1) \tag{2.9}$$

若图像灰度级别为 n，则可用 $H(0) \sim H(n-1)$ 来表示直方图。

2.4.1 直方图的性质

灰度直方图只能反映图像的灰度分布情况，而不能反映图像像素的位置，即丢失了像素

的位置信息。因此，一幅图像对应唯一的灰度直方图，但反之不成立。不同的图像可能对应相同的直方图。如图 2.12 所示为两幅图像具有相同直方图的例子。

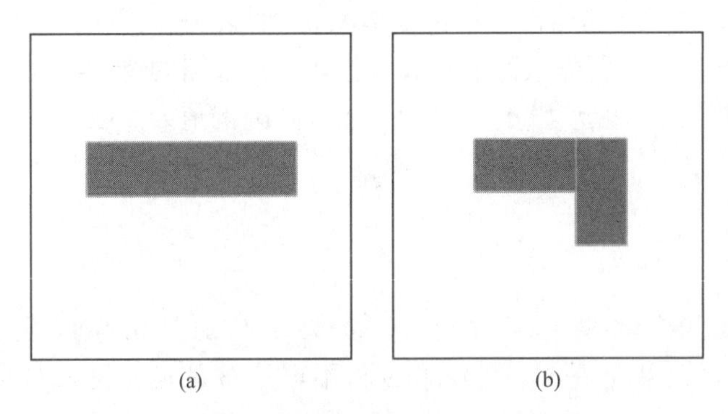

图 2.12　不同的图像具有相同的直方图

由于直方图是对具有相同灰度值的像素统计计数得到的，因此，一幅图像各子区的直方图之和就等于该图全图的直方图，如图 2.13 所示。

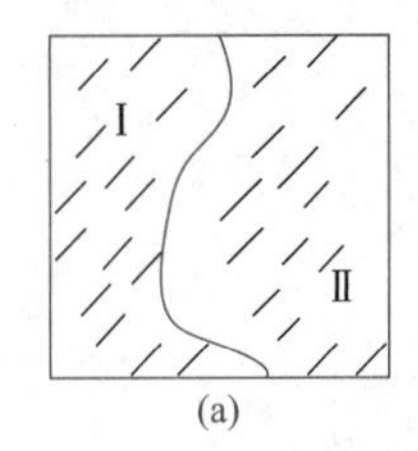

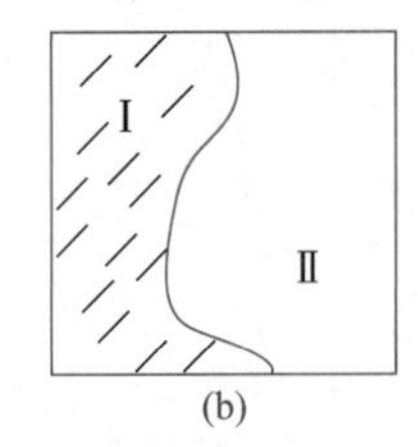

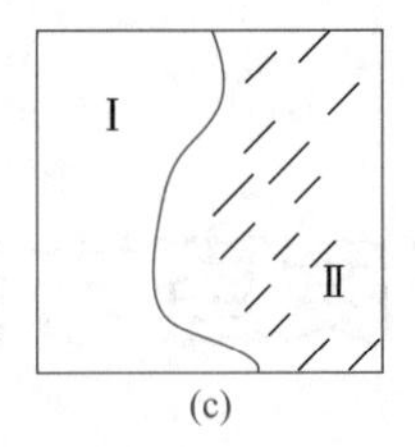

图 2.13　子区直方图与全图直方图的关系

2.4.2　直方图的应用

（1）用于判断图像量化是否恰当

在对图像进行数字化时，图像数字化后其可用灰度级数与实际占用的灰度级数之间的关系可能会出现三种情况，如图 2.14 所示。图 2.14（a）是恰当分布的情况，即图像直方图覆盖了 [0, 255] 全部灰度级。图 2.14（b）是图像对比度低的情况，图中 p、q 部分的灰度级未能有效利用，灰度级数少于 256, 对比度减小。图 2.14（c）图像 p、q 处具有超出数字化所能处理的范围的亮度，则这些灰度级将被简单地置为 0 或 255，将会导致部分图像灰度丢失，降低图像质量。丢失的信息将不能恢复，除非重新数字化。可见数字化时利用直方图进行检查是一个有效的方法。直方图的快速检查可以使数字化中产生的问题及早暴露出来，以免浪费大量时间。

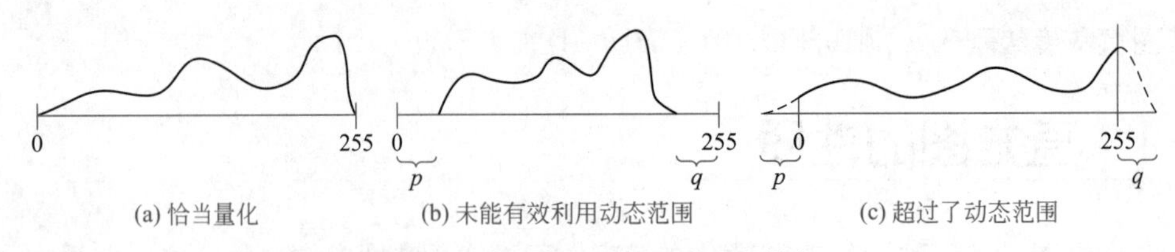

图 2.14　直方图用于判断量化是否恰当

（2）用于确定图像二值化的阈值

选择灰度阈值对图像二值化是图像处理中讨论得较多的一个课题。假定一幅图像$f(x,y)$如图 2.15 所示，背景是黑色，物体为灰色。在这种情况下，可以容易得知直方图上的左峰由背景中的黑色像素产生，而右峰由物体中各灰度级产生。选择谷对应的灰度作为阈值 T，利用下式对图像二值化，得到一幅二值图像$g(x,y)$。

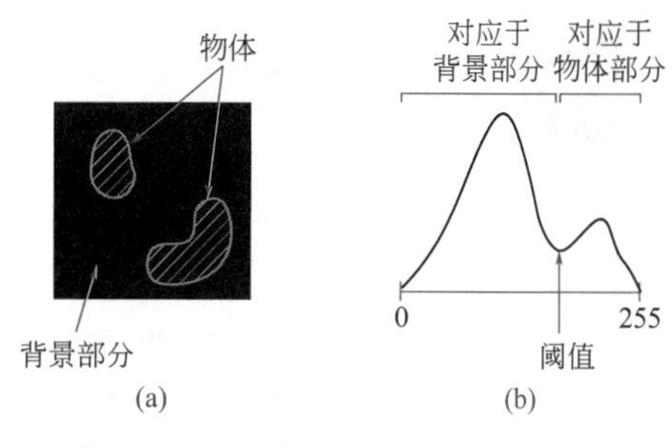

图 2.15　利用直方图选择二值化的阈值

$$g(x,y)=\begin{cases}0 & f(x,y)<T\\1 & f(x,y)\geqslant T\end{cases}\tag{2.10}$$

但是一般情况下，图像二值化时双峰之间不明显时，二值化的选取就比较困难了。当物体部分的灰度值比其他部分灰度值大时，可利用直方图统计图像中物体的面积：

$$A=n\sum_{i\geqslant T}v_i\tag{2.11}$$

式中，n 为图像像素总数；v_i 是图像灰度级为 i 的像素出现的频率。计算图像信息量 H（熵）时，假设一幅数字图像的灰度范围为［$0, L-1$］，各灰度级像素出现的概率为$P_0,P_1,P_2,\cdots,P_{L-1}$。根据信息论可知，各灰度级像素具有的信息量分别为：$-\log_2 P_0,-\log_2 P_1,-\log_2 P_2,\cdots,-\log_2 P_{L-1}$，则该幅图像的平均信息量（熵）为：

$$H=-\sum_{i=0}^{L-1}P_i\log_2 P_i\tag{2.12}$$

熵反映了图像信息丰富的程度，它在图像编码处理中有重要意义。

小结

本章介绍了图像与数字图像相关的基础知识，并对图像处理过程进行数字化描述，为后续章节的学习提供数学基础。其中，图像采样量化概念是图像数字化的关键步骤，对数字图像处理的学习有辅助作用。此外，本章还介绍了像素邻域的处理技术，即像素间的基本关系。在应用中，邻域处理的速度和软硬件实现十分简易，适合图像处理在商业领域的应用。值得一提的是，图像灰度直方图也是数字图像处理的常用手段之一，对图像灰度直方图的学习能为后续图像运算内容的学习提供重要铺垫。

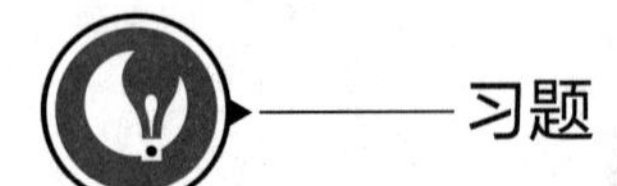

习题

2.1 什么是数字图像？为什么要对图像进行数字化处理？
2.2 图像数字化包括哪三个过程？每个过程对数字化图像质量有何影响？
2.3 为什么要对图像进行压缩编码处理？压缩编码有什么作用？
2.4 图像像素间一般有哪些关系？
2.5 什么是灰度直方图，有哪些应用？
2.6 从灰度直方图你能获得哪些信息？

第 3 章 初步认识 HALCON

对硬件系统和数字图像有了一定基础后，接下来要选择合适的软件进行图像采集等操作。目前适用于机器视觉的算法包中比较主流的有 OpenCV、HALCON、VisionPro、MIL 等。其中 OpenCV 为开源计算机视觉库，主要针对图像处理应用；VisionPro 简单易用，最容易上手；HALCON 提供了一个综合视觉库，用户可以利用其开放式结构快速开发图像处理和机器视觉软件。HALCON 以其强大的功能、算法集成度高而占有相当大的优势。此外，HALCON 官网每个月会提供免费 License 给个人学习者使用，是一款非常适合初学者快速入门机器视觉的软件。本书介绍 HALCON 的使用。

3.1 走进 HALCON

HALCON 源自学术界，是一套 Image Processing Library，由一千多个各自独立的函数，以及底层的数据管理核心构成。函数包含各种功能，下面介绍 HALCON 中常用的几种应用功能：

① 图像数据类型转换。HALCON 可快速转换成 Region/XLD 类型进行处理。

② 图像的变换与校正。HALCON 可对畸变的图像进行变换与校正，方便后续处理。

③ 图像的增强处理。图像增强是通过一定手段对原图像附加一些信息或变换数据，有选择地突出图像中感兴趣的特征或者抑制（掩盖）图像中某些不需要的特征，HALCON 中包括基于空域和基于频域两大类算法。

④ BLOB 分析。BLOB 分析就是对前景 / 背景分离后的二值图像，进行连通域提取和标记。HALCON 中包括全局阈值分割、局部阈值分割、自动阈值分割以及其他的一些图像分割算子。

⑤ 特征提取。在 HALCON 中可运用任意结构进行特征提取。

⑥ 形态学。HALCON 可以使用任意结构对 Region 和 Image 进行腐蚀、膨胀、开 / 闭运算处理，以获取想要的 Region 和 Image。

⑦ 匹配。匹配功能包括基于点匹配、基于灰度值匹配、基于描述符匹配、基于相关性匹配、基于形状匹配等。利用匹配技术可高效地进行检测，即使目标发生旋转、放缩、局部变形、部分遮挡或者光照有非线性变化，HALCON 利用 XLD 匹配技术也可实时、有效、准确地找到目标。

⑧ 标定。HALCON 中的标定功能可以建立二维图像的点与三维空间中的点的对应关系，将相机与现实世界进行联系。

⑨ 双目立体视觉（三维立体视觉匹配）。

⑩ 测量。HALCON 提供有 1D 测量、2D 测量和 3D 测量。

正是由于其庞大的功能体系，应用范围几乎没有限制，涵盖半导体业、遥感探测包装行业、监控玻璃生产与加工、钢铁与金属业等，换句话说，只要用到图像处理的地方，就可以用 HALCON 强大的计算分析能力来完成工作。HALCON 主要有以下四个优点：

① HALCON 包含了一套交互式的程序设计界面 HDevelop，该界面可直接撰写、修改、执行程序，设计完成后，可直接导出 C、C++、C#、VB 等程序代码，让使用者能在最短的时间开发出视觉系统。此外，HDevelop 拥有数百个范例程序，学习者可依据不同的类别找到相应的范例进行学习参考。

② HALCON 可支持多种取像设备，原厂已提供了 60 余种相机的驱动链接，即使是尚未支持的相机，除了可以透过指标（Pointer）轻易地抓取影像，还可以利用 HALCON 开放性的架构，自行撰写 DLL 文件和系统连接。另外对于相机各接口，在 HALCON 开发环境下提供了许多助手工具，可以方便开发人员进行快速仿真。

③ 设计人机接口时没有特别限制，可以完全使用开发环境下的程序语言，例如 Visual Studio、NET、Mono 等，架构自己的接口，并且在执行作业的机器上，只需要很小的资源

套件。

④ HALCON 可支持多种操作系统，如 Windows、Linux 等。当开发出一套系统后，可以根据需求任意转换平台。

3.2 HDevelop 图形组件

HDevelop 是类似于 VC、VB、Delphi 的一个编译环境，是建立机器视觉应用的工具箱。对于开发和测试机器视觉应用，HDevelop 通过提供高度交互的编程环境，有助于快速进行原型设计。基于 HALCON 库，它是一个能够满足产品开发、科研和教育的通用机器视觉包。

（1）HDevelop 预览

HALCON 安装完成后，双击它的执行程序 HDevelop.exe，便进入开发环境界面，整个界面分为标题栏、菜单栏、工具栏、状态栏和四个活动界面窗口，四个活动界面窗口分别是图形窗口、算子窗口、变量窗口和程序窗口，如图 3.1 所示。如果窗口排列不整齐，则可以点击菜单栏中的“窗口”→“排列窗口”，重新排列窗口。

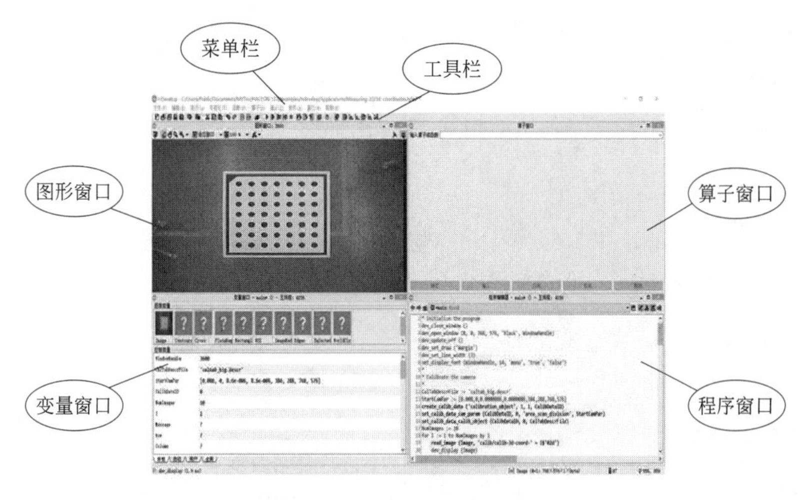

图 3.1　HALCON 主界面

菜单栏中包含所有的功能命令，如图 3.2 所示。

文件(F)　编辑(E)　执行(X)　可视化(V)　函数(P)　算子(O)　建议(S)　助手(A)　窗口(W)　帮助(H)

图 3.2　菜单栏

① 文件。文件里面主要是对整个程序文件的一些操作，包括打开、保存程序等，文件中有一个很重要的功能“导出”，可生成需要的 C++、C# 代码等，如图 3.3 所示。

② 编辑。编辑指编辑程序时的一些编辑操作，包括剪切、复制、粘贴等，如图 3.4 所示。

③ 执行。执行为对程序运行时的一些操作，包括运行、运行到指针插入位置等，如图 3.5

所示。

新程序(N)	Ctrl+N
打开程序(O)...	Ctrl+O
浏览HDevelop示例程序(E)...	Ctrl+E
当前程序(R)	▸
打开函数用于编辑 ...	
关闭函数	
关闭所有函数	
插入程序(I)	▸
保存(S)	Ctrl+S
程序另存为(A)...	Ctrl+Shift+S
将函数另存为(u)...	Ctrl+Shift+P, S
保存所有(v)	Ctrl+Alt+S
导出(x)...	Ctrl+Shift+O, X
导出库工程(L)...	
读取图像...	Ctrl+R
属性(t)	
打印(P)...	Ctrl+P
退出(Q)	Ctrl+Q

图 3.3 文件

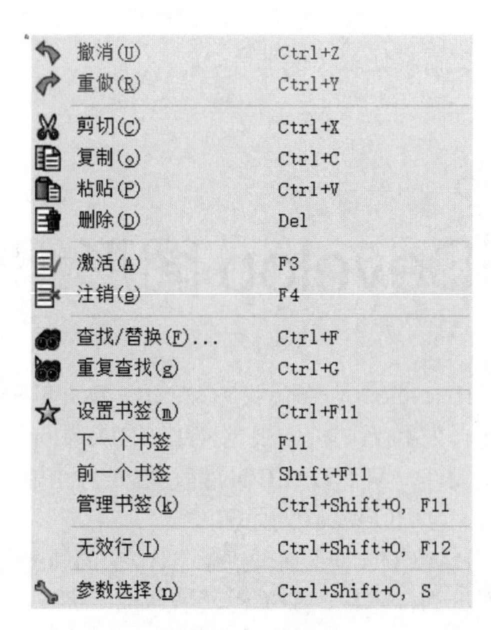

图 3.4 编辑

运行(R)	F5
执行行到指针插入位置(T)	Shift+F5
单步跳过函数(O)	F6
向前一步(F)	Shift+F6
单步跳入函数(I)	F7
单步跳出函数(u)	F8
停止(S)	F9
在函数后停止	Shift+F9
附加到进程(A)	
停止调试(D)	
线程视图 / 调用堆栈(k)	Ctrl+Shift+O, C
设置断点(B)	F10
激活断点(v)	Shift+F10
清空所有断点(C)	
管理断点 (n)	Ctrl+Shift+O, F10
重置程序执行(E)	F2
重置程序执行(x)	Shift+F2
忽略该函数的执行(A)	Shift+F8
激活性能评测器(P)	Ctrl+Shift+F, F
性能评测显示y	▸
重置轮廓线(l)	Ctrl+Shift+F, R
显示运行时的统计(m)	Ctrl+Shift+F, S

图 3.5 执行

打开图形窗口(O)...	Ctrl+Shift+G, O
清空图形窗口(a)	Ctrl+Shift+G, Del
关闭图形窗口(e)	Ctrl+Shift+G, Q
显示(y)	▸
窗口尺寸(W)	▸
图像尺寸(I)	▸
彩色数量(C)	▸
颜色(r)	▸
画(D)	▸
线宽(L)	▸
形状(h)	▸
查找表(u)	▸
打印(P)	▸
立刻应用变化(y)	
设置参数(S)	Ctrl+Shift+G, P
重置参数(m)	
记录交互	Ctrl+I
插入代码...	Ctrl+Shift+G, I
更新窗口(W)	▸
位置精度(c)	▸
工具	▸
保存窗口(v)...	Ctrl+Shift+G, S

图 3.6 可视化

④ 可视化。可视化中主要包含对一些窗口的尺寸调整，以及颜色、线条粗细等一些设置，如图 3.6 所示。

⑤ 函数。函数主要是对函数的一些操作，包括编辑、管理、复制等，如图 3.7 所示。

⑥ 算子。算子中包括全部的算子函数，可以快速找到需要调用的函数并且添加到程序编辑器中进行编辑，如图 3.8 所示。

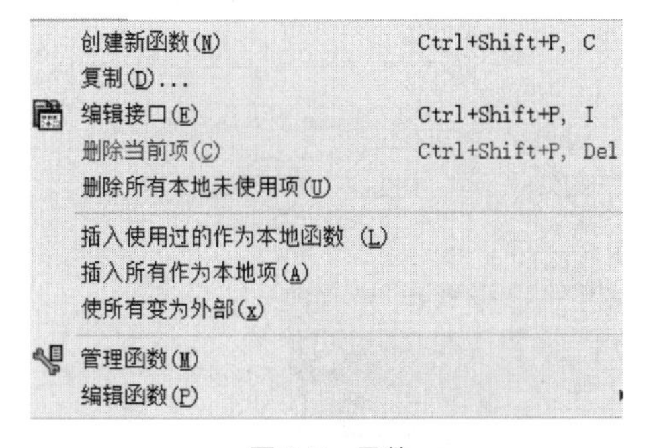

图 3.7　函数

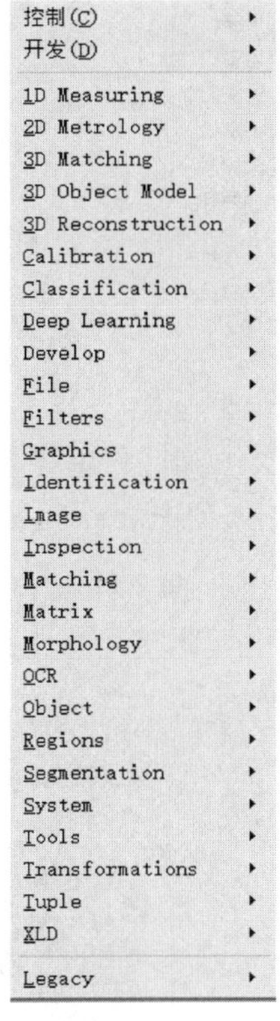

图 3.8　算子

⑦ 建议。建议主要是提供一些帮助建议，替代函数就是提供当前调用函数的替换函数；参考里面主要是跟与当前调用函数有关联的一些函数；前趋函数是可推荐当前调用函数之前的调用函数，后继函数则刚好相反，不过提示函数仅作参考，如图 3.9 所示。

⑧ 助手。助手主要包含一些辅助编辑工具，包括采集图像、标定工具、测量工具、匹配工具与 OCR 工具，可以方便快速开发，如图 3.10 所示。

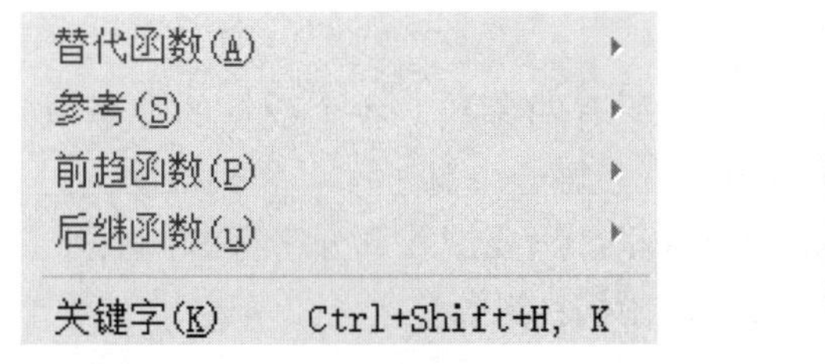

图 3.9　建议

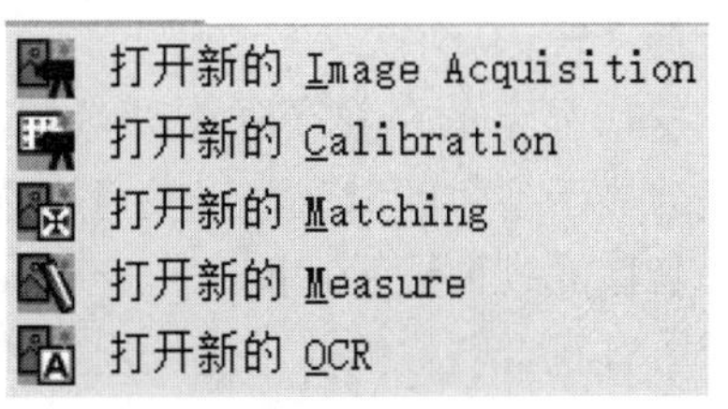

图 3.10　助手

⑨ 窗口。窗口中可以根据需要打开各种窗口，如果窗口排列不整齐，也可以点击“排列窗口”进行重新排列，如图 3.11 所示。

⑩ 帮助。帮助里面包括 HALCON 的一些介绍、新手指导等，有助于尽快熟悉该软件的使用，如图 3.12 所示。

（2）图形窗口

主要显示图像，可以显示处理前的原始图像，也可以显示处理后的 Region 等，如图 3.13 所示。

打开图形窗口(G)	Ctrl+Shift+O, G
打开程序窗口(P)	Ctrl+Shift+O, P
打开变量窗口(V)	Ctrl+Shift+O, V
打开算子窗口(O)	Ctrl+Shift+O, O
打开输出控制台(u)	Ctrl+Shift+O, E
打开快速向导Q	Ctrl+Shift+O, R
排列窗口(r)	Ctrl+Shift+W, O
层叠窗口(C)	Ctrl+Shift+W, C
单文档(S)	Ctrl+Shift+W, S
全屏	Ctrl+Shift+W, F
1 程序窗口 - main	
2 变量窗口 - main	
3 算子窗口	
4 图形窗口: [H13D720F7030]	

图 3.11　窗口

帮助(H)	F1
上下文帮助	Shift+F1
启动对话框	Ctrl+Shift+H, S
HALCON参考手册(R)	Ctrl+Shift+H, R
HDevelop 用户向导	Ctrl+Shift+H, U
HDevelop语言(L)	Ctrl+Shift+H, L
搜索文档(S)	Ctrl+Shift+H, F
HALCON新闻(N) (WWW)	Ctrl+Shift+H, W
检测更新	Ctrl+Shift+H, C
关于(A)	Ctrl+Shift+H, A

图 3.12　帮助

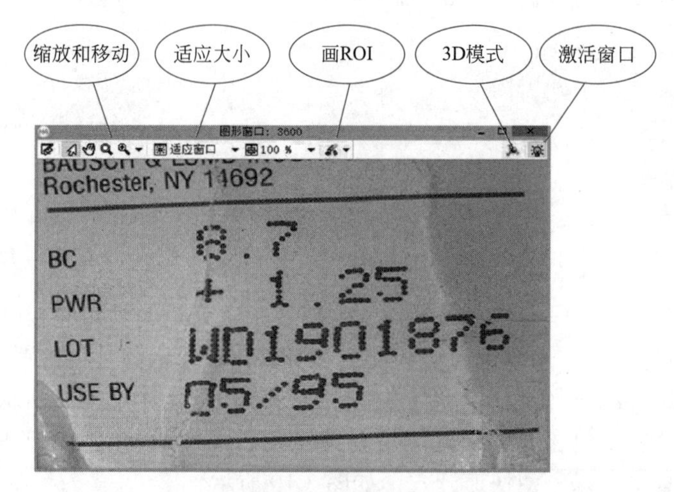

图 3.13　图形窗口

（3）算子窗口

算子窗口显示的是算子的重要数据，包含了所有的参数、各个变量的型态以及参数数值。这里会显示参数的默认值以及可以选用的数值。每一个算子都有联机帮助。另一个常用的是算子名称的查询显示功能，在一个 combo box 里，只要键入部分字符串甚至开头的字母，即可显示所有符合名称的算子供选用，如图 3.14、图 3.15 所示。

（4）变量窗口

变量窗口显示了程序在执行时产生的各种变量，包括图像变量和控制变量，在变量上用鼠标双击，即可显示变量值，如图 3.16 所示。

（5）程序窗口

程序窗口用来显示一个 HDevelop 程序。它可以显示整个程序或是某个运算符。窗口左侧是一些控制程序执行的指示符号。HDevelop 刚启动时，可以看到一个绿色箭头的程序计数器（Program Counter, PC）、一个插入符号，还可以设置一个断点（Breaking Point），窗口右侧显示程序代码，如图 3.17 所示。

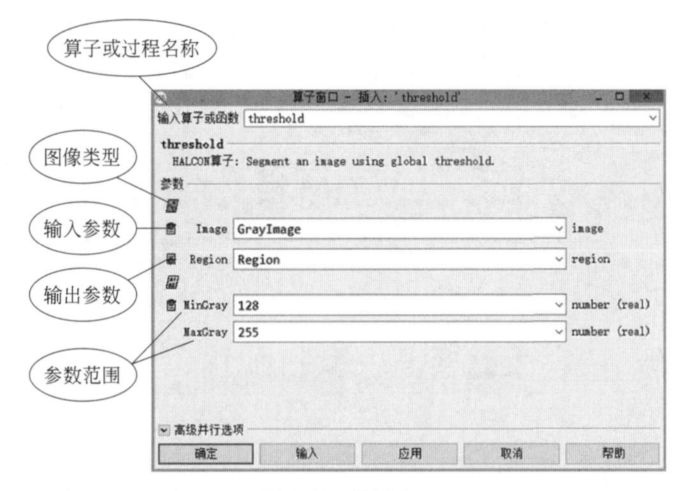

图 3.14　算子窗口

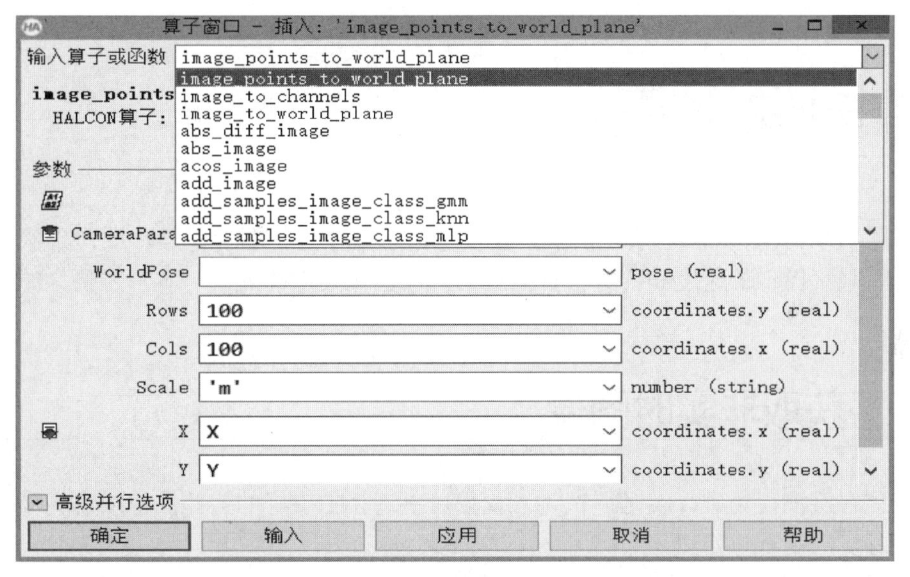

图 3.15　算子查询

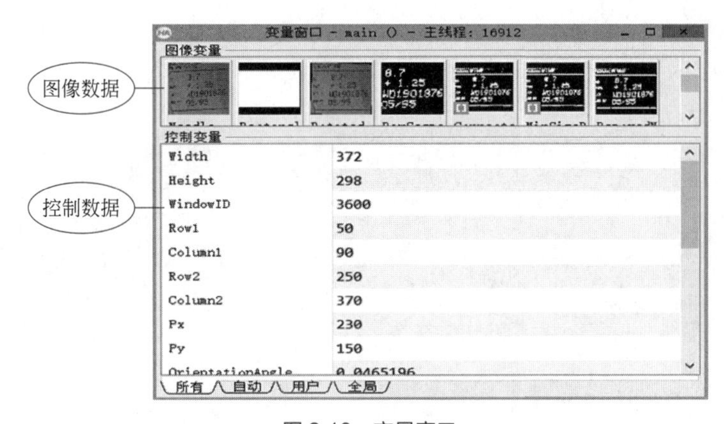

图 3.16　变量窗口

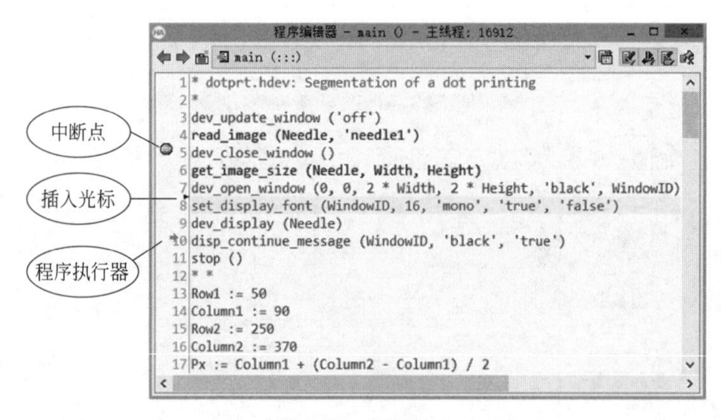

图 3.17　程序窗口

3.3 软件图像采集

熟悉了 HALCON 界面之后，接下来就要考虑怎么样进行图像采集。图像采集是图像处理的基础，采集图像的速度和质量会直接影响后续图像处理的效率。本章主要介绍如何获取输入图像。

3.3.1 获取非实时图像

当不能在检测现场进行实时调试时，我们可以选择拍摄好的一些图像或者视频作为测试素材，进行算法测试与处理。

① 利用 read_image 算子读取图像，程序如下：

```
read_image (Image, 'D:/patras.png')
```

以上程序可读取单张指定位置图像，若要读取整个文件夹的图像，则可以利用 for 循环来实现，代码如下：

```
* 列出指定路径下的文件
list_files ('D:/picture', ['files','follow_links'], ImageFiles)
* 选择符合条件的文件
tuple_regexp_select(ImageFiles,['\\.(tif|tiff|gif|bmp|jpg|jpeg|jp2|png|pcx|pgm|ppm
|pbm|xwd|ima|hobj)$','ignore_case'], ImageFiles)
* 循环读取文件夹中的文件
for Index := 0 to |ImageFiles| - 1 by 1
    read_image (Image, ImageFiles[Index])
endfor
```

② 利用快捷键。

按住 Ctrl+R 打开读取图像对话窗口，在文件名称一栏中选择图像所在的文件路径，在语句插入位置点击确定，即可获得图像，如图 3.18 所示。

图 3.18　使用快捷键获取图像

③ 利用采集助手批量读取文件夹下所有图像。

利用采集助手批量读取文件夹下所有图像的步骤为：点击菜单栏中的“助手”→“打开新的 Image Acquisition”，点击“资源”选项卡下的“选择路径”，如图 3.19 所示。点击“代码生成”选项卡下的“插入代码”，如图 3.20 所示。

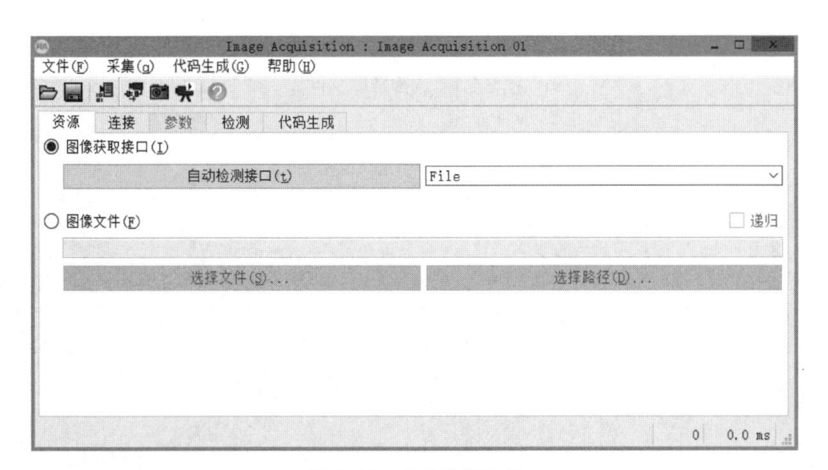

图 3.19　文件选择路径

④ 读取视频文件。

读取视频文件与读取图像文件类似，以 HALCON 图像采集助手为例：

点击菜单栏中的“助手”→“打开新的 Image Acquisition”，点击“资源”选项卡下的“图像获取接口”，选项区域选择“DirectFile”，如图 3.19 所示，然后选择“连接”选项卡，在其中设置读取视频的参数，在“媒体文件”中选择视频所在的路径，如图 3.21 所示，即可实现视频的输入。

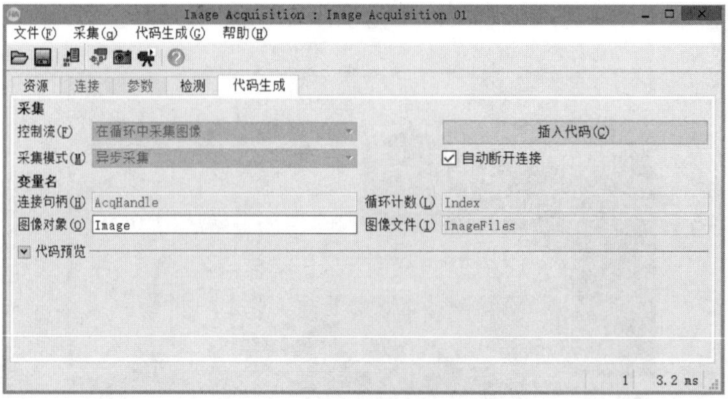

图 3.20　插入代码

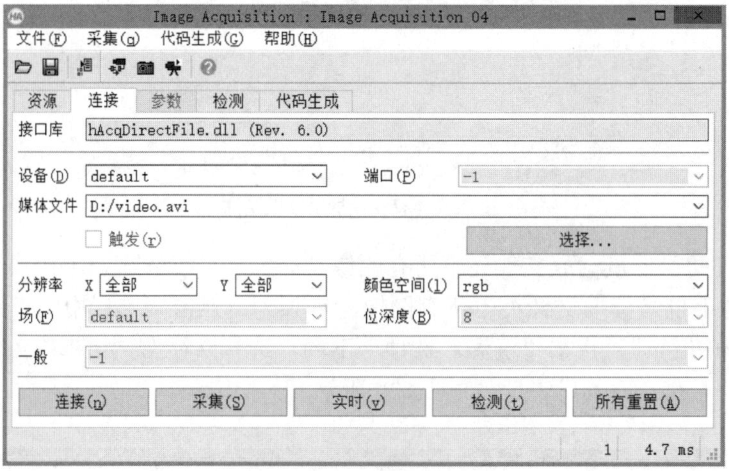

图 3.21　选择媒体文件

实现代码参考如下：

```
* 开启图像采集接口
open_framegrabber ('DirectFile', 1, 1, 0, 0, 0, 0, 'default', 8, 'rgb', -1,
'false', 'D:/video.avi', 'default', -1, -1, AcqHandle)
* 开始异步采集
grab_image_start (AcqHandle, -1)
while (true)
    * 获取采集的像
    grab_image_async (Image, AcqHandle, -1)
endwhile
close_framegrabber (AcqHandle)
```

HALCON 支持的视频格式并不多，文件中可选的只有“.avi”格式的视频，而且并非所有“.avi”格式的文件都能提取。因此建议使用图像或者图像序列的方式来代替非实时视频输入。

3.3.2　获取实时图像

实时图像采集是利用现代化技术进行实时图像信息获取的手段，在现代多媒体技术中占有重要的地位。在日常生活中、生物医学领域、航空航天等领域都有着广泛的应用。图像采集的速度、质量直接影响到产品的整体效果。在 HALCON 中，获取实时图像主要有两种方式：①通过 HALCON 自带的采集接口获取；②通过相机配套的 SDK 获取。本节主要介绍第一种方式。

HALCON 的采集功能非常强大，它支持的相机种类非常丰富，为市面上常见的多种机型提供了统一的公用接口。如果系统选择的相机支持 HALCON, 就可以直接使用 HALCON 自带的接口库实现连接。

HALCON 实时图像采集可分为三步，如图 3.22 所示。

图 3.22　HALCON 实时采集图像流程

（1）连接相机

在 HALCON 中，调用 open_framegrabber 算子可以连接相机，同时设置一些基本的采集参数，如选择相机类型和指定采集设备。也可以设置和图像相关的参数，介绍如下。

① HorizontalResolution：图像采集接口的水平相对分辨率。如果是 1，表示采集的图宽度和原图一样大；如果是 2，表示采集图的宽度为原图的两倍。默认为 1。

② VerticalResolution：图像采集接口的垂直相对分辨率。同样，默认为 1，表示采集的图宽度和原图一样大。

③ ImageWidth：图像的宽，即每行的像素数。默认为 0，表示原始图的宽度。

④ ImageHeight：图像的高，即每列的像素数。默认为 0，表示原始图的高度。

⑤ StartRow、StartColumn：采集图像在原始图像上的起始坐标，均默认为 0。

⑥ Field：相机的类型，默认为 default。

⑦ BitsPerChannel：像素的位数，默认为 -1。

⑧ ColorSpace：颜色空间，默认为 default，也可以选择 Gray 或 RGB，分别表示灰度和彩色。

⑨ Generic：通用参数与设备细节部分的具体意义，默认为 -1。

⑩ CameraType：相机的类型，默认为 default, 也可以根据相机的类型选择 ntsc、pal 或 auto。

⑪ Device：HALCON 所连接的采集设备的编号，默认为 default，如果不确定相机的编号，可使用 info_framegrabber 算子进行查询。

⑫ Port：图像获取识别连接的端口，默认为 -1。

这个算子执行完后会返回一个图像采集的连接句柄 AcqHandle，该句柄就如同 HALCON 和硬件进行交互的一个接口。使用该句柄可以实现图像捕获、设置采集参数等。

（2）设置采集参数

open_framegrabber 算子是针对大部分相机的公用接口，但相机的种类繁多，功能各异，因此公用接口中只包含了通用的几种简单操作的参数。如果想要充分地利用相机的全部功能，则可以使用 set_framegrabber_param 设置其他的特殊参数。

具体的参数种类或值的含义可参考 HALCON 的算子文档，如果想要查看 HALCON 具体支持哪些可修改的参数，可以使用 info_framegrabber 算子。例如：

```
info_framegrabber('GigEVision','parameters',ParametersInfo, ParametersValue)
```

特殊参数将在“变量监视”窗口列出，如图 3.23 所示。

(a)

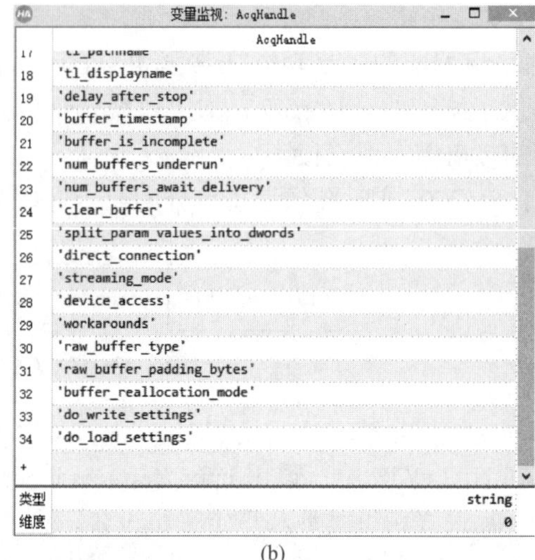

(b)

图 3.23　特殊参数列表

如要修改其中的某项参数，使用 set_framegrabber_param 算子。例如：

```
set_framegrabber_param (::AcqHandle, Param,Value: )
```

其中 AcqHandle 为图像采集的句柄，Param 为参数名称 ,Value 为要修改的值。选项可参考如下：

AcqHandle：（输入参数）图像采集设备句柄。

Param：（输入参数）参数名称，可以设置 'color_space'（颜色空间），'continuous_grabbing'（连续获取图像），'external_trigger'（外部获取触发器）等。

Value：（输入参数）要修改的参数值。

值得注意的是，如果某个参数在 open_framegrabber 中设定过，那么该参数将不可在相机工作过程中被修改。如果要查询某一个参数的值，可以用 get_framegrabber_param 算子。例如：

```
get_framegrabber_param (AcqHandle, 'name', Value)
```

（3）采集图像

与相机建立联系后，可以调用 grab_image 或 grab_image_async 算子进行图像采集。

① grab_image 用于相机的同步采集，具体算子如下：

```
grab_image( : Image : AcqHandle : )
```

其工作流程是先获取图像，然后在图像转换等处理流程完成之后再获取下一帧图像，图像的获取和处理是两个顺序执行的环节。因此，下一帧图像的获取要等待上一帧图像的处理完成才开始，这样采集图像的速率会受处理速度的影响。

② grab_image_async 用于相机的异步采集，具体算子如下：

```
grab_image_async( : Image : AcqHandle, MaxDelay : )
```

其中 MaxDelay 表示异步采集时可以允许的最大延时，异步采集不需要等到上一帧图片处理完成再开始捕获下一帧，图像的获取和处理是两个独立的环节。

（4）关闭图像采集接口

采集完图像后可用 close_framegrabber 关闭图像采集设备。

采集图像实例。

```
* 打开海康威视相机
open_framegrabber ('GigEVision', 0, 0, 0, 0, 0, 0, 'default', 8, 'gray', -1,
'false', 'default', 'c42f90f25dbe_Hikvision_MVCA05010GM', 0, -1, AcqHandle)
* 准备采集图像
grab_image_start (AcqHandle, -1)
* 循环采集图像
while (true)
    grab_image_async (Image, AcqHandle, -1)
Endwhile
* 关闭相机
close_framegrabber (AcqHandle)
```

3.4 数据结构

在研究机器视觉算法之前，我们必须分析机器视觉应用中涉及的基本数据结构。因此，本节中我们先介绍一下表示图像、区域、亚像素轮廓、句柄以及数组数据结构。

3.4.1 Image

Image 指 HALCON 的图像类型。在机器视觉中，图像是基本的数据结构，它所包含的数据通常是由图像采集设备传送到计算机的内存中的。

图像通道可以被简单看作一个二维数组，这也是程序设计语言中表示图像时所使用的数据结构。因此在像素(r,c)处的灰度值可以被解释为矩阵$g=f_{r,c}$中的一个元素。更正规的描述方式为：我们视某个宽度为w、高度为h的图像通道f为一个函数，该函数表述从离散二维平面Z^2的一个矩形子集$r=\{0,\cdots,h-1\}\times\{0,\cdots,w-1\}$到某一个实数的关系$f:r\rightarrow R$，像素位置$(r,c)$处的灰度值$g$定义为$g=f(r,c)$。同理，一个多通道图像可被视为一个函数$f:r\rightarrow R^n$，这里的$n$表示通道的数目。

在上面的讨论中，我们已经假定了灰度值是由实数表示的。在几乎所有的情况下，图像采集设备不但在空间上把图像离散化，同时也会把灰度值离散化到某一固定的灰度级范围内。多数情况下，灰度值被离散化为 8 位（一个字节），也就是，所有可能的灰度值所组成的集合是 0 ～ 255。

简单来说，图像的通道是图像的组成像素的描述方式，如果图像内像素点的值能用一个灰度级数值描述，那么图像有一个通道。比如灰色图像，每个像素的灰度值为 0 ～ 255；如果像素点的值能用三原色描述，那么图像有三个通道。比如 RGB 是最常见的颜色表示方式，它的每个像素拥有 R（Red，红色）、G（Green，绿色）、B（Blue，蓝色）3 个通道，各自的取值范围都是 0 ～ 255。彩色图像如果只存在红色和绿色、没有蓝色，并不意味着没有蓝色通道。一幅完整的彩色图像，红色、绿色、蓝色三个通道同时存在，图像中不存在蓝色只能说明蓝色通道上各像素值为零。

（1）在 HALCON 中查看图像变量

在 HALCON 中，把鼠标移动到 HALCON 变量窗口中的图像变量上会显示图像变量的类型、通道及尺寸，如图 3.24 所示。

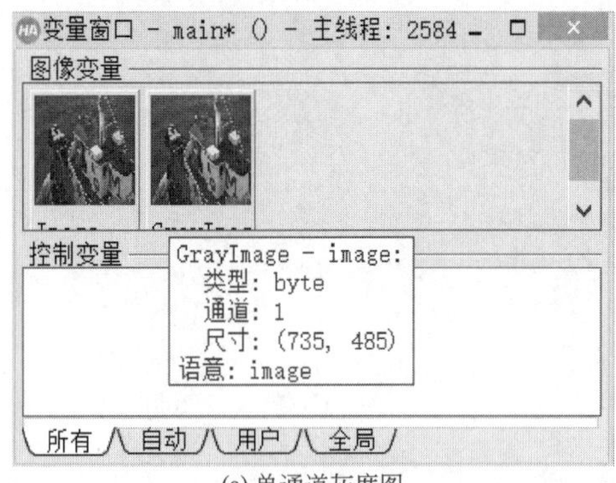

(a) 单通道灰度图

(b) 三通道RGB图

图 3.24　HALCON 的变量窗口

值得注意的是，在一般的图像处理中，灰度图像已经可以满足要求。因此，为了节约计算量并加快速度，通常会将彩色图像转换成灰度图像进行处理。在 HALCON 中，可以使用 rgb1_to_gray 算子或 rgb3_to_gray 算子将彩色图像转换成灰度图像。

（2）在 HALCON 中访问通道

① 如要获得某一指定通道的图像，可以使用 access_channel 算子。

```
access_channel(MultiChannelImage : Image : Channel :)
```

MultiChannelImage：输入的多通道图像。

Image：输出从多通道图像中计算得到的指定通道图像。

Channel：输入的要访问的通道索引，默认值：1，可取建议值：1、2、3、4、5、6 等，但取值要小于通道数。

② 如要获取通道数量，则可以使用 count_channels 算子。

```
count_channels(MultiChannelImage:::Channels)
```

MultiChannelImage：输入的多通道的图像。

Channels：输出计算得到的图像通道数。

（3）通道合并与分离

① 如将两图像的通道叠加得到新图像，可以使用 append_channel 算子。

```
append_channel(MultiChannelImage, Image:ImageExtended::)
```

MultiChannelImage：输入的多通道图像。

Image：要叠加的图像。

ImageExtended：叠加后得到的图像。

② 如要将三个单通道灰度图像合并成一个三通道彩色图像，可以使用 compose3 算子。

```
compose3(Image1, Image2, Image3:MultiChannelImage::)
```

Image1、Image2、Image3：对应三个单通道灰度图像。

MultiChannelImage：转换后得到的三通道彩色图像。

③ 如要将多幅单通道图像合并成一幅多通道彩色图像，可以使用 channels_to_image 算子。

```
channels_to_image(Images:MultiChannelImage::)
```

Images：要进行合并的单通道图像。

MultiChannelImage：合并得到的多通道彩色图像。

④ 如要将三通道彩色图像转化为三个单通道灰度图像，可以使用 decompose3 算子。

```
decompose3(MultiChannelImage:Image1, Image2, Image3::)
```

MultiChannelImage：要进行转换的三通道彩色图像。

Image1：转换得到第一个通道的灰度图像，对应 Red 通道。

Image2：转换得到第二个通道的灰度图像，对应 Green 通道。

Image3：转换得到第三个通道的灰度图像，对应 Blue 通道。

读取一幅红色的三通道彩色图像后利用 decompose3 算子分解成三个单通道图像，其中得到的红色通道是一幅白色图像，得到的绿色和蓝色通道是黑色图像。所以我们能够知道红色在 R 通道中比较明显，同理绿色和蓝色分别在 G 和 B 通道中比较明显。

⑤ 如要将多通道图像转换为多幅单通道图像，可以使用 image_to_channels 算子。

```
image_to_channels(MultiChannelImage:Images::)
```

MultiChannelImage：要进行转换的多通道彩色图像。

Images：转换后得到的单通道图像。

⑥ 若要将彩色图像从 RGB 空间转换到其他颜色空间，可以使用 trans_from_rgb 算子。

```
trans_from_rgb(ImageRed, ImageGreen, ImageBlue:ImageResult1, ImageResult2,
ImageResult3:ColorSpace:)
```

ImageRed、ImageGreen、ImageBlue：分别对应彩色图像的 R 通道、G 通道、B 通道的灰度图像。

ImageResult1、ImageResult2、ImageResult3：分别对应转换后得到的三个单通道灰度图像。

ColorSpace：输出的颜色空间，包括‘hsv’、‘hls’、‘hsi’、‘ihs’、‘yiq’、‘yuv’等，RGB 颜色空间转换到其他颜色空间有对应的函数关系。

图像通道实例。

程序如下：

```
* 读取图像
read_image (Image, 'D:/picture/ship.png')
* 计算图像通道数
count_channels (Image, Num)
* 循环读取每个通道的图像
for I := 1 to Num by 1
* 获取多通道指定图像
access_channel (Image, channel1, I)
endfor
* 拆分通道
decompose3 (Image, RedImage, GreenImage, BlueImage)
* 合并通道
compose2 (RedImage, GreenImage, MultiChannelImage)
* 向图像附加通道
append_channel (MultiChannelImage, BlueImage, ImageExtended)
```

程序执行结果如图 3.25 所示。

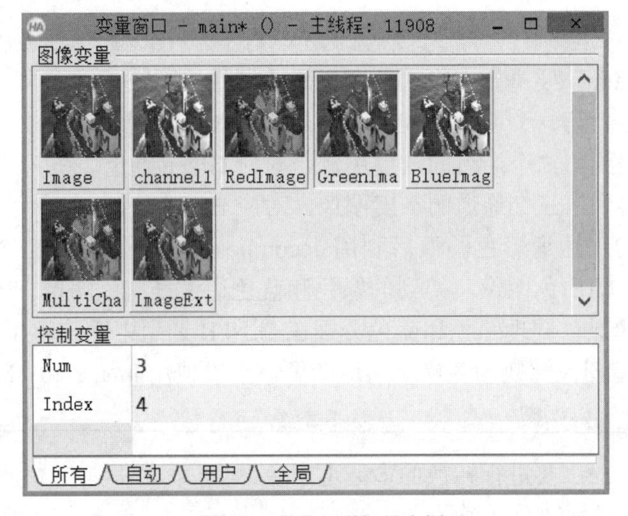

图 3.25　图像通道相关实例

3.4.2　Region

Region 指图像中的一块区域。机器视觉的任务之一就是识别图像中包含某些特性的区域，比如执行阈值分割处理。因此至少我们还需要一种能够表示一幅图像中一个任意的像素子集的数据结构。这里我们把区域定义为离散平面的一个任意子集：

$$R \subset Z^2 \tag{3.1}$$

这里选用 R 来表示区域是有意与前一节中用来表示矩形图像的 R 保持一致。在很多情况下，将图像处理限制在图像上某一特定的感兴趣区域（ROI）内是极其有用的。就此而论，我们可以视一幅图像为一个从某感兴趣区域到某一数据集的函数：

$$f : R \to R^n \tag{3.2}$$

这个感兴趣区域有时也被称为图像的定义域，因为它是图像函数f的定义域。将上述两种图像表示方法统一：对任意一幅图像，可以用一个包含该图像所有像素点的矩形感兴趣区域来表示此图像。所以，从现在开始，我们默认每幅图像都有一个用R来表示的感兴趣区域。

很多时候需要描述一幅图像上的多个物体，它们可以由区域的集合来简单地表示。从数学角度出发可以把区域描述成集合表示，如式（3.3）所示。

$$x_R(r,c)=\begin{cases}1(r,c)\in R\\0(r,c)\notin R\end{cases} \tag{3.3}$$

这个定义引入了二值图像来描述区域。一个二值图像用灰度值 0 表示不在区域内的点，用 1（或其他非 0 的数）表示被包含在区域内的点。简单言之，区域就是某种具有结构体性质的二值图。

（1）在 HALCON 中查看区域特征

区域的特征我们可以通过点击工具栏中的“特征检测”，如图 3.26（a）所示。在弹出的对话框中选择 region，可以看到 region 的不同特征属性及相对应的数值，如图 3.26（b）所示。

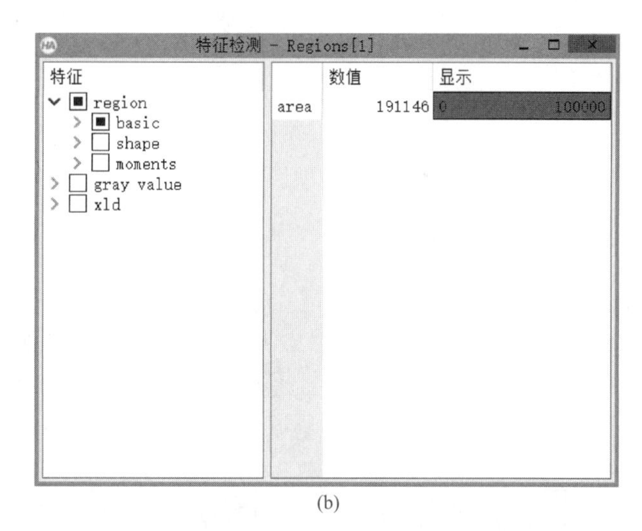

(a) (b)

图 3.26 特征检测

region 的特征主要有以下三个部分：

① 基础特征：Region 的面积、中心、宽高、左上角与右下角坐标、长半轴、短半轴、椭圆方向、粗糙度、连通数、最大半径、方向等。

② 形状特征：外接圆半径、内接圆半径、圆度、紧密度、矩形度、凸性、偏心率、外接矩形的方向等。

③ 几何矩特征：二阶矩、三阶矩、主惯性轴等。

（2）将 Image 图像转换成 Region 区域

在 HALCON 中，通常需要将 Image 图像转换成 Region 区域方便图像处理，转换方法一般为以下两种。

① 可以利用阈值分割 threshold 算子进行转化。

```
threshold(Image:Region:MinGray, MaxGray:)
```

Image：要进行阀值分割的图像。

Region：经过阀值分割得到的区域。

MinGray：阀值分割的最小灰度值。

MaxGray：阀值分割的最大灰度值。

区域的灰度值 g 满足：

$$\text{MinGray} \leqslant g \leqslant \text{MaxGray} \tag{3.4}$$

对彩色图像使用 threshold 算子最终只针对第一通道进行阈值分割，即使图像中有几个不相连的区域，threshold 也只会返回一个区域，即将几个不相连区域合并然后返回合并的区域。

② 使用灰度直方图进行转化，步骤如下：

在工具栏中点击“打开灰度直方图”，如图 3.27 所示。接着打开使能输出按钮，最后拖动图 3.27 中的红色竖线（阈值为 44 的竖线）与绿色竖线（阈值为 152 的竖线），点击插入代码即可。这里绿色竖线、红色竖线与横坐标交点的值对应阈值分割的最小值与最大值。

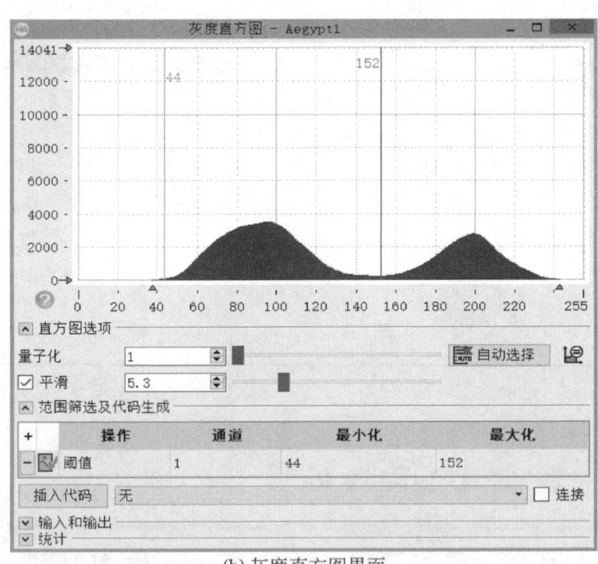

(a) 灰度直方图图标　　(b) 灰度直方图界面

图 3.27　灰度直方图

例 3.3　阈值分割算子获得区域实例。

程序如下：

```
* 关闭窗口
dev_close_window ()
* 获得图像
read_image (Aegypt1, 'egypt1')
* 获得图像尺寸
```

```
get_image_size (Aegypt1, Width, Height)
*打开窗口
dev_open_window (0, 0, Width, Height, 'black', WindowHandle)
*显示图像
dev_display (Aegypt1)
*阈值分割图像获得区域
threshold (Aegypt1, Regions, 23, 160)
```

程序执行结果如图 3.28 所示。

(a) 原图

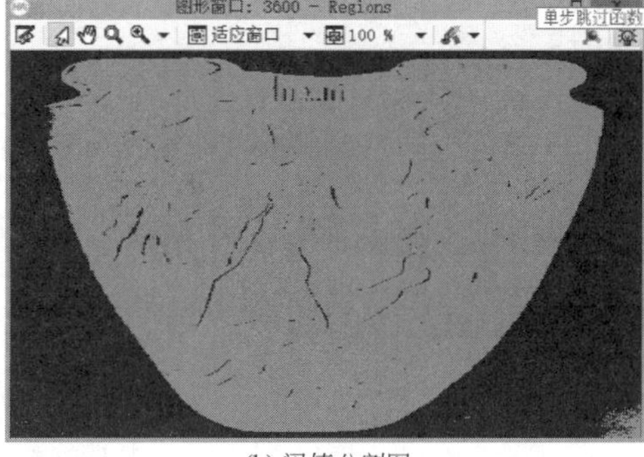

(b) 阈值分割图

图 3.28　阈值分割获得区域实例图

3.4.3 XLD

XLD（eXtended Line Descriptions）称为亚像素精度轮廓，指图像中某一块区域的轮廓。图像中 Image 和区域 Region 这些数据结构是像素精度的，像素越高，分辨率越大，图像就越清晰。点与点之间的最小距离就是一个像素的宽度，在实际工业应用中，可能需要比图像像素分辨率更高的精度，这时就需要提取亚像素精度数据，亚像素精度数据可以通过亚像素阈值分割或者亚像素边缘提取来获得。在 HALCON 中 XLD 代表亚像素边缘轮廓和多边形，XLD 轮廓如图 3.29 所示。

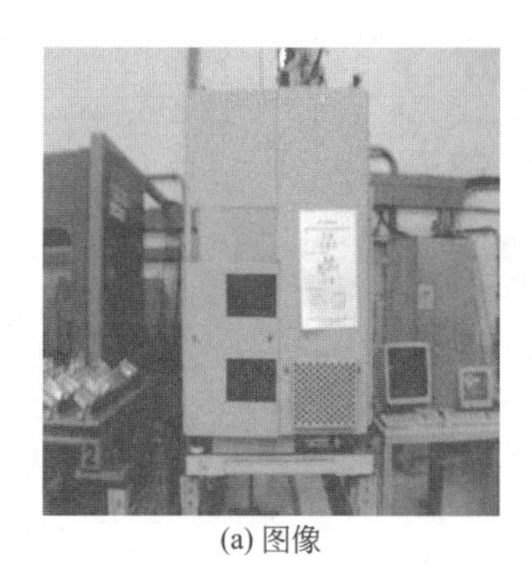

(a) 图像　　(b) XLD轮廓

图 3.29　XLD 轮廓

通过图 3.29 的 XLD 轮廓可以看出：

① XLD 轮廓可以描述直线边缘轮廓或多边形，即一组有序的控制点集合，排序是用来

说明哪些控制点是彼此相连的关系。这样就可以理解 XLD 轮廓由关键点构成，但并不像像素坐标那样一个点紧挨一个点。

② 典型的轮廓提取是基于像素网格的，所以轮廓上的控制点之间的距离平均为一个像素。

③ 轮廓只是用浮点数表示 XLD 各点的行、列坐标。提取 XLD 并不是沿着像素与像素交界的地方，而是经过插值之后的位置。

（1）在 HALCON 中查看 XLD 的特征

查看 XLD 特征的步骤与查看 Region 特征的步骤相似。点击工具栏中的“特征检测”，选择 XLD，在图形窗口选择要查看的 XLD 特征，可看到 XLD 的特征属性及其相对应的数值，如图 3.30 所示。

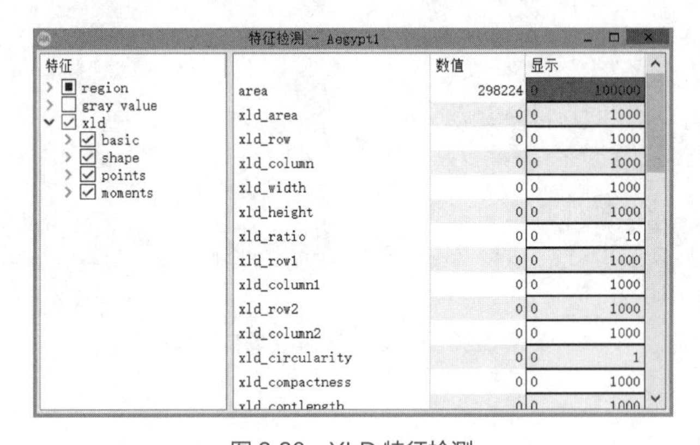

图 3.30 XLD 特征检测

XLD 特征分为四部分：

① 基础特征：XLD 面积、中心、宽高、左上角及右下角坐标。

② 形状特征：圆度、紧密度、长度、矩形度、凸性、偏心率、外接矩形的方向及两边的长度等。

③ 云点特征：云点面积、中心、等效椭圆半轴及角度、云点方向等。

④ 几何矩特征：二阶矩等。

（2）Image 转换成 XLD

将单通道 Image 转换成 XLD 可以使用 threshold_sub_pix、edges_sub_pix 等算子。例如：

```
threshold_sub_pix(Image:Border:Threshold:)
```

Image：要提取 XLD 的单通道图像。

Border：提取得到的 XLD 轮廓。

Threshold：提取 XLD 轮廓的阈值。

例 3.4 图像转 XLD 实例。

程序如下：

```
* 关闭窗口
dev_close_window ()
* 获取图像
```

```
read_image (Image, 'fabrik')
* 打开适应图像大小的窗口
dev_open_window_fit_image (Image, 0, 0, -1, -1, WindowHandle)
* 提取图像得到亚像素边缘
edges_sub_pix (Image, Edges, 'canny', 2, 12, 22)
* 显示边缘
dev_display (Edges)
```

程序执行结果如图3.29所示。

3.4.4 Handle

Handle句柄是一个标识符，是拿来标识对象或者项目的。它就像我们的车牌号一样，每一辆注册过的车都会有一个确定的号码，不同的车号码各不相同，但是也可能会在不同的时期出现两辆号码相同的车，只不过它们不会同时处于使用之中罢了。从数据类型上来看，它只是一个32位（或64位）的无符号整数。应用程序几乎总是通过调用一个Windows函数来获得一个句柄，之后其他的Windows函数就可以使用该句柄，以引用相应的对象。在Windows编程中会用到大量的句柄，比如HINSTANCE（实例句柄）、HBIT-MAP（位图句柄）、HDC（设备描述表句柄）、HICON（图标句柄）等。

Windows之所以要设立句柄，根本上源于内存管理机制的问题，即虚拟地址。简而言之，数据的地址需要变动，变动以后就需要有人来记录、管理变动，因此系统用句柄来记载数据地址的变更。在程序设计中，句柄是一种特殊的智能指针，当一个应用程序要引用其他系统（如数据库、操作系统）所管理的内存块或对象时，就要使用句柄。句柄与普通指针的区别在于，指针包含的是引用对象的内存地址，而句柄则是由系统所管理的引用标识，该标识可以被系统重新定位到一个内存地址上。这种间接访问对象的模式增强了系统对引用对象的控制。

3.4.5 Tuple

Tuple可以理解为C/C++语言中的数组，数组是编程语言中常见的一种数据结构，可用于存储多个数据，每个数组元素存放一个数据，通常可通过数组元素的索引来访问数组元素，包括为数组元素赋值和取出数组元素的值。C/C++语言中数组的操作大都可以在Tuple中找到对应的操作。

（1）数组的数据类型

① 变量类型：int、double、string等。

② 变量长度：如果长度为1则可以作为正常变量使用。第一个索引值为0，最大的索引为变量长度减1。

（2）Tuple数组定义和赋值

① 定义空数组。

```
Tuple:=[ ]
```

② 指定数据定义数组。

```
Tuple:=[1, 2, 3, 4, 5, 6]
```

```
Tuple2:=[1, 8, 9,'hello']
Tuple3:=[0x01, 010, 9,'hello']  //Tuple2 与 Tuple3 值一样
tuple:=gen_tuple_const(100, 47)
// 创建一个具有 100 个元素的，每个元素都为 47 的数据
```

③ Tuple 数组更改指定位置的元素值（数组下标从 0 开始）。

```
Tuple[2]=10
Tuple[3]='unsigned'//Tuple 数组元素为 Tuple:=[1, 2, 10,'unsigned', 5, 6]
```

④ 求数组的个数。

```
Number:=|Tuple| //Number=6
```

⑤ 合并数组。

```
Union: =[Tuple,Tuple2]  //Union=[1, 2, 3, 4, 5, 6, 1, 8, 9,'hello']
```

⑥ 生成 1 ～ 100 内的数。

```
数据间隔为 1 Numl: =[1, 100]
数据间隔为 2 Numl: =[1,2,100]
```

⑦ 提取 Tuple 数组指定下标的元素。

```
T:=Num1[2]  //T=5
```

⑧ 已知数组生成子数组。

```
T: =Num2[2, 4]  //T=[5, 7, 9]
```

小结

本章简要介绍了 HALCON 的功能特点及其交互式的编程环境 HDevelop 的开发环境，并概述了利用 HALCON 进行实时采集和离线采集的图像采集过程。此外，介绍了图像处理过程中的五种常用数据结构，分别是图形 Image、Region、XLD、Handle 和 Tuple，HALCON 数据结构是 HALCON 学习的基础，本章节对后续 HALCON 编程的学习具有重要意义。

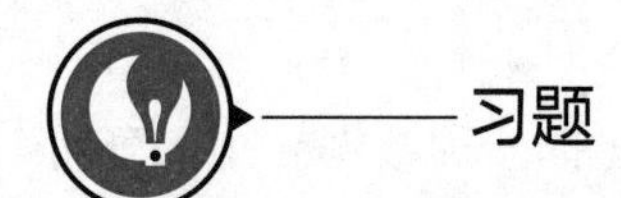

习题

3.1 熟悉 HALCON 的编程环境，并概述 HALCON 在图像处理应用上的特点。

3.2 使用 HALCON 采集助手读取某一文件夹下的图像。

3.3 将一张 RGB 图像转化为灰度图像。

3.4 求 Val_mean 的值。

```
Tuple:=[1,2,10]    // 元组定义
Tuple[3]:=10       // 元组元素定义
T:=Tuple[1:3]      // 定义一个新元组，截取下标 1,2,3 三个元素组成新元组
V:=mean(T)         // 取元组里所有值的平均值
```

第 4 章

图像预处理

当我们获得了采集的图像之后，图像质量往往与预想的有所差别，比如图像噪声大、特征模糊、形状失真等，这将给我们分析图像带来困难，因此需要对图像进行及时矫正和图像增强等处理，以改善图像的视觉效果，方便后续的检测与识别。图像预处理是图像处理非常关键的一环，主要目的是按照指定需要突出图像的有用信息，消除图像中无关的信息，将图像转化为更适合人或计算机分析处理的形式，从而改进特征抽取、图像分割、匹配和识别的可靠性。本章将深入介绍图像预处理的几种常用算法。

4.1 感兴趣区域（ROI）

在 HALCON 中，ROI 是很重要的一个概念，ROI 是指从被处理的图像中以方框、圆、椭圆、不规则多边形等方式勾勒出需要处理的区域，这个区域是图像分析所关注的重点。使用 ROI 可以减少计算量，加快图像处理速度，比如原图是 1920×1200 像素的一个图片，如果需要关注的只是图像中的某一部分，那么就可以将这部分区域裁剪出来进行处理，可以减少计算量，提高效率。选择 ROI 的步骤如下。

（1）选择关注区域

采集到原始图像后，可通过图像处理选择出特定区域作为 ROI，常规的 ROI 形状有矩形、圆形以及椭圆。此时，选择的区域还不能称为 ROI，它还只是形状或者说是像素范围。

（2）显示 ROI 区域

如果想只显示图像选择的 ROI 区域，还需屏蔽掉其余部分。在 HALCON 中可以通过 reduce_domain 算子显示 ROI 区域。

```
reduce_domain ( Image, Region : ImageReduced : : )
```

例 4.1 创建 ROI 实例。

程序如下：

```
* 关闭窗口
dev_close_window ( )
* 读取图像
read_image (Clip, 'clip')
* 把一个图像缩放到指定比例大小
zoom_image_factor (Clip, ImageZoomed, 0.5, 0.5, 'constant')
* 获得图像尺寸
get_image_size (ImageZoomed, Width, Height)
* 新建显示窗口，适应图像尺寸
dev_open_window (0, 0, Width, Height, 'black', WindowID)
dev_display (ImageZoomed)
* 输入矩形长轴针对水平方向的角度
phi := 1.91
* 输入矩形中心点的 y 值坐标、x 值坐标
Row := 134
Column := 118
* 选择 ROI，19 和 55 表示矩形的半宽和半高
gen_rectangle2 (Rectangle, Row, Column,phi, 19, 55)
* 从原图中分割出 ROI
reduce_domain (ImageZoomed, Rectangle, ImageReduced)
* 显示分割后的 ROI 图像
dev_display (ImageReduced)
```

程序执行结果如图 4.1 所示。

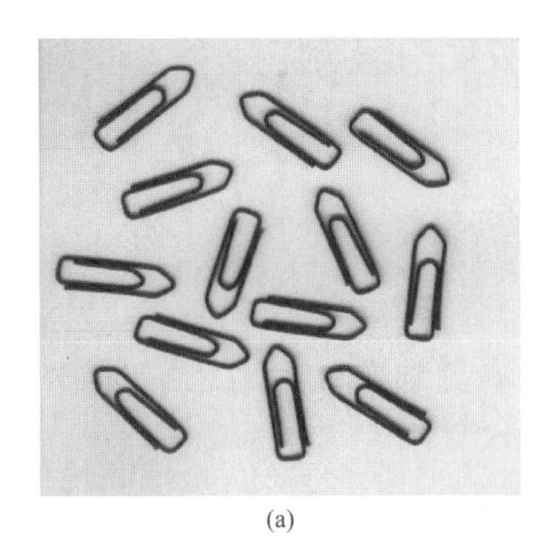
(a)

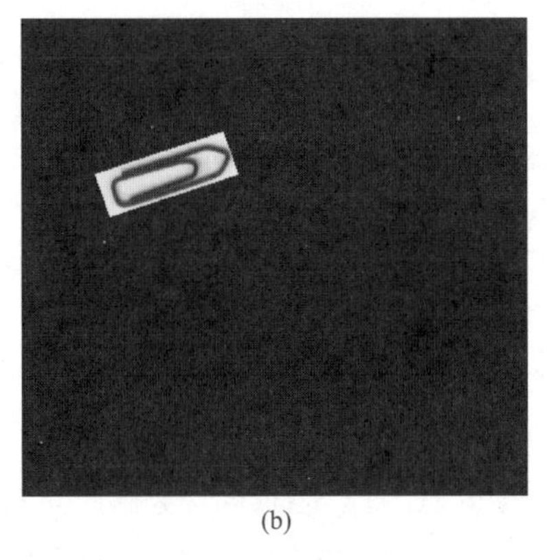
(b)

图 4.1 ROI 的生成过程

4.2 图像的变换与校正

在许多应用中，由于多种因素的影响，我们并不能保证被测物在图像中总是处于同样的位置和方向。在实际图像采集过程中，获得的图像常常与理想图像有所差异。因此，需要对待处理图像或者区域进行一些调整，使之恢复成理想图像形状。图像变换与校正的基本思路是根据图像变形原因，利用图像位置、大小、形状等已知条件，确定相应的数学模型，根据模型对图像进行几何校正。本节将介绍几种在 HALCON 中主要的几何变换方法，包括图像平移变换、比例缩放、旋转、仿射变换和投影变换。

4.2.1 图像的平移、旋转和缩放

（1）图像的平移

图像的平移是指将图像中的所有像素点按照要求的平移量进行垂直或水平移动。平移变换只改变了原有图像在画面上的位置，而图像的内容不会发生变化。比如，设原图像的一个点p_0为(x_0,y_0)，若要将此点移动(x_t,y_t)个向量，设平移后的点为p_t，则p_t的坐标如式（4.1）所示。

$$p_t=\begin{cases}x_0-x_t\\y_0-y_t\end{cases}\tag{4.1}$$

p_t用矩阵表示相当于在p_0坐标的左边乘以一个平移矩阵 T 如式（4.2）所示。

$$p_t=T\cdot p_0=\begin{bmatrix}1&0&x_t\\0&1&y_t\\0&0&1\end{bmatrix}\cdot p_0\tag{4.2}$$

在 HALCON 中用 hom_mat2d_translate 算子设置平移矩阵。

```
hom_mat2d_translate(: : HomMat2D, Tx, Ty: HomMat2DTranslate)
```

HomMat2D：输入的转换矩阵。

Tx、Ty：分别是行、列的平移量，默认为 64。

HomMat2DTranslate：输出的转换矩阵。

（2）图像的旋转

图像的旋转是指将图像围绕某一指定点逆时针或顺时针方向旋转一定的角度，通常是以图像的中心为原点。旋转后，图像的大小一般会改变。

如果将一个点在二维平面上绕坐标原点旋转角度γ，相当于在p_0坐标的左边乘以一个旋转矩阵 R。设旋转后的点为p_r，p_r坐标如式（4.3）所示。

$$p_r = R \cdot p_0 = \begin{bmatrix} \cos\gamma & -\sin\gamma & 0 \\ \sin\gamma & \cos\gamma & 0 \\ 0 & 0 & 1 \end{bmatrix} \cdot p_0 \tag{4.3}$$

在 HALCON 中用 hom_mat2d_rotate 算子设置旋转矩阵。

```
hom_mat2d_rotate ::HomMat2D, Phi,Px,Py: HomMat2DRotate
```

Phi：旋转角度。

Px、Py：为旋转的基准点（固定点），旋转过程中，此点坐标不会改变。

（3）图像的缩放

图像的缩放是指将图像大小按照指定比率放大或缩小，设一个点在二维平面上，沿 x 轴方向放大S_x倍，沿 y 轴方向放大S_y倍，变化后该点的坐标记为p_s，p_s坐标如式（4.4）所示。

$$p_s = S \cdot p_0 = \begin{bmatrix} S_x & 0 & 0 \\ 0 & S_y & 0 \\ 0 & 0 & 1 \end{bmatrix} \cdot p_0 \tag{4.4}$$

在 HALCON 中用 hom_mat2d_scale 算子设置缩放矩阵。

```
hom_mat2d_scale: : HomMat2D, Sx, Sy, Px, Py : HomMat2DScale
```

Sx、Sy：沿 x 轴、y 轴缩放的比例因子。

Px、Py：变换的基准点，此点固定不变。

4.2.2 图像的仿射变换

把平移、旋转和缩放结合起来，可以在 HALCON 中使用仿射变换的相关算子。在仿射变换前，需要先确定仿射变换矩阵，步骤如下：

① 创建一个仿射变换单位矩阵，可以用 hom_mat2d_identity 算子进行创建。

```
hom_mat2d_identity( : : : HomMat2DIdentity)
```

② 设置变换矩阵，可以设置平移、缩放以及旋转参数。

```
affine_trans_image(Image : ImageAffinTrans:HomMat2D, Interpolation, AdaptlmageSize :)
```

③ 进行仿射变换，对图像进行仿射变换可以用 affine_trans_image 算子。

Image、ImageAffinTrans：变换前以及变换后的图像。

HomMat2D：输入的转换矩阵。

Interpolation：插值类型。有 'bicubic'，'bilinear'，'constant'，'nearest_neighbor'，'weighted' 五种类型，默认为 'constant'。下面介绍这五种插值类型。

'nearest_neighbor'：最近邻插值，灰度值由最近像素的灰度值确定，处理质量低，但速度快。

'bilinear'：双线性插值，灰度值由最近的四个像素通过双线性插值确定。如果仿射变换包含比例因子小于 1 的缩放，则不执行平滑，这可能会导致严重的锯齿效果，处理质量和运行速度均为中等。

'bicubic'：双三次插值。灰度值由最近的像素点通过双三次插值确定。如果仿射变换包含比例因子小于 1 的缩放，则不执行平滑，这可能会导致严重的锯齿效果，处理质量高，运行速度慢。

'constant'：双线性插值。灰度值由最近的四个像素通过双线性插值确定。如果仿射变换包含比例因子小于 1 的缩放，则使用一种平均滤波器来防止混叠效果，处理质量和运行速度均为中等。

'weighted'：双线性插值。灰度值由最近的四个像素通过双线性插值确定。如果仿射变换包含比例因子小于 1 的缩放，则使用一种高斯滤波器来防止混叠效果，处理质量高，运行速度慢。

AdaptImageSize：自动调节输出图像大小，若设置为 true，则将调整大小，以便在右边缘或下边缘不发生剪裁。如果设置为“false”，则目标图像的大小与输入图像的大小相同。默认值为“false”。

例 4.2 图像的仿射变换实例。

程序如下：

```
* 关闭窗口，读取图像
dev_close_window ( )
read_image (Image, 'D:triangle.png')
* 获得图像尺寸，打开窗口，读取图片
get_image_size (Image, Width, Height)
dev_open_window (0, 0, Width, Height, 'black', WindowID)
dev_display (Image)
* 转灰度图像
rgb1_to_gray (Image, GrayImage)
* 图像二值化
threshold (GrayImage, Regions, 200, 255)
* 获取图像面积，中心点坐标
area_center (Regions, Area, Row, Column)
* 定义仿射变换矩阵
hom_mat2d_identity (HomMat2DIdentity)
* 设置平移矩阵至中心点坐标 ( Height/2,Width/2 )
hom_mat2d_translate (HomMat2DIdentity, Height/2-Row,
```

```
Width/2-Column, HomMat2DTranslate)
    * 通过仿射变换将三角形移至中心点位置并显示图像
    affine_trans_image (GrayImage, ImageAffinTrans, HomMat2DTranslate, 'constant',
'false')
    * 设置旋转矩阵，3.14/2 表示旋转角度，正值代表逆时针旋转，(Height/2,Width/2)为基准点
    hom_mat2d_rotate (HomMat2DIdentity,3.14/2, Height/2,Width/2, HomMat2DRotate)
    * 通过仿射变换将三角形旋转 90° 并显示图片
    affine_trans_image(ImageAffinTrans,ImageAffinTrans1,
HomMat2DRotate, 'constant', 'false')
    * 设置缩放矩阵，缩放倍数为 1.5 倍，(Height1/2,Width1/2)为基准点
    hom_mat2d_scale (HomMat2DIdentity, 1.5,1.5,Height/2, Width/2, HomMat2DScale)
    * 通过仿射变换将三角形放大 1.5 倍并显示
    affine_trans_image (ImageAffinTrans1, ImageAffinTrans2, HomMat2DScale, 'constant',
'false')
```

程序执行结果如图 4.2 所示。

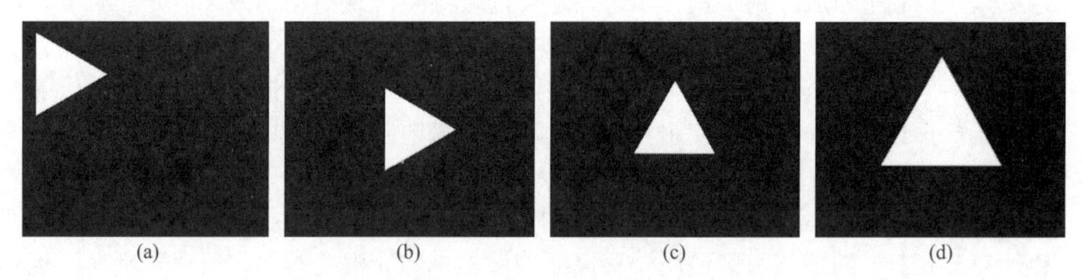

图 4.2　图像仿射变换

4.2.3　图像的投影变换

仿射变换几乎能校正物体所有可能发生的与位姿相关的变化，但并不能应付所有情况。需要应用投影变换的情况很多，如对边不再平行，或者发生了透视畸变等。投影变换步骤与仿射变换类似，首先计算投影变换矩阵，然后计算投影变换参数，最后将投影变换矩阵映射到对象上。投影变换可以用 hom_vector_to_proj_hom_mat2d 算子进行。

```
hom_vector_to_proj_hom_mat2d( : : Px, Py, Pw, Qx, Qy, Qw, Method : HomMat2D)
```

Px、Py、Pw、Qx、Qy、Qw：确定投影变换矩阵 4 对点。

例 4.3　图像的投影变换实例。

程序如下：

```
dev_close_window ( )
* 获得图像、打开适合图片的窗口
read_image (Image, 'E:/《机器视觉案例》/案例原图/第 4 章/4.3.png')
dev_open_window_fit_image (Image,0,0 ,-1 , -1, Window Handle)
* 设置描绘颜色为'红色'
dev_set_color ('red')
* 定义输出线宽为 2
dev_set_line_width (2)
```

```
* 定义坐标变量
X := [163,280,362,75]
Y := [125,120,361,340]
* 为每个输入点生成十字形状的 XLD 轮廓，6 代表组成十字横线的长度，0.78 代表角度，即 45° 的“×”
gen_cross_contour_xld (Crosses, X, Y, 6, 0. 78)
* 显示
dev_display (Image)
dev_display (Crosses)
* 生成投影变换需要的变换矩阵，这里是齐次变换矩阵
hom_vector_to_proj_hom_mat2d (X, Y, [1,1,1,1], [75,360,360,75], [110,110,360,360],
[1,1,1,1], 'normalized_dlt', HomMat2D)
* 在待处理的图像上应用投影变换矩阵，并将结果输出到 Image_rectified 中
projective_trans_image (Image,lmage_rectified,HomMat2D, 'bilinear','false',
'false')
```

图 4.3 为二维码的投影变换。

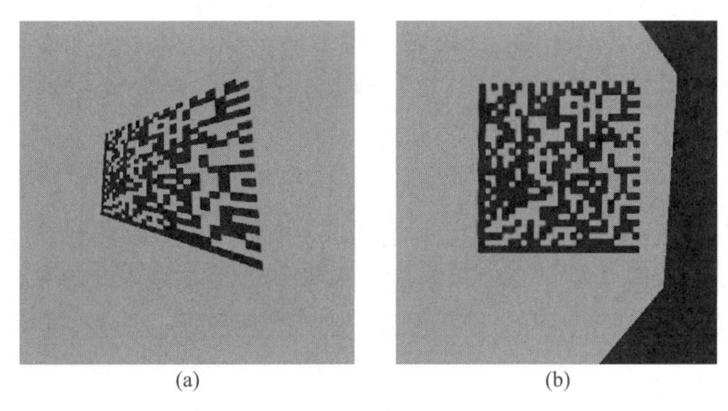

(a) (b)

图 4.3　二维码的投影变换

4.3 图像增强

在图像获取过程中，可能会由于某些因素的影响，导致图像的质量产生退化，甚至淹没图像的一些重要特征。图像增强就是有目的地强调图像的整体或局部特性，将原来不清晰的图像变得清晰；强调某些感兴趣的特征，扩大图像中不同物体特征之间的差别；抑制不感兴趣的特征，使之改善图像质量、丰富信息量，满足某些特殊分析的需要。不过图像增强在增强对某种信息的辨别能力的同时，也有可能损失一些其他信息，因此，在实际项目中，需要学会合理运用图像增强技术。

4.3.1 图像增强的基本分类

图像增强技术基本可以分为两种方法：空间域处理法和频率域处理法。空间域处理法是指在空间域中，直接对图像的像素灰度值进行增强处理。它又分为点运算和邻域运算两大

类。频域处理法的基础是卷积定理，它是指在频域下通过进行某种图像变换（如傅里叶变换、离散余弦变换和小波变换等）得到结果并修改的方法来实现对图像的增强处理。常用的方法包括低通滤波、高通滤波以及同态滤波等。图像增强所包含的主要内容如图 4.4 所示。

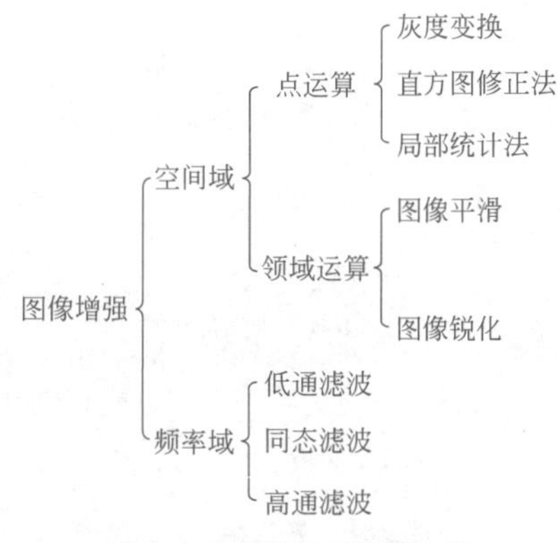

图 4.4　图像增强的主要内容

4.3.2　图像增强的点运算

在图像处理中，点运算是图像数字化软件和图像显示软件的重要组成部分。对于一幅输入图像，经过点运算将产生一幅每个像素的灰度值仅取决于输入图像中相对应像素灰度值的输出图像。

这种运算具有两个特点：①根据某种预先设置的规则，将输入图像各个像素本身的灰度（和该像素邻域内其他像素的灰度无关）逐一转换成输出图像对应像素的灰度值；②点运算不会改变像素的空间位置。

（1）灰度变换

灰度变换（有时又被称为图像的对比度增强或对比度拉伸），是指根据某种目标条件按一定变换关系逐点改变原图像中每一个像素灰度值的方法。调整图像灰度值的其中一个原因是由于受一些拍摄条件或者其他因素的限制，图像的对比度太弱，灰度变换可使图像动态范围增大，对比度得到扩展，使图像的显示效果更好，有利于图像信息处理，显示效果更加清晰。

灰度变换是图像增强处理技术中的一种非常基础、直接的空间域图像处理方法。常用的方法有三种：线性灰度变换、分段线性灰度变换和非线性灰度变换。其表达式如式（4.5）所示：

$$g(x,y)=T[f(x,y)] \tag{4.5}$$

式中，$f(x,y)$ 是输入图像；$g(x,y)$ 是增强后的图像。T 是关于 f 的一种操作，可应用于单幅图像或者图像集合。

定义一个点 (x,y) 邻域的主要方法是利用中心在 (x,y) 点的正方形或矩形子图像，如图 4.5 所示。

T 操作最简单的是针对单个像素，即当最小邻域为 1×1 时，输出结果仅仅依赖 f 在 (x,y) 处的像素灰度值，而式（4.5）中的 T 则成为形如式（4.6）的灰度变换函数，此时的处理方式通常称为点处理。

$$s=T(r) \tag{4.6}$$

其中，s 和 r 分别表示变量，即 g 和 f 在任意点 (x,y) 处的灰度值。

（2）线性变换

设原图像 $f(x,y)$ 的灰度范围为 $[a,b]$，线性变换后的图像 $g(x,y)$ 的灰度范围扩展至 $[c,d]$，如图 4.6 所示，则图像中任一点的灰度值与变换后 $g(x,y)$ 灰度值的关系表达式如式（4.7）所示：

$$g(x,y)=k\times[f(x,y)-a]+c \tag{4.7}$$

式中，$k=\dfrac{d-c}{b-a}$，为变换函数的斜率。

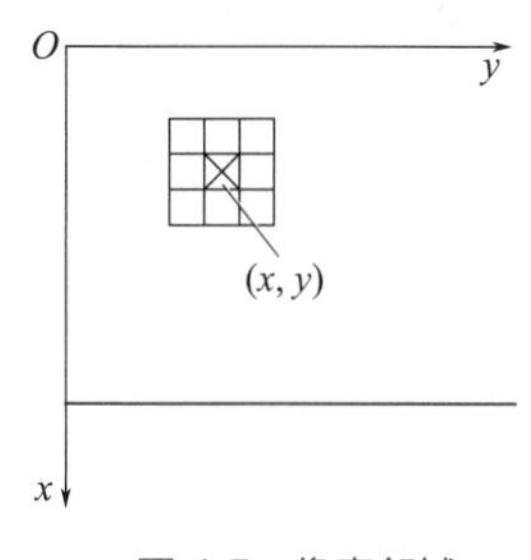

图 4.5　像素邻域

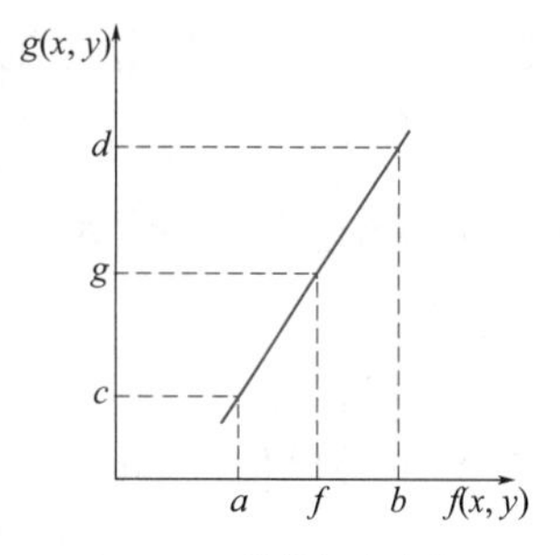

图 4.6　线性灰度变换

当曝光度不足或过度时，图像灰度可能会局限在一个很小的范围内，使图像中的细节分辨不清。此时用一个线性单值函数对图像内的每一个像素做线性扩展，将会有效地改善图像视觉效果。根据 k 值的不同，我们可以分为以下几种情况：

① 当 $k>1$ 时，会使图像对比度变大，灰度取值的动态范围变宽；

② 当 $k=1$ 时，则灰度取值区间会随着 a 和 c 的大小上下平移，但灰度动态范围不变；

③ 当 $0<k<1$ 时，则变换后会使图像对比度变小，灰度取值的动态范围会变窄；

④ 当 $k<0$ 时，则变换后图像的灰度值会发生反转，即图像中亮的变暗，暗的变亮。

（3）分段线性灰度变换

有时不需要将图像整体对比度拉开，而是为了突出感兴趣区域，将该区域的灰度范围线性扩展，同时相对抑制不感兴趣区域的灰度范围。这时可采用分段线性变换，它将图像灰度区间分成两段乃至多段，每一区间对应一个线性关系，分别对区间作线性变换。图 4.7 为常用的三段线性变换，其数学表达式如式（4.8）所示。

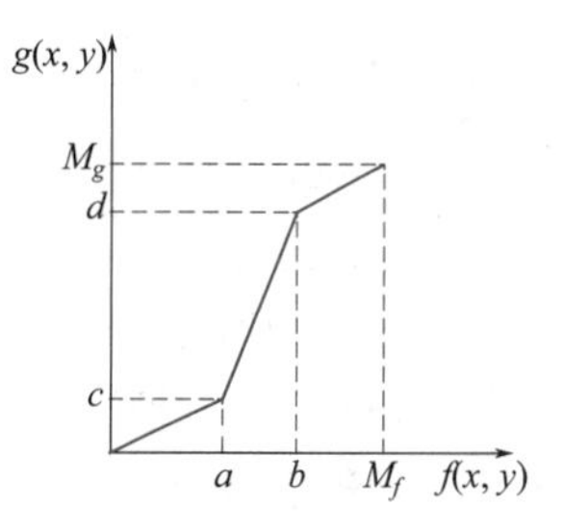

图 4.7　分段线性灰度变换

$$g(x,y)=\begin{cases}\dfrac{c}{a}f(x,y) & 0\leqslant f(x,y)\leqslant a\\[2ex] \dfrac{d-c}{b-a}[f(x,y)-a]+c & a\leqslant f(x,y)\leqslant b\\[2ex] \dfrac{M_g-d}{M_f-b}[f(x,y)-b]+d & b\leqslant f(x,y)\leqslant M_f\end{cases} \tag{4.8}$$

在式（4.8）中，$[a,b]$ 为原图像的灰度范围，感兴趣区域的灰度值范围从 $[a,b]$ 被拉伸到 $[c,d]$，其他区域灰度值被压缩。c 和 d 决定线性变换的斜率。通过调整折线拐点的位置及控制分段直线的斜率，即可对任一灰度区间进行扩展或压缩。

（4）非线性灰度变换

单纯的线性变换在一定程度上可以改善图像对比度较弱的问题，但对于图像细节部分的增强较为有限，结合非线性变换技术可以对该问题进行有效解决，典型的非线性变换函数有指数函数、对数函数、阈值函数、多值量化函数等多种处理方法，可根据实际需求进行选择。

（5）在 HALCON 中的灰度变换算子

在 HALCON 中关于灰度变换的算子有很多，下面我们介绍几个常用的线性灰度变换算子以及分段线性灰度变换算子：

① 线性灰度变换常用算子有图像取反算子 invert_image，适用于增强嵌入在一幅图像的按区域中的白色或灰色细节，特别是黑色面积占主导地位时。

```
invert_image(Image : ImageInvert : : )
```

Image：输入图像。

ImageInvert：输出图像。

② 在 HALCON 中可以使用 emphasize 算子对图像的边缘和细节进行增强，增加图像对比度算子。

```
emphasize(Image : ImageEmphasize : MaskWidth, MaskHeight, Factor : )
```

Image：输入图像。

ImageEmphasize：输出图像。

MaskWidth：低通掩模宽度。

MaskHeight：低通掩模高度。

Factor：对比度强度。

③ 缩放图像的灰度值。

```
scale_image(Image : ImageScaled : Mult, Add : )
```

Image：输入图像。

ImageScaled：输出图像。

Mult：比例因子。

Add：补偿值。

④ 确定区域内的最小和最大灰度值。

```
min_max_gray(Regions, Image : : Percent : Min, Max, Range)
```

Regions：需要计算的区域。

Image：输入的图像。

Percent：低于（高于）绝对最大（最低）值的百分比。

Min：最小灰度值。

Max：最大灰度值。

Range：最大最小的差值。

⑤ 将最大灰度值在取值范围为 0 ～ 255 之间展开。

```
scale_image_max (Image: ImageScaleMax: : )
```

Image：输入图像。

ImageScaleMax：对比度增强图像。

例 4.4 对图像进行线性灰度变换实例。

程序如下：

```
* 关闭窗口
dev_close_window ()
```

```
* 获取图像
read_image (Image, 'E:/《机器视觉案例》/案例原图/第4章/4.4 4.5.png')
* 获取图像尺寸
get_image_size (Image, Width, Height)
* 打开大小适应的窗口
dev_open_window (0, 0, Width, Height, 'black', WindowHandle)
* 显示图像
dev_display (Image)
* 图像灰度化
rgb1_to_gray (Image, GrayImage)
* 图像取反
invert_image (GrayImage, ImageInvert)
* 增强对比度
emphasize (GrayImage, ImageEmphasize, Width, Height, 2)
* 缩放图像灰度值
scale_image (GrayImage, ImageScaled, 1, 100)
* 分别显示 ImageInvert、ImageEmphasize、ImageScaled
dev_display (ImageInvert)
dev_display (ImageEmphasize)
dev_display (ImageScaled)
```

程序执行结果如图 4.8 所示。

(a) 灰度化图像

(b) 取反图像

(c) 增强对比度

(d) 缩放灰度值

图 4.8　图像线性灰度变换结果

（6）直方图修正法

在数字图像处理中，直方图是一个简单有用的工具，是以概率统计学理论为基础的。它反映了数字图像中每一灰度级与其出现像素频率间的统计关系，并且能描述图像的概貌，例如图像的明暗状况和对比度等情况，为进一步对图像进行处理提供了重要依据，在 2.4 节中我们已经介绍过直方图的一些概念和性质，本节将介绍如何运用修改直方图的方法对图像进行增强处理。直方图修正法通常有直方图均衡化及直方图规定化两种方法。

① 直方图均衡化　直方图均衡化是指通过对原图像进行某种变换，使原图像的灰度直方图修正为均匀分布的一种形式。通过直方图均衡化，像素将尽可能多地占有灰度级并且分布均匀，也就是说，原图中大量像素点灰度值相似的区域灰度范围将变宽，因此，处理后的图像将拥有较大的动态范围和较高的对比度，使图像更加清晰，如图 4.9 所示。

假定 r 和 s 分别表示归一化了的原始图像灰度和变换后的图像灰度，即：

$$0 \leqslant r \leqslant 1, 0 \leqslant s \leqslant 1 \text{（0代表黑色，1代表白色）}$$

此时 r 和 s 的变换关系为：

(a) 原始图像

(b) 直方图均衡化后的图像

图 4.9 直方图均衡化前后对比图

$$s = T(r) \tag{4.9}$$

式中，$T(r)$为变换函数，应满足条件：a. 在$0 \leqslant r \leqslant 1$区间，$T(r)$为单调递增函数；b. 在$0 \leqslant r \leqslant 1$区间，$0 \leqslant T(r) \leqslant 1$。条件 a 保证灰度变换前后灰度级从黑到白的次序不变。条件 b 保证灰度变换后的像素灰度值仍然在变换前所允许的动态范围内。

由 s 到 r 的反变换函数为：

$$r = T^{-1}(s) \quad (0 \leqslant s \leqslant 1) \tag{4.10}$$

其中，$T^{-1}(s)$对 s 也满足上述两个条件。

若$P_r(r)$和$P_s(s)$分别为图像变换前后灰度级的概率密度函数，对于连续图像，直方图均衡化（并归一化）处理后的输出图像灰度级的概率密度函数是均匀的，即：

$$P_s(s) = \begin{cases} 1, & 0 \leqslant s \leqslant 1 \\ 0, & \text{其他} \end{cases} \tag{4.11}$$

设原图像的灰度范围为$[r, \mathrm{d}r]$，在该范围内像素个数为$P_r(r)\mathrm{d}r$，经过变换后得到的灰度范围为$[s, \mathrm{d}s]$，此时包含的像素个数为$P_s(s)\mathrm{d}s$，并且变换前后的像素个数相等，即：

$$P_r(r)\mathrm{d}r = P_s(s)\mathrm{d}s \tag{4.12}$$

对两边同时取积分，得：

$$s = T(r) = \int_0^r P_r(w)\mathrm{d}w \tag{4.13}$$

式（4.13）称为图像的累积分布函数，该式表明变换函数$T(r)$单调地从 0 增加到 1，所以满足$T(r)$在$0 \leqslant r \leqslant 1$内单调增加，能达到直方图均衡化的目的。

对于灰度级为离散的数字图像，用频率来代替概率，则灰度级r_k出现的频率为：

$$P_r(r_k) = \frac{n_k}{n}, 0 \leqslant r_k \leqslant 1 \tag{4.14}$$

则均衡变换函数$T(r_k)$采用求和方式可表示为：

$$s_k = T(r_k) = \sum_{j=0}^{k} P_r(r_j) = \sum_{j=0}^{k} \frac{n_j}{n} \tag{4.15}$$

上述式（4.13）和式（4.15）的灰度值在 [0,1] 的范围内，如果原图像的灰度级为 $[0,L-1]$，为使变换后的灰度值和灰度范围仍与原图像的灰度值和灰度范围相一致，可将式（4.13）和式（4.15）的两边乘以最大灰度级（$L-1$），此时式（4.15）对应的转换公式为：

$$s_k = T(r_k) = (L-1)\sum_{j=0}^{k} \frac{n_j}{n} \tag{4.16}$$

上式计算的灰度值可能不是整数，一般采用四舍五入取整法使其变为整数。

在 HALCON 中图像直方图均衡化处理可通过 equ_histo_image 算子。

```
equ_histo_image(Image : ImageEquHisto : : )
```

Image：输入图像。

ImageEquHisto：输出的均衡化图像。

例 4.5 对图像进行直方图均衡化实例。

程序如下：

```
* 关闭窗口
dev_close_window ()
* 获取图像
read_image (Image, 'E:/《机器视觉案例》/案例原图/第 4 章/4.4 4.5.png')
* 获取图像大小
get_image_size (Image, Width, Height)
* 打开与图像大小适应的窗口
dev_open_window (0, 0, Width, Height, 'black', WindowHandle)
* 图像灰度化
rgb1_to_gray (Image, GrayImage)
* 直方图均衡化
equ_histo_image (GrayImage, ImageEquHisto)
* 显示均衡化后结果图像
dev_display (ImageEquHisto)
```

程序执行结果如图 4.10 所示。

(a) 灰度图像

(b) 直方图均衡化后的图像

图 4.10　图像进行直方图均衡化处理结果

② 直方图规定化　直方图均衡化处理方法是常用的图像增强方法之一，它把原始直方图的累积分布函数作为变换函数，从而产生近似均匀的直方图。但在某些情况下，并不需要

对图像进行全局均匀化处理，而是希望有针对性地增强图像某个灰度范围，直方图规定化方法就是针对上述思想提出来的。直方图规定化是指使原图像灰度直方图变成规定形状的直方图而对图像作修正的一种增强方法。直方图均衡化处理只是直方图规定化的一个特例。

直方图规定化处理的关键是建立对 $P_r(r)$ 和 $P_z(z)$ 之间的联系。假定 $P_r(r)$ 和 $P_z(z)$ 分别表示原图像的灰度概率密度函数以及目标图像的灰度概率密度函数。根据直方图均衡化理论，首先对 $P_r(r)$ 作直方图均衡化处理：

$$s = T(r) = \int_0^r P_r(w)\mathrm{d}w \tag{4.17}$$

假定已得到目标函数图像，且它的概率密度是 $P_z(z)$，对这幅图像做均衡化处理，即：

$$u = G(z) = \int_0^z P_z(w)\mathrm{d}w \tag{4.18}$$

由于对原始图像和目标图像都进行了直方图均衡化处理，因此 $P_s(s)$ 和 $P_u(u)$ 具有相同的均匀概率密度。因此，目标图像的灰度值 z 可由原图像均衡化后的图像灰度值计算，故可令 $s=u$，则有以下关系：

$$z = G^{-1}(u) = G^{-1}(s) \tag{4.19}$$

式（4.19）表明直方图规定化处理后的新图像具有预设目标图像灰度值的概率密度 $P_z(z)$。

（7）局部统计法

除了灰度变换与直方图修正法外，还可以运用 Wallis 和 Jong-Sen Lee 提出的局部均值和方差增强图像对比度。

假定图像中某点像素 (x,y) 的灰度值用 $f(x,y)$ 表示，局部均值和方差是指以像素 (x,y) 为中心 $(2n+1)\times(2m+1)$ 邻域的灰度的均值 $m_L(x,y)$ 和 $\sigma_L^2(x,y)(n\in N^+, m\in N^+)$，如式（4.20）和式（4.21）所示：

$$m_L(x,y) = \frac{1}{(2n+1)(2m+1)}\sum_{i=x-n}^{n+x}\sum_{j=y-m}^{m+y} f(i,j) \tag{4.20}$$

$$\sigma_L(x,y) = \frac{1}{(2n+1)(2m+1)}\sum_{i=x-n}^{n+x}\sum_{j=y-m}^{m+y} [f(x,y)-m_L(x,y)]^2 \tag{4.21}$$

Wallis 提出的算法使得每个像素具有希望的局部均值 m_d 和局部方差 σ_d^2，则像素 (x,y) 的输出值为：

$$g(x,y) = m_d + \frac{\sigma_d^2}{\sigma_L^2(x,y)}[f(x,y)-m_L(x,y)] \tag{4.22}$$

在这个式子中，$m_L(x,y)$ 和 $\sigma_L^2(x,y)$ 是像素 (x,y) 的真实局部均值和方差，则 $g(x,y)$ 将具有希望的局部均值 m_d 和局部方差 σ_d^2。

在 Wallis 之后，Jong-Sen Lee 提出改进算法保留像素 (x,y) 的局部均值，而对局部方差做了改动，使：

$$g(x,y) = m_L(x,y) + k[f(x,y)-m_L(x,y)] \tag{4.23}$$

式中，k 为期望局部标准值和真实局部标准差的比值。

这种改进算法的主要优点是只需计算局部均值 $m_L(x,y)$，而不用计算局部方差 $\sigma_L^2(x,y)$。若 $k>1$，图像得到锐化，与高通滤波类似；若 $k<1$，图像被平滑，与低通滤波类似；在极端情况下 $k=0$，等于 $g(x,y)$ 局部均值 $m_L(x,y)$。

4.3.3 图像的平滑

在采集、传输及处理图像的过程中往往会存在一定程度的噪声干扰，加大了图像信息分析处理的难度。图像平滑处理就是为了抑制噪声，使图像亮度趋于平缓渐变，减小突变梯度，进而改善图像质量的一种图像增强方法。它主要是利用噪声点像素的灰度与其邻近像素的灰度显著不同，通过突出图像的宽大区域、低频成分、主干部分或抑制图像噪声和干扰高频成分对图像进行处理，图像平滑处理在空间域中主要有邻域平均法、加权平均法和中值滤波法这三种方法。

（1）图像噪声

在日常生活中，“噪声”一般指对人们要听的声音产生干扰的其他声音。同理，图像噪声是指存在于图像数据中的不必要的或多余的干扰信息。因此在进行图像增强处理之前，必须予以纠正。图像系统中的噪声来自多方面，经常影响图像质量的噪声源主要有以下几类：

① 由光和电的基本性质所引起的噪声。如电流的产生是因电子或空穴粒子的集合和定向运动而形成，因这些粒子的随机性运动会产生散粒噪声；而导体中自由电子的无规则热运动会产生热噪声；根据光的粒子性，图像是由光量子所传输，而光量子密度随时间和空间变化也可形成光量子噪声等。

② 电器的机械运动产生的噪声。如数字化设备的各种接头因抖动引起的电流变化所产生的噪声，磁头、磁带抖动引起的抖动噪声等。

③ 元器件材料本身引起的噪声，如磁带、磁盘表面缺陷所产生的噪声。

④ 系统内部设备电路所引起的噪声。如电源系统引入的交流噪声和偏转系统引起的噪声等。

在大多数情况下，图像中的噪声必须通过图像平滑处理进行抑制。

（2）邻域平均法

邻域平均法（也称为均值滤波器）是一种简单的空域处理方法，其基本原理是在图像中选择一个邻域，用邻域范围内的像素灰度的平均值来代替该邻域中心点像素的灰度值。

设一幅图像 $f(x,y)$ 为 $N\times N$ 阵列，邻域平均后的图像为 $g(x,y)$，它的每个像素的灰度值由包含 (x,y) 点邻域的几个像素的灰度级的平均值所决定，因此有：

$$g(x,y)=\frac{1}{M}\sum_{(i,j)\in S}f(i,j) \tag{4.24}$$

式中，$x,y=0,1,2,\cdots,N-1$，S 是以 (x,y) 点为中心的邻域的集合，但其中不包括 (x,y)，M 是 S 内坐标点的总数。常用的邻域为 4 邻域点和 8 邻域点，如图 4.11 所示。

邻域平均法优点是计算算法简单，速度快，缺点是经由邻域平均法处理过的图像会变得相对模糊，特别是边缘和细节部分，其模糊程度与邻域半径有关，半径越大，模糊程度也越大。

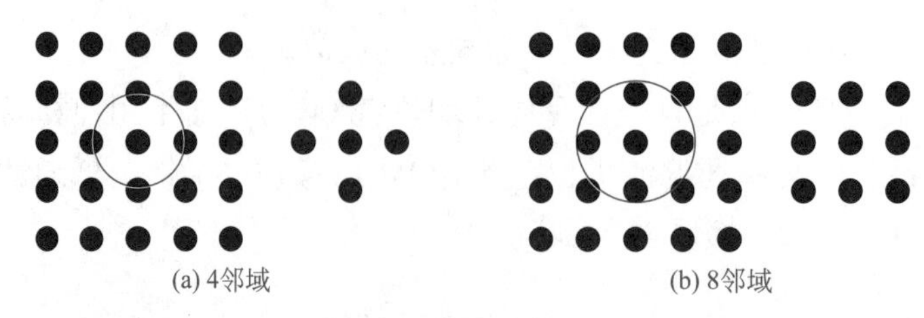

图 4.11　图像邻域平均法

在 HALCON 中邻域平均法处理图像可以用 mean_image 算子。

```
mean_image(Image : ImageMean : MaskWidth, MaskHeight : )
```

Image：输入的带噪声的图像。

imageMean：输出的均值滤波的图像。

MaskWidth、MaskHeight：掩模宽度、掩模高度。即邻域 S 中包含像素的横纵坐标的尺寸，一般选用奇数，如 3、5、7、9、11 等，奇数可以保证中心像素处于邻域的中心。

例 4.6　均值滤波实例。

程序如下：

```
* 读取图像
read_image (Image, 'E:/《机器视觉案例》/ 案例原图 / 第 4 章 /4.6 4.7.jpg')
* 关闭窗口
dev_close_window ()
* 重新打开窗口
dev_open_window (0, 0, 512, 512, 'black', WindowHandle)
* 显示图像，将图像灰度化
dev_display (Image)
rgb1_to_gray (Image, GrayImage)
* 添加高斯噪声
gauss_distribution (20, Distribution)
add_noise_distribution (GrayImage, ImageNoise, Distribution)
* 均值滤波处理
mean_image (ImageNoise, ImageMean, 5, 5)
* 显示图像
dev_display (ImageMean)
```

程序执行结果如图 4.12 所示。

(a) 带有高斯噪声的图片

(b) 均值滤波后的图片

图 4.12　均值滤波

（3）中值滤波法

中值滤波提出后，首先应用于一维信号处理，后来很快被应用到二维。中值滤波是指对邻域内的像素灰度值进行排序，用其中值代替中心点像素灰度值的图像平滑方法。

① 一维中值滤波　设一维的数字序列 $\{x_i, i \in Z\}$，选择一个奇数长度的邻域。对它进行中值滤波，就是从序列中取出邻域范围内包含的像素 $\{x_{i-k}, \cdots, x_{i-1}, x_i, x_{i+1}, \cdots, x_{i+k}\}$ 进行大小排序，取中值作为中心点像素的灰度值。

② 二维中值滤波　同理，设一幅图像为 $f(x,y)$，经中值滤波处理后的图像为 $g(x,y)$，容易得出二维中值滤波的数学表达式为：

$$g(x,y) = \underset{(i,j)\in S}{M_{ed}} \{f(i,j)\} \tag{4.25}$$

式中，$f(x,y)$ 为二维图像数据序列；$g(x,y)$ 为窗口数据中值滤波后的值。S 是以 (x,y) 点邻域为中心的邻域的集合，邻域 S 的形状通常有线形、圆形、十字形、方形等，常用的有 3×3、5×5 邻域，如图 4.13 所示。

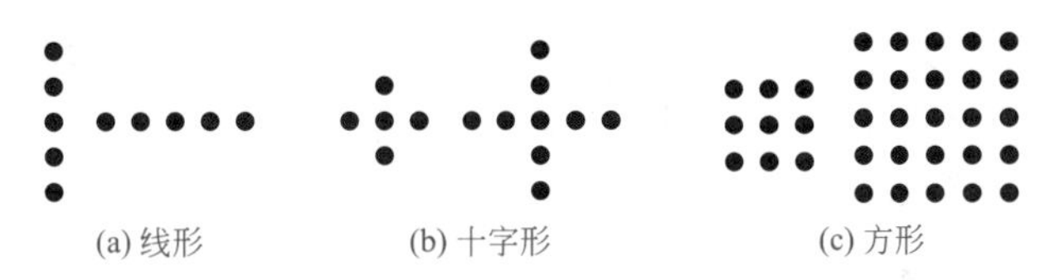

图 4.13　常用的二维中值滤波模板

中值滤波适用于处理图像中噪声为孤立点或线段的情况，而且图像边缘能较好保护，特别适用于椒盐噪声的情况。

在 HALCON 中均值滤波处理图像可以用 median_image 算子。

```
median_image(Image : ImageMedian : MaskType, Radius, Margin : )
```

Image：输入图像。

ImageMedian：中值滤波后的图像。

MaskType：掩模类型。

Radius：掩模尺寸。

Margin：边界处理。

例 4.7　中值滤波实例。

程序如下：

```
* 读取图像
read_image (Image, 'E:/《机器视觉案例》/案例原图/第 4 章/4.6 4.7.jpg')
* 关闭窗口，重新打开窗口
dev_close_window ()
dev_open_window (0, 0, 512, 512, 'black', WindowHandle)
* 显示图片
dev_display (Image)
* 图像灰度化
```

```
rgb1_to_gray (Image, GrayImage)
* 添加椒盐噪声
sp_distribution (3, 3, Distribution)
add_noise_distribution (GrayImage, ImageNoise, Distribution)
* 中值滤波
median_image (ImageNoise, ImageMedian,'circle',3,'mirrored')
* 显示图像
dev_display (ImageMedian)
```

程序执行结果如图 4.14 所示。

(a) 带有椒盐噪声图片

(b) 中值滤波后图片

图 4.14　中值滤波

（4）多图像平均法

当一幅图像包含噪声对于坐标点是不相关且平均值为零的加性噪声时，就可以采用多图像平均法来进行去噪处理。多图像平均法是利用获取同一物景下的多幅图像的平均值来消除噪声。设在相同条件下，获取同一目标物的 M 幅图像表示为：

$$f(x,y)=\{f_1(x,y),f_2(x,y),\cdots,f_M(x,y)\} \tag{4.26}$$

则平均后的图像为：

$$g(x,y)=\frac{1}{M}\sum_{i=1}^{M}f_i(x,y) \tag{4.27}$$

4.3.4　图像的锐化

一般来说，噪声主要是在高频部分，但是边缘信息也同样在高频部分，这也导致图像经平滑处理后，在消除噪声的同时也会使图像边缘和图像轮廓模糊。为了减少这类不利效果的影响，可以通过锐化滤波器实现，它可以减弱或消除图像的低频分量，使得除边缘以外的像素点的灰度值趋向于零，从而增强图像中物体的边缘轮廓信息。

在图像平滑化处理中，主要的空域处理法是类似于积分过程的邻域平均法，从上一节我们得知积分的结果使图像的边缘变得模糊了，那么针对由于平均或积分运算而引起的图像模糊，可用微分运算来实现图像的锐化。微分运算是求信号的变化率，有加强高频分量的作用，从而使图像轮廓清晰。

（1）一阶微分算子增强——梯度法

在图像处理中，一阶微分是通过梯度法来实现的。对于图像函数 $f(x,y)$，它在点 (x,y) 处的梯度定义为：

$$\boldsymbol{G}[f(x,y)]=\left[\frac{\partial f(x,y)}{\partial x}\quad \frac{\partial f(x,y)}{\partial y}\right]^{\mathrm{T}} \tag{4.28}$$

$\boldsymbol{G}[f(x,y)]$是矢量，其方向指向$f(x,y)$最大变化率的方向，$\boldsymbol{G}[f(x,y)]$的幅度可用下式表示：

$$\boldsymbol{G}[f(x,y)]=\sqrt{\left(\frac{\partial f}{\partial x}\right)^2+\left(\frac{\partial f}{\partial y}\right)^2} \tag{4.29}$$

由式（4.29）可知，梯度的幅度值就是$f(x,y)$在其最大变化率方向上单位距离所增加的量。对于数字图像而言，式（4.29）可以近似为以下差分算法：

$$\boldsymbol{G}[f(x,y)]=\sqrt{[f(i,j)-f(i+1,j)]^2+[f(i,j)-f(i,j+1)]^2} \tag{4.30}$$

用绝对值近似计算如下：

$$\boldsymbol{G}[f(x,y)]=\left|f(i,j)-f(i+1,j)\right|+\left|f(i,j)-f(i,j+1)\right| \tag{4.31}$$

式（4.30）和式（4.31）中各像素的位置如图 4.15（a）所示。

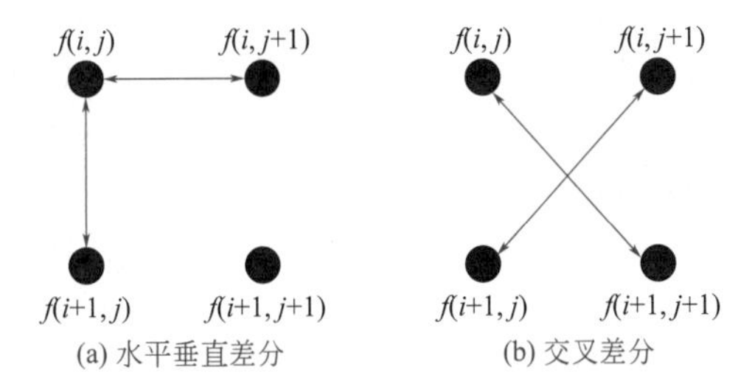

图 4.15　求梯度的两种差分算法

以上梯度法又称水平垂直差分法，是一种典型梯度算法。另一种梯度法是交叉地进行差分计算，称为罗伯特梯度法（Robert Gradient），具体的像素位置见图 4.15（b）。其数学表达式为：

$$\boldsymbol{G}[f(x,y)]=\sqrt{[f(i,j)-f(i+1,j+1)]^2+[f(i+1,j)-f(i,j+1)]^2} \tag{4.32}$$

式（4.32）可近似表示为：

$$\boldsymbol{G}[f(x,y)]=\left|f(i,j)-f(i+1,j+1)\right|+\left|f(i+1,j)-f(i,j+1)\right| \tag{4.33}$$

由梯度的计算可知，在图像变化缓慢的地方其值很小（对应于图像较暗）；在灰度变化较快的地方的值很大而在灰度均匀区域的梯度值为零。图像经过梯度运算后，会留下灰度值急剧变化的边沿处的点，从而使图像在经过梯度运算后使其清晰，达到锐化的目的。

当梯度计算完之后，可以根据需要生成不同的梯度图像。例如使各点的灰度$g(x,y)$等于该点的梯度幅度，即：

$$g(x,y)=G[f(x,y)] \tag{4.34}$$

此图像仅显示灰度变化的边缘轮廓。

还可以用式（4.35）表示增强的图像：

$$g(x,y)=\begin{cases}G[f(x,y)] & G[f(x,y)]\geqslant T\\ f(x,y) & \text{其他}\end{cases} \tag{4.35}$$

对图像而言，物体和物体之间、背景和背景之间的梯度变化一般很小，灰度变化较大的地方一般集中在图像的边缘上，也就是物体和背景交界的地方。当设定一个合适的阈值 T，$G[f(x,y)]$ 大于等于 T 就认为该像素点处于图像的边缘，对结果加上常数 C，以使边缘变亮；而对于 $G[f(x,y)]$ 小于 T 就认为像素点是同类像素点（即为背景或物体）。这样既增亮了物体的边界，又同时保留了图像背景原来的状态，如图 4.16 所示。

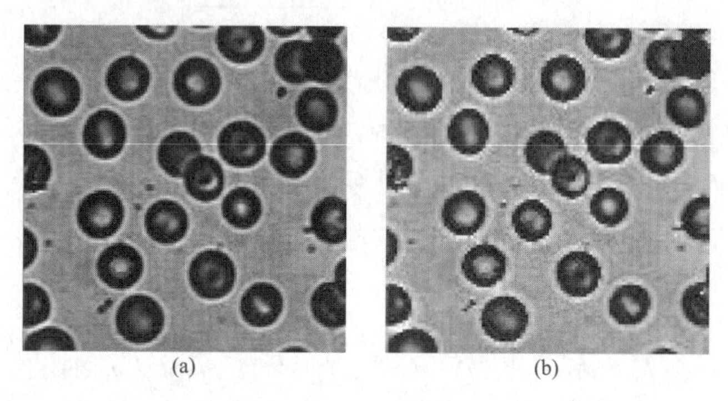

(a) (b)

图 4.16 图像的梯度锐化

Sobel 算子也是常用的一阶微分算子，它结合了高斯平滑和微分求导，使用卷积核对图像中的每个像素点做卷积和运算，然后采用合适的阈值提取边缘。Sobel 算子有两个卷积核，分别对应 x 和 y 两个方向。采用 Sobel 算子可以避免梯度微分锐化时图像中噪声、条纹等干扰信息的增强。它的基本模板如图 4.17 所示。

将图像分别经过两个 3×3 算子的窗口滤波，所得的结果如式（4-36）所示，就可获得增强后图像的灰度值。

$$g=\sqrt{G_x^2+G_y^2} \tag{4.36}$$

式中，G_x 和 G_y 是图像中对应于 3×3 像素窗口中心点（i, j）的像素在 x 方向和 y 方向上的梯度，定义如下：

$$\begin{aligned}G_x=&[f(i+1,j-1)+2f(i+1,j)+f(i+1,j+1)]\\&-[f(i-1,j-1)+2f(i-1,j)+f(i-1,j+1)]\end{aligned} \tag{4.37}$$

$$\begin{aligned}G_y=&[f(i-1,j+1)+2f(i,j+1)+f(i+1,j+1)]\\&-[f(i-1,j-1)+2f(i,j-1)+f(i+1,j-1)]\end{aligned} \tag{4.38}$$

式（4.37）和式（4.38）分别对应图 4.17 所示的两个滤波模板，所对应的像素点如图 4.18 所示。

−1	−2	−1
0	0	0
1	2	1

(a) 对水平边缘响应最大

−1	0	1
−2	0	2
−1	0	1

(b) 对垂直边缘响应最大

图 4.17 Sobel 算子模板

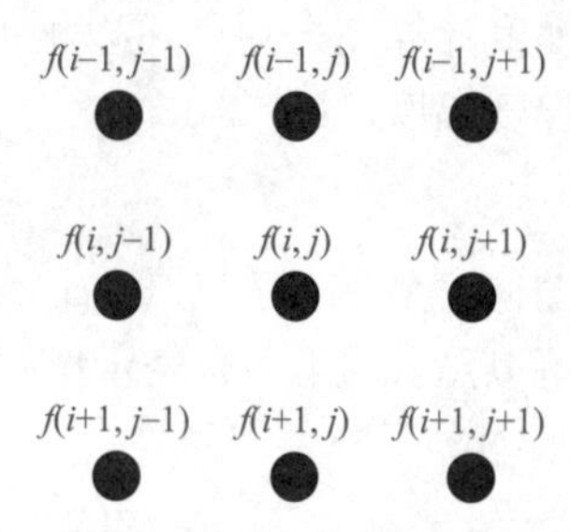

图 4.18 Sobel 算子模板对应的像素点

为了简化计算，也可以用$g=|G_x|+|G_y|$来代替式（4.36）的计算，从而得到锐化后的图像。从上面的讨论可知，Sobel 算子不像普通梯度算子那样用两个像素的差值，而是用两列或两行加权和的差值，这就具有了以下两个优点：

① 由于引入了平均因素，因而对图像中的随机噪声有一定的平滑作用；

② 由于它是相隔两行或两列的差分，故边缘两侧的元素得到了增强，边缘显得粗而亮。

例 4.8 运用 Sobel 算子实例。

程序如下：

```
* 读取图像
read_image (Image, 'E:/《机器视觉案例》/ 案例原图 / 第 4 章 /4.8.png')
* 边缘检测
sobel_amp (Image, EdgeAmplitude, 'sum_abs', 3)
* 阈值分割
threshold (EdgeAmplitude, Region, 10, 255)
* 提取边缘框架
skeleton (Region, Skeleton)
* 显示图片
dev_display (Image)
* 设置输出颜色为红色
dev_set_color ('red')
* 显示边缘框架
dev_display (Skeleton)
```

程序执行结果如图 4.19 所示。

(a) 原图

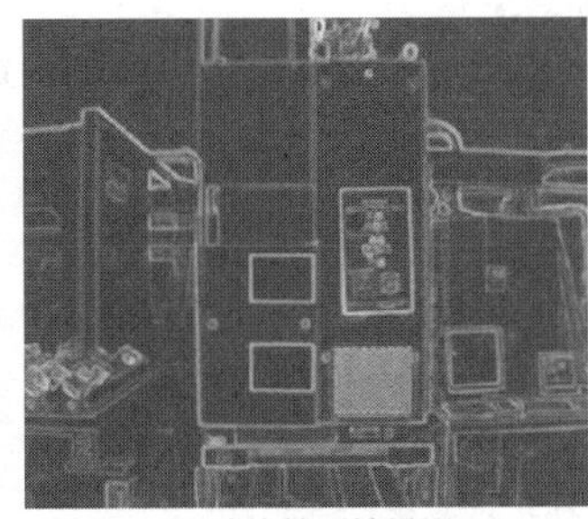

(b) 边缘检测结果图

(c) 边缘框架图

图 4.19 Sobel 算子实例

（2）二阶微分算子增强——拉普拉斯（Laplacian）算子

在图像的边缘区域，像素值会发生比较大的变化，对这些像素求导会出现极值，在这些极值位置，其二阶导数为 0，所以也可以用二阶微分算子来检测图像边缘。拉普拉斯算子就是其中一个线性二阶微分算子，表达式为：

$$\nabla^2 f(x,y)=\frac{\partial^2(x,y)}{\partial x^2}+\frac{\partial^2(x,y)}{\partial y^2} \tag{4.39}$$

对离散的数字图像而言，可用下式作为对二阶微分算子的近似：

$$\frac{\partial^2(x,y)}{\partial x^2}=[f(i+1,j)-f(i,j)]-[f(i,j)-f(i-1,j)] \\ =f(i+1,j)+f(i-1,j)-2f(i,j) \tag{4.40}$$

$$\frac{\partial^2(x,y)}{\partial y^2}=[f(i,j+1)-f(i,j)]-[f(i,j)-f(i,j-1)] \\ =f(i,j+1)+f(i,j-1)-2f(i,j) \tag{4.41}$$

将上面两式相加就得到用于图像锐化的拉普拉斯算子：

$$\nabla^2 f=\left[f(i+1,j)+f(i-1,j)+f(i,j+1)+f(i,j-1)\right]-4f(i,j) \tag{4.42}$$

该算子的3×3等效模板如图4.20所示。

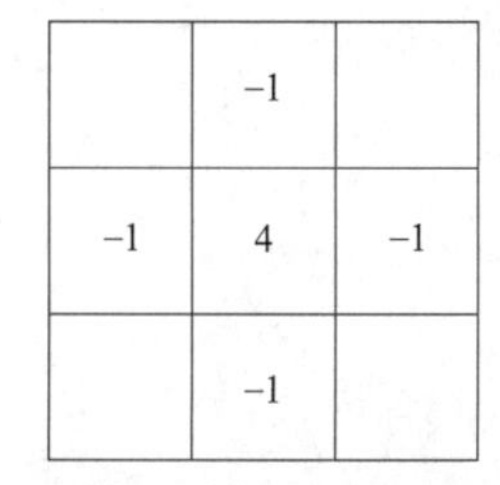

	−1	
−1	4	−1
	−1	

图4.20　拉普拉斯算子模板

分析拉普拉斯模板的结构，可知这种模板对于90°的旋转是各向同性的（某角度各向同性：把原图像旋转该角度后再进行滤波与先对原图像滤波再旋转该角度的结果相同），这说明拉普拉斯算子对于接近水平和接近竖直方向的边缘都有很好的增强，从而也就避免我们在使用梯度算子时要进行两次滤波的麻烦。同梯度算子类似，拉普拉斯算子在增强图像的同时，也增强了图像的噪声。因此，用拉普拉斯算子进行边缘检测时，仍然有必要先对图像进行平滑或去噪处理。然而和梯度法相比，拉普拉斯算子对噪声所起的增强效果不明显。

在HALCON中拉普拉斯算子如下：

```
laplace(Image : ImageLaplace : ResultType, MaskSize, FilterMask : )
```

Image：输入图像。

ImageLaplace：拉普拉斯滤波结果图像。

ResultType：图像类型。

MaskSize：掩模尺寸。

FilterMask：拉普拉斯掩模类型。

对图像采用拉普拉斯算子实例。

程序如下：

```
* 关闭窗口
dev_close_window ()
* 获取图像
read_image (Image, 'E:/《机器视觉案例》/案例原图/第4章/4.9.png')
* 获取图像尺寸
get_image_size (Image, Width, Height)
* 打开适应图片大小的窗口
dev_open_window (0, 0, Width, Height, 'black', WindowHandle)
* 显示图片
dev_display (Image)
* 对图像进行拉普拉斯算子处理
laplace (Image, ImageLaplace, 'signed', 3, 'n_8_isotropic')
* 显示处理后的图像
```

```
dev_display (ImageLaplace)
```

程序执行结果如图 4.21 所示。

(a) 原始图像

(b) 拉普拉斯锐化后图像

图 4.21　对图像进行拉普拉斯算子处理结果图

4.3.5　频域处理法

在频谱中，一幅图像灰度均匀的总体平滑区域主要对应低频部分，而图像中的噪声、边缘、细节等则对应高频部分。因此，在频域处理法中，将$f(x,y)$视为幅值变化的二维信号，通过滤除高频或低频成分来达到图像增强的效果。

（1）低通滤波法

低通滤波法属于频域平滑滤波法，其核心思想是适当滤除图像变换域中的高频成分，保留低频成分，实现在频域中的平滑处理。设原图像为$f(x,y)$，其工作原理如图 4.22 所示。

$f(x,y)$ → FFT → $f(u,v)$ → $H(u,v)$ → $G(u,v)$ → IFFT → $g(x,y)$

图 4.22　低通滤波平滑处理流程图

首先，通过傅里叶变换将图像$f(x,y)$从空间域变换到频率域，得到图像的频谱$F(u,v)$；选择低通滤波器传递函数$H(u,v)$，通过$H(u,v)$得到平滑后的频率域图像$G(u,v)$；最后对$G(u,v)$进行傅里叶反变换，即可得到低通滤波后的图像$g(x,y)$。其核心工作原理可表示为下式：

$$G(u,v)=H(u,v)F(u,v) \tag{4.43}$$

对于同一幅图像来说，采用不同的$H(u,v)$平滑效果也不同，下面介绍 4 种典型的低通滤波器。

① 理想低通滤波器（ILPF）　最理想的低通滤波器是在一个预设的位置“截断”所有的高频成分，而该位置频率以下的所有低频成分都能无损地通过。因此，理想低通滤波器可以在一定程度上消除噪声，其传递函数由式（4.44）表示

$$H(u,v)=\begin{cases}1 & D(u,v)\leqslant D_0\\ 0 & D(u,v)>D_0\end{cases} \tag{4.44}$$

式中，D_0为截止频率，是一个规定的非负值。$D(u,v)$是从频率域的原点到点(u,v)距离，即

$$D(u,v)=\sqrt{u^2+v^2} \tag{4.45}$$

其频率特性曲线如图 4.23 所示。理想低通滤波器由于直接在截止频率处进行截断，这也导致该处的频率特性十分陡峭，所以只能用编程软件进行模拟却无法用硬件实现，这也是它称为理想的原因。由于它在截止频率处转折得太快，所以在处理过程中会产生较严重的模糊和振铃现象，而且D_0越低，噪声滤除得越多，该现象也越明显。

② 巴特沃斯低通滤波器（BLPF） 巴特沃思低通滤波器被称为最大平坦滤波器，一个 n 阶巴特沃斯滤波器的传递函数为：

$$H(u,v)=\frac{1}{1+[D(u,v)/D_0]^{2n}} \tag{4.46}$$

式中，n 为滤波器的阶数，其大小决定了衰减率。与理想低通滤波器直接截断不同，巴特沃斯低通滤波器带阻和带通之间有一个平滑的过渡带，因此传递函数是平滑过渡的，其频率特性曲线如图 4.24 所示。由于传递函数的连续性，图像边缘模糊程度会大大减小且无振铃现象。由此可知，巴特沃斯低通滤波器的处理结果比理想低通滤波器好。

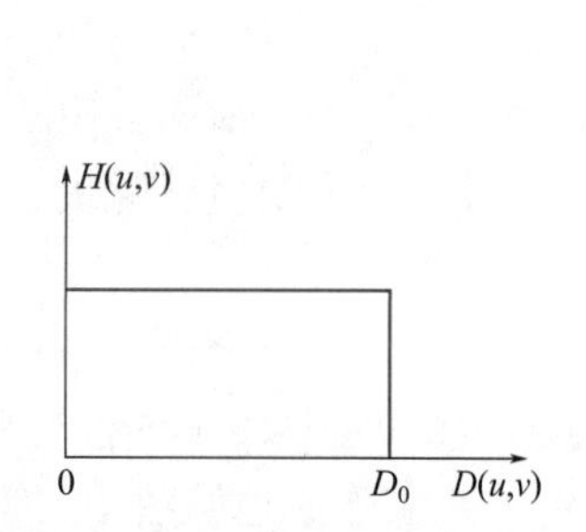

图 4.23 理想低通滤波器特性曲线

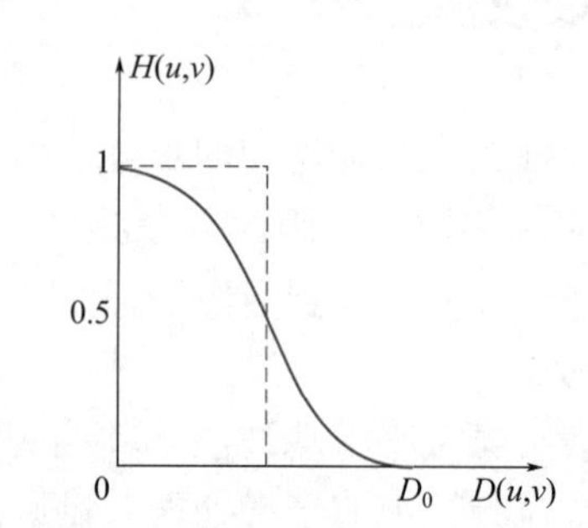

图 4.24 巴特沃斯低通滤波器特性曲线

③ 指数低通滤波器（ELPT） 指数低通滤波器的传递函数$H(u,v)$为：

$$H(u,v)=\mathrm{e}^{-[D(u,v)/D_0]n} \tag{4.47}$$

图 4.25 为指数低通滤波器特性曲线，可以看出，该滤波器具有较平滑的过渡带，所以经由它处理后的图像同样无振铃现象。与巴特沃斯低通滤波器相比，指数低通滤波器平滑后得到的结果模糊一些，但其具有更快的衰减速度，也更有利于保护图像的灰度层次。

④ 梯形低通滤波器（TLPF） 梯形低通滤波器传递函数特性介于理想低通滤波器和具有平滑过渡带的低通滤波器之间。它的传递函数$H(u,v)$为：

$$H(u,v)=\begin{cases}1 & D(u,v)<D_0\\ 1-\dfrac{D(u,v)-D_0}{D_1-D_0} & D_0\leqslant D(u,v)\leqslant D_1\\ 0 & D(u,v)>D_1\end{cases} \tag{4.48}$$

式中，D_0为截止频率；D_1为任意大于D_0的值。梯形低通滤波器传递函数的特性曲线如图 4.26 所示，由于梯形低通滤波器是理想低通滤波器和具有平滑过渡带的低通滤波器的折

中，所以采用该滤波器后的图像有一定的模糊和振铃现象。

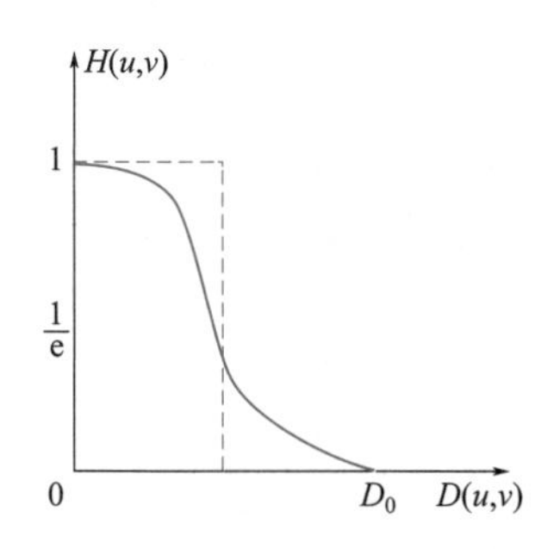

图 4.25　指数低通滤波器特性曲线

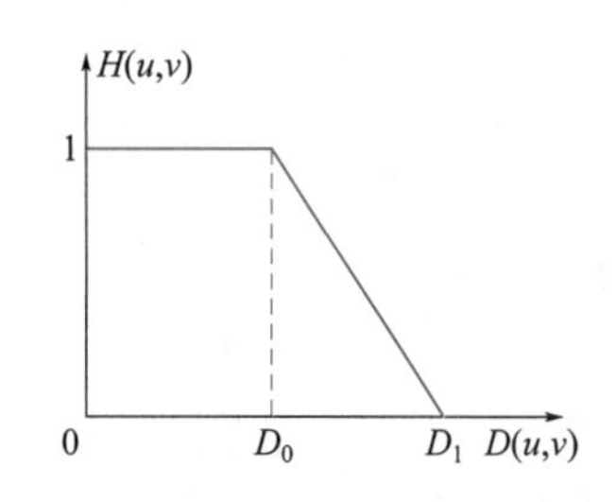

图 4.26　梯形低通滤波器特性曲线

⑤ HALCON 中常用的低通滤波处理算子

a. 生成理想的低通滤波图像可用 gen_lowpass 算子。

```
gen_lowpass( : ImageLowpass : Frequency, Norm, Mode, Width, Height : )
```

ImageLowpass：生成的滤波图像。

Frequency：截止频率，决定了生成滤波图像中间白色椭圆区域的大小。

Norm：滤波器归一化因子。

Mode：频率图中心位置。

Width：生成滤波图像宽。

Height：生成滤波图像高。

b. 进行快速傅里叶变换可以用 fft_generic 算子。

```
fft_generic(Image : ImageFFT : Direction, Exponent, Norm, Mode, ResultType : )
```

Image：输入图像。

ImageFFT：变换后图像。

Direction：变换的方向，频域到空域还是空域到频域。

Exponent：指数的符号。

Norm：变换的归一化因子。

Mode：DC 在频率域中的位置。

ResultType：变换后的图像类型。

c. 在频域里卷积图像可以用 convol_fft 算子。

```
convol_fft(ImageFFT, ImageFilter : ImageConvol : : )
```

ImageFFT：频域图像。

ImageFilter：滤波器。

ImageConvol：卷积后图像。

例 4.10　对图像进行低通滤波处理实例。

程序如下。

```
* 读取带有椒盐噪声图像
```

```
    read_image (ImageNoise, 'D:/panda.jpg')
    *获得图像尺寸
    get_image_size (ImageNoise, Width, Height)
    *关闭窗口
    dev_close_window ()
    *打开适应图像大小的窗口，并显示图像
    dev_open_window (0, 0, 512, 512, 'black', WindowHandle)
    dev_display (ImageNoise)
    *图像转灰度化
    rgb1_to_gray (Image, GrayImage)
    *获得一个低通滤波模型
    gen_lowpass (ImageLowpass, 0.1, 'none', 'dc_center', Width, Height)
    *对噪声图像进行傅里叶变换，得到频率图像
    fft_generic (ImageNoise, ImageFFT, 'to_freq', -1, 'sqrt', 'dc_center', 'complex')
    *对频率图像进行低通滤波
    convol_fft (ImageFFT, ImageLowpass, ImageConvol)
    *对频率图像进行傅里叶反变换
    fft_generic (ImageConvol, ImageFFT1, 'from_freq', 1, 'sqrt', 'dc_center',
'complex')
```

程序执行结果如图 4.27 所示。

(a) 噪声图像

(b) 低通滤波后图像

图 4.27　低通滤波处理实例图

（2）高通滤波法

上一节已介绍图像的边缘信息对应图像频谱的高频部分，而图像模糊主要体现高频分量大大减弱，所以采用高通滤波法使图像中高频分量顺利通过，同时抑制低频分量，就可以使图像的边缘信息变得清晰，实现图像的锐化。在频域中实现高通滤波法的表达式与低通滤波法一致。下面介绍四种经典的高通滤波器。

① 理想高通滤波器（IHPF）　一个理想高通滤波器的传递函数 $H(u,v)$ 为：

$$H(u,v)=\begin{cases}1 & D(u,v)>D_0\\0 & D(u,v)\leqslant D_0\end{cases} \tag{4.49}$$

理想高通滤波器特性曲线如图 4.28 所示，由图可见，它在形状上和前面介绍的理想低通滤波器的形状正好相反。同样，与理想低通滤波器一样，理想高通滤波器也只是一种理想状况下的滤波器，可以用计算机模拟实现，但不能用实际的硬件实现。

② 巴特沃斯高通滤波器（BHPF）　巴特沃斯高通滤波器传递函数 $H(u,v)$ 为

$$H(u,v)=\frac{1}{1+[D_0/D(u,v)]^{2n}} \tag{4.50}$$

1 阶巴特沃斯高通滤波器的特性曲线如图 4.29 所示。由图可知，巴特沃斯高通滤波器与巴特沃斯低通滤波器一样是平滑过渡，所以用巴特沃斯高通滤波器锐化效果较好，边缘抖动不明显。

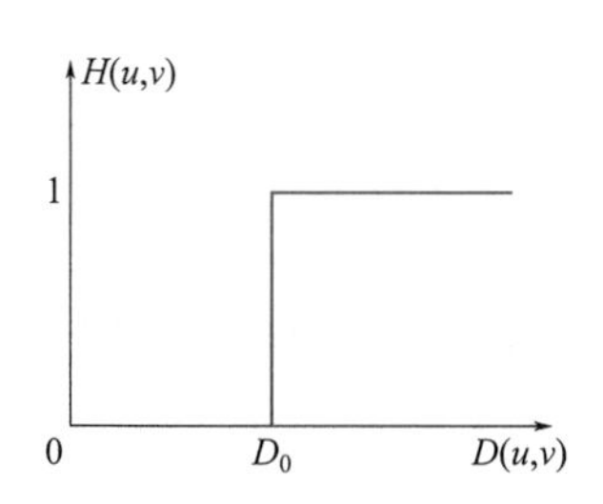

图 4.28　理想高通滤波器特性曲线

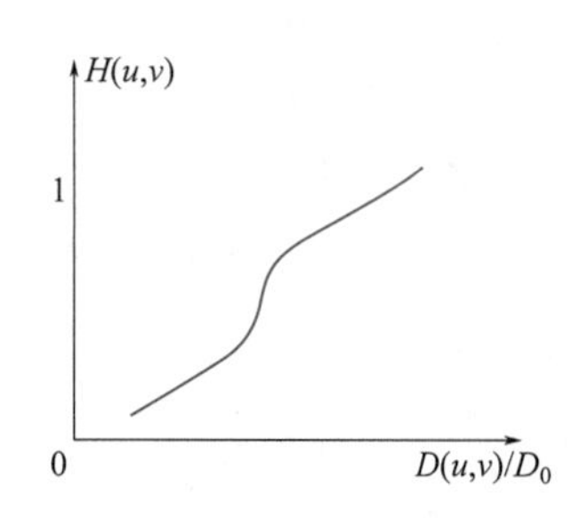

图 4.29　巴特沃斯高通滤波器特性曲线

③ 指数高通滤波器　指数高通滤波器（EHPF）传递函数为

$$H(u,v)=\mathrm{e}^{-[D_0/D(u,v)]^n} \tag{4.51}$$

指数高通滤波器的特性曲线如图 4.30 所示。类似于巴特沃斯高通滤波器，指数高通滤波器也具有平滑过渡的传递函数，边缘抖动现象不明显，不过指数高通滤波器的锐化效果比巴特沃斯滤波器差一些。

指数高通滤波器的另一种常用的传递函数为

$$H(u,v)=\mathrm{e}^{[\ln(\frac{1}{\sqrt{2}})][D_0/D(u,v)]^n} \tag{4.52}$$

④ 梯形高通滤波器（THPF）传递函数为

$$H(u,v)=\begin{cases}0 & D(u,v)<D_0 \\ 1-\dfrac{D(u,v)-D_0}{D_1-D_0} & D_0 \leqslant D(u,v) \leqslant D_1 \\ 1 & D(u,v)>D_1\end{cases} \tag{4.53}$$

梯形高通滤波器特性曲线如图 4.31 所示，其在一定程度上克服了理想高通滤波器的突变特性但仍有转折点，所以会产生轻微振铃现象，但它计算简单，因此较为常用。

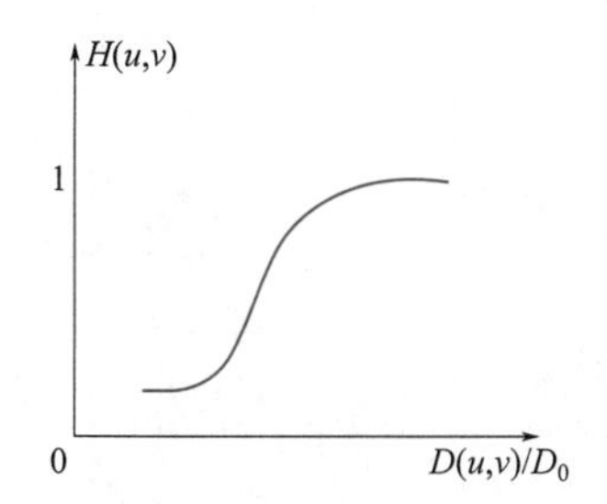

图 4.30　指数高通滤波器特性曲线

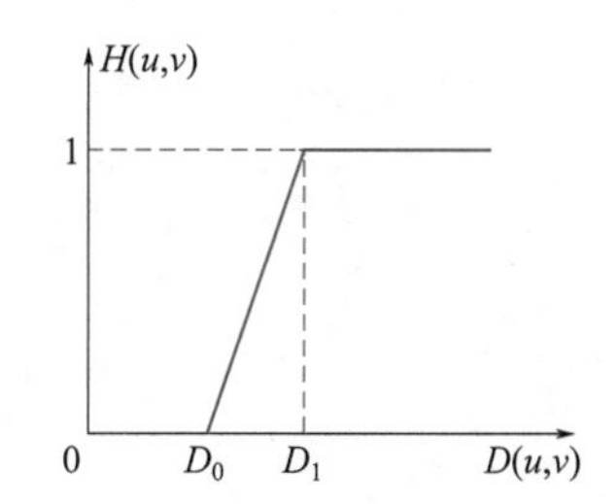

图 4.31　梯形高通滤波器特性曲线

⑤ 在 HALCON 中常用的高通滤波算子

a. 生成理想高通滤波可用 gen_highpass 算子。

```
gen_highpass( : ImageHighpass : Frequency, Norm, Mode, Width, Height : )
```

ImageHighpass：生成的滤波器图像。
Frequency：截止频率，决定了生成滤波图像中间白色椭圆区域的大小。
Norm：滤波器归一化因子。
Mode：频率图中心位置。
Width：生成滤波图像宽。
Height：生成滤波图像高。
b. 快速傅里叶变换可用 fft_generic 算子。

```
fft_generic(Image : ImageFFT : Direction, Exponent, Norm, Mode, ResultType : )
```

Image：输入图像。
ImageFFT：变换后图像。
Direction：变换的方向，频域到空域还是空域到频域。
Exponent：指数的符号。
Norm：变换的归一化因子。
Mode：DC 在频率域中的位置。
ResultType：变换后的图像类型。
c. 频域里卷积图像可用 convol_fft 算子。

```
convol_fft(ImageFFT, ImageFilter : ImageConvol : : )
```

ImageFFT: 频域图像。
ImageFilter：滤波器。
ImageConvol: 卷积后图像。

例 4.11 对图像进行高通滤波处理实例。

程序如下：

```
* 关闭窗口
dev_close_window ()
* 读取图像
read_image (Image, 'E:/《机器视觉案例》/ 案例原图 / 第 4 章 /4.11.png')
* 图像灰度化
rgb1_to_gray (Image, GrayImage)
* 获取图像大小
get_image_size (GrayImage, Width, Height)
* 打开图像适应大小窗口
dev_open_window (0, 0, Width, Height, 'black', WindowHandle)
* 得到高通滤波模型
gen_highpass (ImageHighpass, 0.1, 'n', 'dc_center', Width, Height)
* 对图像进行傅里叶变换
fft_generic(GrayImage,ImageFFT,'to_freq',-1,'none','dc_center','complex')
* 对频率图像进行高通滤波
convol_fft(ImageFFT,ImageHighpass,ImageConvol)
* 对得到的频率图像进行傅里叶反变换
fft_generic(ImageConvol,ImageResult,'from_freq',1,'none','dc_center','byte')
* 显示图像
dev_display (ImageResult)
```

程序运行结果如图 4.32 所示。

(a) 原始图像

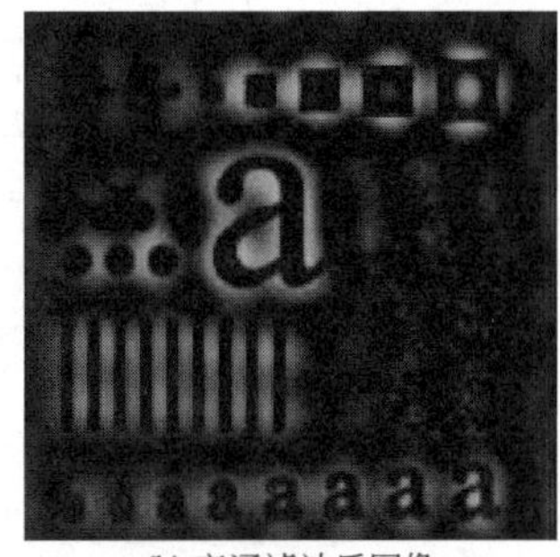
(b) 高通滤波后图像

图 4.32　图像高通滤波实例

（3）同态滤波增强

在实际工作中，常会碰到灰度动态范围很大，而感兴趣的某部分物体灰度级范围又较小的图像。这种情况下，采用一般的灰度线性变换很难获得较好的效果。例如，扩展灰度级可以提高图像的对比度，但同时会增大图像的灰度动态范围；压缩灰度级可以减小动态范围，但会使目标的灰度层次和细节模糊不清。因此需要找到不仅能压缩图像灰度范围，还能增强图像对比度的变换。同态滤波是把图像的照明反射模型作为频域处理的基础，将亮度范围压缩和对比度增强使图像清晰的一种频域方法。一幅图像 $f(x,y)$ 可以用它的照明分量 $i(x,y)$ 及反射分量 $r(x,y)$ 来表示，即：

$$f(x,y)=i(x,y)\cdot r(x,y) \tag{4.54}$$

运用同态滤波对图像进行增强的具体步骤如下：

① 首先对原图像取对数，使式中的乘性分量变成加性分量，即：

$$\ln f(x,y)=\ln i(x,y)+\ln r(x,y) \tag{4.55}$$

② 对式（4.55）两边进行傅里叶变换，将图像转换到频域得：

$$F(x,y)=I(x,y)+R(x,y) \tag{4.56}$$

③ 接着用频域函数 $H(u,v)$ 处理 $F(u,v)$，可得：

$$H(u,v)F(u,v)=H(u,v)I(u,v)+H(u,v)R(u,v) \tag{4.57}$$

④ 得到频域处理结果后，再对两边进行傅里叶逆变换让它们转换到空间域得：

$$h_f(x,y)=h_i(x,y)+h_r(x,y) \tag{4.58}$$

⑤ 随后对上述两边进行指数运算，得：

$$g(x,y)=\mathrm{e}^{[h_f(x,y)]}=\mathrm{e}^{[h_i(x,y)]}\cdot \mathrm{e}^{[h_r(x,y)]} \tag{4.59}$$

以上流程如图 4.33 所示。

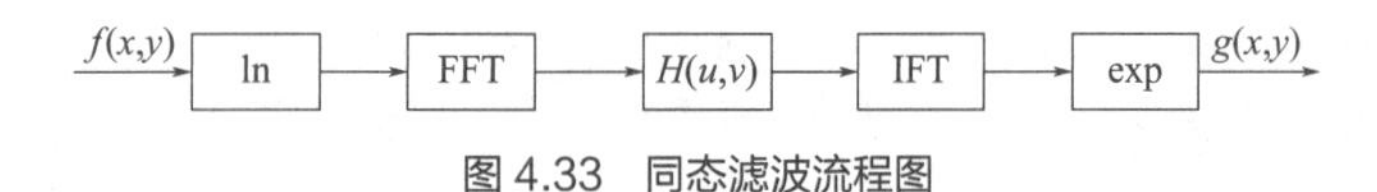

图 4.33　同态滤波流程图

图像对数的傅里叶变换中的低频部分主要对应照度分量，而高频部分主要对应反射分量。这里的同态滤波函数$H(u,v)$将实现对照射分量和反射分量的理想控制，从而减少低频和增强高频，使灰度动态范围压缩和对比度增强。当处理一幅由于照射不均匀而产生黑斑暗影时，想要去掉这些暗影但同时不失去图像的某些细节，则这种处理是很有效的。

在本章节中，我们主要介绍了如何对图像进行预处理，包括感兴趣区域（ROI）的截取、图像的变换与校正以及增强图像的具体实现方法。

① ROI 的截取，主要分为两步：选择关注区域；裁剪区域。

② 图像的变换与校正，主要运用了线性代数里面有关平移、旋转和缩放的矩阵知识，在 HALCON 中使用仿射变换的相关算子，就是把 HALCON 中的平移、旋转和缩放结合起来进行运用。

③ 增强图像的具体实现，包括两大类知识：频率域法和空间域法，前者把图像看成一种二维信号，采用低通滤波（即只让低频信号通过）法，可去掉图像中的噪声。采用高通滤波法，则可增强边缘等高频信号，使模糊的图片变得清晰。空间域法中具有代表性的算法有局部求平均值法和中值滤波（取局部邻域中的中间像素值）法等，它们可用于去除或减弱噪声。

4.1 什么是 ROI？截取 ROI 有什么意义？

4.2 为什么要对图像进行变换与校正？试着用 HALCON 对图像 1 进行校正。

图像 1

4.3 什么是图像增强？它包含哪些内容？

4.4 图像滤波的主要目的是什么？主要方法有哪些？

4.5 什么是图像平滑？试简述均值滤波的基本原理。

4.6 对图像 2 作 3×3 的中值滤波处理，写出处理结果。

1	7	1	8	2	7	1	1
1	1	1	5	2	2	1	1
1	1	5	5	5	1	1	7
8	1	1	5	1	1	8	1
8	1	1	5	1	8	1	1
1	7	1	8	1	7	5	1
1	7	1	8	1	7	1	1
1	1	5	1	5	5	1	1

图像 2

4.7 什么是图像锐化？图像锐化有几种方法？

4.8 低通滤波法中常用几种滤波器？它们的特点是什么？

4.9 绘出高通指数滤波和梯形滤波的透视图，并比较它们的异同。

第 5 章 图像分割

在前述章节中，描述了在图像中截取 ROI、对图像进行变换与校正、对图像在空间域进行平滑、锐化以及滤除噪声等预处理。经预处理后的图像仍为二维数字图像，只是相对于原始图像来说更便于处理。图像分割（Image Segmentation）过程可以进一步简化图像分析、处理和机器决策过程，它根据图像的灰度、颜色、纹理或形状等参数，将其划分成不同的子区域，并使这些参数在同一区域内呈现相似性，而在不同区域之间呈现明显的差异性。图像分割过程本质上是对图像中具有相同特征的区域进行标记的过程，其输出一般为二值图像。

5.1 阈值分割

阈值分割法是一种传统的图像分割方法，它基于区域的图像分割技术，不仅可以极大地压缩数据量，而且也大大简化了分析和处理步骤。目前图像的阈值分割已被应用于很多的领域，例如，在红外技术应用中，红外无损检测中红外热图像的分割，红外成像跟踪系统中目标的分割；在遥感应用中，合成孔径雷达图像中目标的分割等；在医学应用中，血液细胞图像的分割，磁共振图像的分割；在工业生产应用中，机器视觉运用于产品质量检测等。

5.1.1 阈值分割初认识

首先来看什么是阈值，阈值简单来说就是一个指定的像素灰度值的范围。图像的阈值分割主要利用检测目标与背景在灰度上的差异，选取一个或多个灰度阈值，然后把每个像素点的灰度值和确定的阈值相比较，对比比较结果进行分类，用不同的数值分别标记不同类别的像素，从而生成二值图像。

阈值分割操作被定义为：

$$S=\{(r,c)\in R \mid g_{\min}\leqslant f_{r,c}\leqslant g_{\max}\} \tag{5.1}$$

由式（5-1）可知，阈值分割将图像内灰度值处于某一指定灰度值范围内的像素值选中到区域 S 中。如果光照能保持恒定，系统设置好阈值 $g_{\min}$ 和 $g_{\max}$ 后就可以永远不用再进行调整。

阈值分割可总结为以下三步：

① 确定阈值；

② 将阈值与像素灰度值进行比较；

③ 把像素归类。

阈值分割的优点是计算简单、运算效率较高、速度快。阈值分割的难点主要是阈值的确定，阈值选取过高，容易把部分目标误判为背景；阈值选取过低，又容易把一些背景误判为目标。

阈值分割法可分为全局阈值分割法（Global Thresholding）和局部阈值分割法（Local Thresholding）。顾名思义，全局阈值分割法是对整幅图像进行像素信息处理，它适用于每一幅待处理图像中光照都均匀分布，或多幅图像有一致照明的场合。局部阈值分割法则基于邻域，通过局部像素灰度对比，为每个像素计算阈值，它适用于图像背景灰度复杂或待测目标有阴影等情况。

5.1.2 全局阈值分割

全局阈值分割法包括手动阈值分割（Manual Thresholding）和自动阈值分割（Automatic Thresholding）两大类。

（1）手动阈值分割

手动分割阈值时，阈值选取是关键。在背景和前景灰度差异明显的时候，这样的图像一般具有明显谷底，可以使用直方图谷底法进行阈值分割。

直方图谷底法是从背景中提取物体的一种很明显的方法，它选择两峰之间的谷底对应的灰度值 T 作为阈值进行图像分割。T 值的选取如图 5.1 所示。

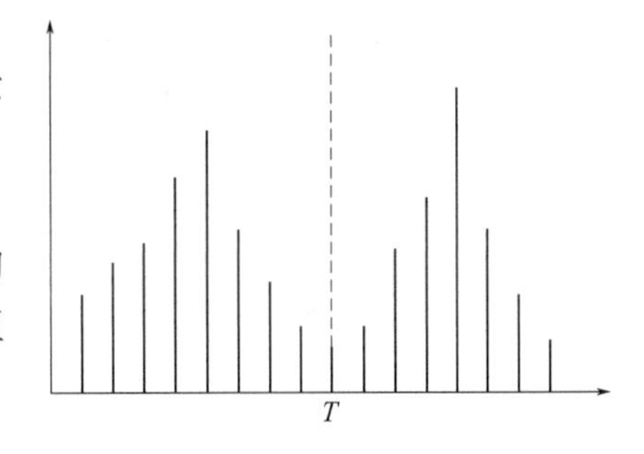

图 5.1　根据直方图谷底法确定阈值

分割后的图像 $g(x,y)$ 由下式给出：

$$g(x)=\begin{cases}255 & f(x,y)\geqslant T\\ 0 & f(x,y)<T\end{cases} \tag{5.2}$$

其中，$g(x)$ 为阈值运算后的二值图像。将像素点的灰度值小于 T 的像素点灰度值设为 0，将像素点的灰度值大于或者等于 T 的像素点灰度值设为 255。对于有多个峰值的直方图，可以选择多个阈值。例如，当有两个明显谷底时，可以表示为下式：

$$g(x)=\begin{cases}a, & f(x,y)>T_2\\ b, & T_1<f(x,y)\leqslant T_2\\ c, & f(x,y)\leqslant T_1\end{cases} \tag{5.3}$$

这种阈值分割方法简单易操作，是在实际图像处理过程中最常用的方法。不过该方法选取阈值时容易受到噪声的影响，因此要根据实际情况运用。

在 HALCON 中直方图阈值分割算子如下。

```
threshold(Image : Region : MinGray, MaxGray : )
```

MinGray、MaxGray：最小阈值、最大阈值。

根据直方图谷底法确定阈值分割实例。

程序如下：

```
* 读取图像
read_image (Image, 'E:/《机器视觉案例》/案例原图/第5章/5.1.png')
* 获得图像尺寸
get_image_size (Image, Width, Height)
* 关闭、重新打开窗口
dev_close_window ()
dev_open_window (0, 0, Width, Height, 'black', WindowHandle)
* 设置输出窗口颜色为红色
dev_set_color ('red')
* 计算图像的灰度直方图
gray_histo (Image, Image, AbsoluteHisto, RelativeHisto)
* 从直方图中确定灰度值阈值
histo_to_thresh (RelativeHisto, 8, MinThresh, MaxThresh)
* 设置区域显示的颜色数目
dev_set_colored (12)
* 根据计算得到的MinThresh、MaxThresh，选取合适的谷底进行阈值分割
```

```
threshold (Image, Region, MinThresh[0], MaxThresh[0])
```

程序执行结果如图 5.2 所示。

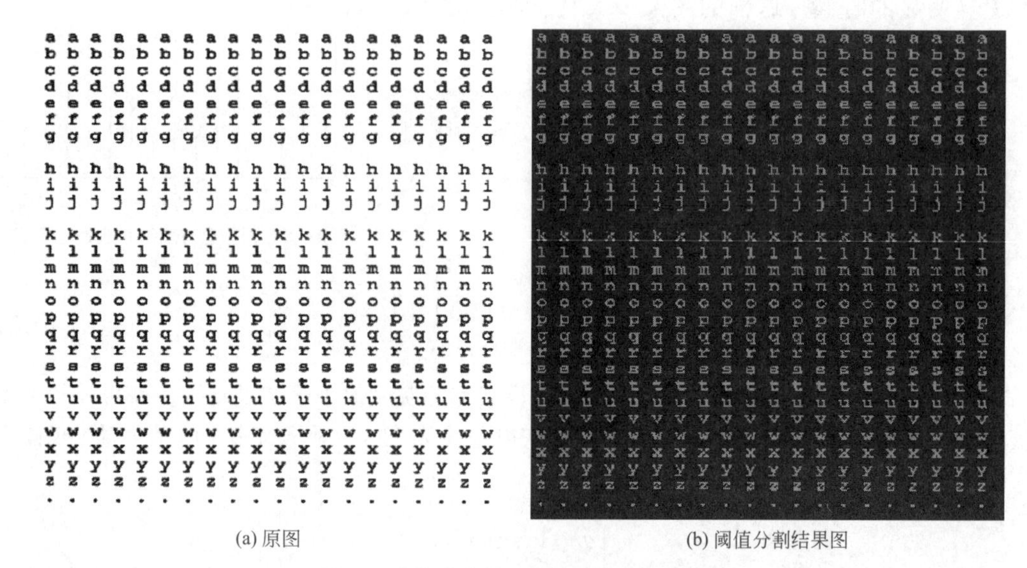
(a) 原图　　(b) 阈值分割结果图

图 5.2　根据直方图谷底法确定阈值分割结果

（2）自动阈值分割

手动设定阈值是靠人对图像灰度的感知确定的，当图像灰度在采集过程中发生轻微变化时，人眼也难以察觉。在连续采集图像时，图像的灰度也是动态变化的，如果运用一个固定的阈值，采集的图像也不够准确。为了能消除人工设定阈值的主观性，并且适应在采集过程中的环境变化，可以运用自动阈值分割方法。自动阈值分割方法基于图像的灰度直方图来确定灰度阈值。

在 HALCON 中常用 auto_threshold 算子进行自动阈值分割处理，该算子可以对单通道图像进行多重阈值处理，其原理是以直方图出现的谷底为分割点，对灰度直方图的波峰进行处理，算子如下所示。

```
auto_threshold(Image : Regions : Sigma : )
```

Sigma：对灰度直方图进行高斯平滑的核的大小。Sigma 的值越大，平滑效果越显著，直方图波峰越少，分割出的区域也越少；反之，Sigma 的值越小，直方图平滑的效果越不明显，分割的次数也越多。一般取 0.0、0.5、1.0、2.0、3.0、4.0、5.0，默认为 2.0。

除了 auto_threshold 算子外，还常用 binary_threshold 算子对直方图波峰图像进行自动阈值分割。binary_threshold 算子如下：

```
binary_threshold(Image : Region : Method, LightDark : UsedThreshold)
```

binary_threshold 算子同样利用了直方图，首先，确定灰度值的相对直方图。然后，从直方图中提取相关的最小值，作为阈值操作的参数。为了减少最小值的数目，直方图用高斯平滑，如自动阈值。遮罩的大小被放大，直到平滑直方图中只有一个最小值。接着，将阈值设置为该最小值的位置。如果 LightDark 为“light”，则选择所有灰度值大于或等于的像素。如果 LightDark 为“dark”，则选中所有灰度值小于的像素。该算子尤其适用于在比较亮的背景图像上提取比较暗的字符。

基于直方图的自动阈值分割实例。

程序如下：

```
* 获取图像
read_image (Image, 'E:/《机器视觉案例》/ 案例原图 / 第 5 章 /5.2.png')
* 自动阈值分割
auto_threshold (Image , Regions, 5)
* 显示分割区域
dev_display (Regions)
```

程序执行结果如图 5.3 所示。

(a) 原图

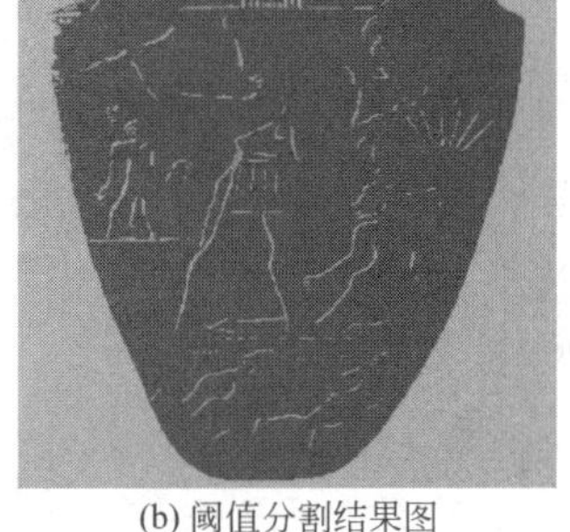

(b) 阈值分割结果图

图 5.3　根据实验法进行阈值分割结果

5.1.3　局部阈值分割

局部阈值分割法（Local Thresholding）又称为局部自适应阈值分割法（Locally Adaptive Thresholding）或可变阈值处理。这种方法在像素的某一邻域内以一个或多个指定像素的特性（如灰度范围、方差、均值或标准差）为图像中的每一点计算阈值。由于要遍历所有图像中的像素，因此邻域的大小对该算法的执行速度会有较大影响。一般来说，邻域的尺寸略大于要分割的最小目标即可。

在 HALCON 中常用的局部阈值分割算子有 dyn_threshold。该算子利用邻域，通过局部灰度对比，找到一个合适的阀值进行分割。它适用于灰度背景复杂、前景灰度与背景灰度不能明显区分的情况。

dyn_threshold 算子的应用步骤一般分三步：首先，读取原始图像；然后，使用平滑滤波器对原始图像进行适当平滑；最后，使用 dyn_threshold 算子比较原始图像与均值处理后的图像局部像素差异，将差异大于设定值的点提取出来。该算子如下：

```
dyn_threshold(OrigImage, ThresholdImage : RegionDynThresh : Offset, LightDark : )
```

OrigImage：输入图像。

ThresholdImage：输入的预处理图像，用于局部灰度对比。

RegionDynThresh：输出的阈值分割区域。

Offset：输入的应用于阈值图像的偏移量，它是将原图与输入的预处理图像作对比后设定的值，灰度差异大于该值的将被提取出来。

LightDark：决定提取哪部分区域的参数，有 'dark', 'equal', 'light', 'not_equal' 4 个选择：① light，表示原图中大于等于预处理图像像素点值加上 offset 值的像素被选中；② dark，表示原图中小于等于预处理图像像素点值减去 offset 值的像素被选中；③ equal：表示原图中像素点大于预处理图像像素点值减去 offset 值，小于预处理图像像素点值加上 offset 值的点被选中；④ not equal，表示与 equal 相反，它的提取范围在 equal 范围以外。

例 5.3 局部阈值分割算子 dyn_threshold 实例。

程序如下：

```
* 关闭窗口
dev_close_window ()
* 获取图像
read_image (Image, 'photometric_stereo/embossed_01')
* 获得图像尺寸
get_image_size (Image, Width, Height)
* 打开适应图像大小的窗口
dev_open_window (0, 0, Width, Height, 'black', WindowHandle1)
* 在图像上使用均值滤波器进行适当平滑
mean_image (Image, ImageMean, 59, 59)
* 动态阈值分割，提取圆区域
dyn_threshold (Image, ImageMean, RegionDynThresh, 15, 'not_equal')
*  显示图像
dev_display (Image)
* 显示提取区域
dev_display (RegionDynThresh)
```

程序执行结果如图 5.4 所示。

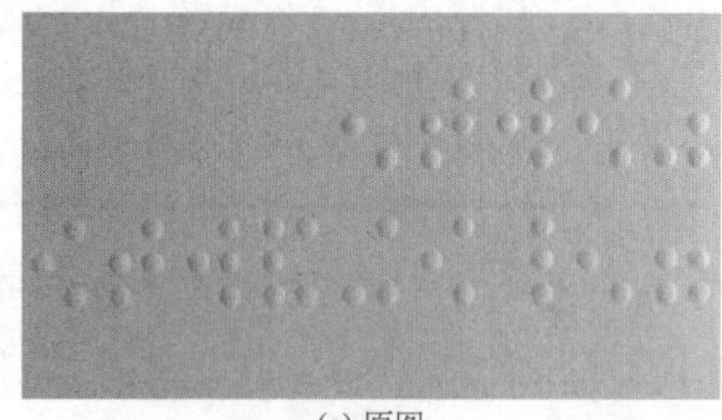

(a) 原图

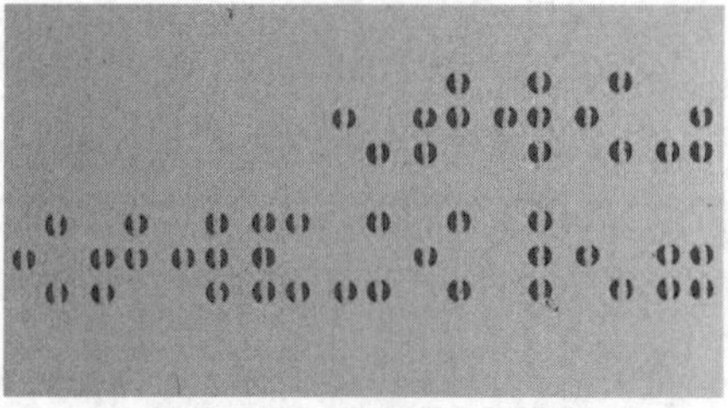

(b) dyn_threshold阈值分割结果

图 5.4　dyn_threshold 局部分割实例

5.2 边缘检测

图像的边缘是图像的最基本特征，是指图像中周围像素灰度有阶跃变化或屋顶变化的像素点。它主要存在于目标与背景、区域与区域（包括不同色彩）之间，包含了丰实的信息，是图像识别中抽取的重要属性。边缘检测是图像处理和机器视觉中的基本问题，它的基本步骤如图 5.5 所示。

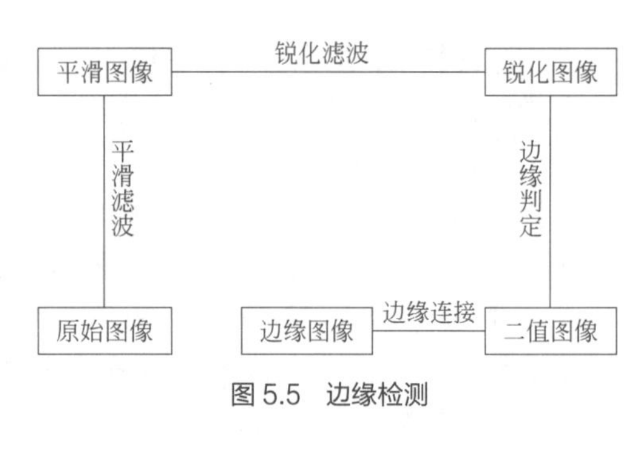

图 5.5　边缘检测

① 平滑滤波：边缘检测算法主要是基于图像强度的一阶和二阶导数，但导数的计算对噪声很敏感，因此必须使用滤波器来改善与噪声有关的边缘检测器的性能。值得注意的是，降低噪声的能力越强，边界强度的损失越大。

② 锐化滤波：增强边缘的基础是确定图像各点邻域强度的变化值。为了检测边缘，可通过锐化操作增强邻域（或局部）强度值有显著变化的点，将它们突显出来。

③ 边缘判定：在图像中有许多点的梯度幅值比较大，而这些点在特定的应用领域中并不都是边缘，所以应该用某种方法来确定哪些点是边缘点。具体的方法包括二值化处理和过零检测等。

④ 边缘连接：将间断的边缘连接为有意义的完整边缘，同时去除假边缘。主要方法是 Hough 变换。

5.2.1　边缘检测原理

边缘的具体性质如图 5.6 所示。

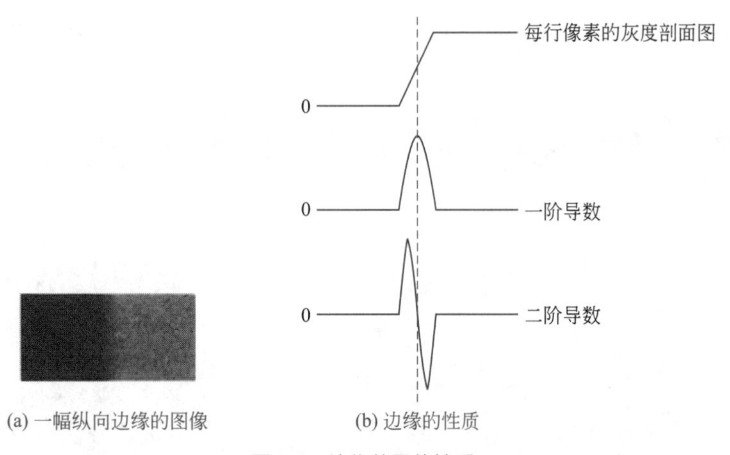

图 5.6　边缘的具体性质

前文我们已经介绍过，图像的模糊相当于图像被平均或积分，而它的反运算“微分”则可以加强高频分量作用，使轮廓清晰。

5.2.2　边缘检测的典型算子

通常可将边缘检测的算法分为 2 类：基于查找的算法和基于零穿越的算法。除此之外，还有 Canny 边缘检测算法、统计判别方法等。

基于查找的方法通过寻找图像一阶导数中的最大和最小值来检测边界，通常是将边界定位在梯度最大的方向，是基于一阶导数的边缘检测算法。基于一阶导数的边缘检测算子包括Roberts 算子、Sobel 算子、Prewitt 算子等，基于零穿越的方法通过寻找图像二阶导数零穿越来寻找边界，通常是拉普拉斯过零点或者非线性差分表示的过零点，是基于二阶导数的边缘检测算法。基于二阶导数的边缘检测算子主要是高斯 - 拉普拉斯边缘检测算子以及 Canny 算子。在 4.3.4 节我们已经介绍了 Roberts 和 Sobel 算子两种一阶导数检测算法以及拉普拉斯边缘二阶检测算子，在本节来介绍另外两种常用的一阶导数检测算法 Prewitt 算子和 Kirsch 算子以及二阶检测算子 Canny 算子。

（1）Prewitt 算子

Prewitt 算子是通过利用像素点上下、左右邻点灰度差，在边缘处达到极值的方法检测边缘。它的方程和 Sobel 算子完全一样，因此都考虑了邻域信息，所不同的是平滑部分的权值有些差异，因此对噪声具有一定的抑制能力，但不能完全排除检测结果中出现的虚假边缘。其卷积模板如图 5.7 所示。Prewitt 算子不仅能检测边缘点，而且能抑制噪声的影响，因此对灰度和噪声较多的图像处理得较好。

$$\begin{bmatrix} -1 & -1 & -1 \\ 0 & 0 & 0 \\ 1 & 1 & 1 \end{bmatrix} \quad \begin{bmatrix} -1 & 0 & 1 \\ -1 & 0 & 1 \\ -1 & 0 & 1 \end{bmatrix}$$

图 5.7　Prewitt 边缘检测算子

在 HALCON 中 Prewitt 算子常用的为 prewitt_amp 算子，其原型如下：

```
prewitt_amp(Image : ImageEdgeAmp : : )
```

例 5.4　Prewitt 边缘提取实例。

程序如下：

```
* 读取图像
read_image (Image, 'fabrik')
* 用 prewitt 算子进行边缘提取
prewitt_amp (Image, ImageEdgeAmp)
* 进行阈值操作
threshold (ImageEdgeAmp, Region, 20, 255)
* 骨骼化操作
skeleton (Region, Skeleton)
* 显示图像
dev_display (Image)
* 设置输出颜色为红色
dev_set_color ('red')
* 显示骨骼图像
dev_display (Skeleton)
```

程序执行结果如图 5.8 所示。

(a) 原图

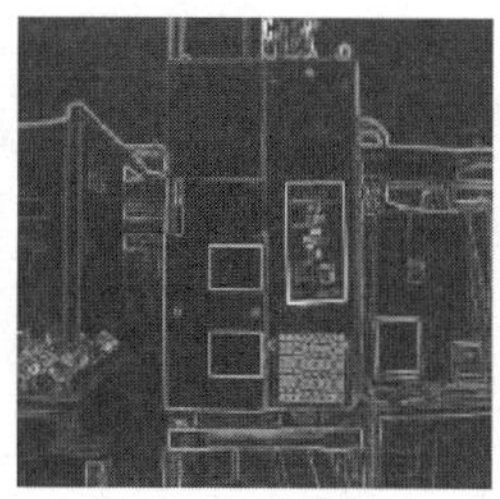
(b) Prewitt边缘提取

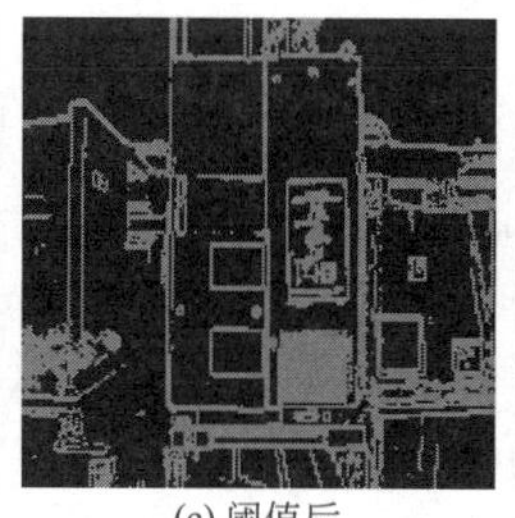
(c) 阈值后

(d) 骨骼化

图 5.8　Prewitt 边缘提取分割结果

（2）Kirsch 算子

Kirsch 算法由 $K_0 \sim K_7$ 八个方向的模板决定，将 $K_0 \sim K_7$ 的模板元素分别与当前像素点的 3×3 模板区域的像素点相乘，然后选八个值中最大的值作为中央像素的边缘强度。

$$g(x,y) = \max(g_0, g_1, \cdots, g_T) \tag{5.4}$$

其中：

$$g_i(x,y) = \sum_{k=-1}^{1} \sum_{l=-1}^{1} K_i(k,l) f(x+k, y+l) \tag{5.5}$$

例 5.5　Kirsch 边缘提取实例。

程序如下：

```
* 读取图像
read_image (Image, 'fabrik')
* 用 kirsch 算子进行边缘检测
kirsch_amp (Image, ImageEdgeAmp)
* 进行阈值操作
threshold (ImageEdgeAmp, Region, 70, 255)
* 骨骼化操作
skeleton (Region, Skeleton)
* 显示图像
dev_display (Image)
* 设置输出颜色为红色
dev_set_color ('red')
* 显示骨骼图像
dev_display (Skeleton)
```

程序执行结果如图 5.9 所示。

(a) 原图

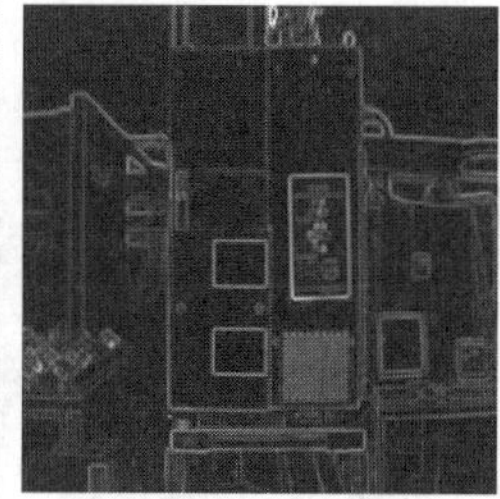
(b) Kirsch边缘提取

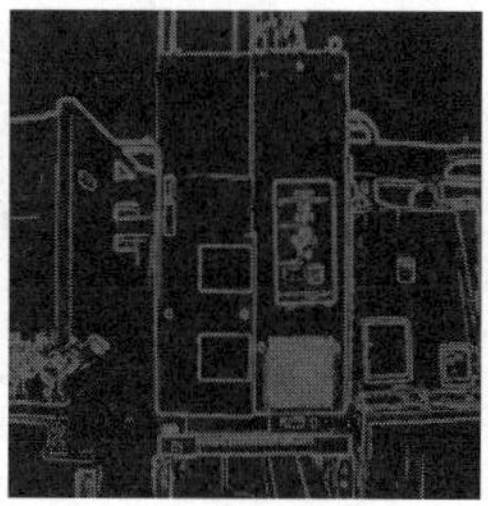
(c) 阈值后

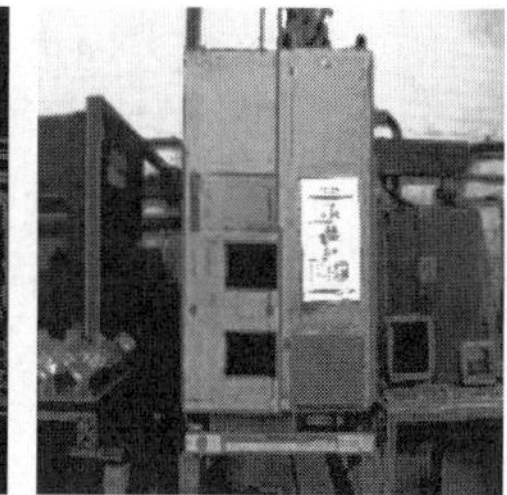
(d) 骨骼化

图 5.9　Kirsch 边缘提取分割结果

（3）Canny 算子

Canny 算子检测边缘的基本思想是在图像中找出具有局部最大梯度幅值的像素点。该方法是使用两个阈值来分别检测强边缘和弱边缘，因此不易受噪声的干扰，能够检测到真正的弱边缘。

① Canny 对边缘检测质量进行分析，提出以下三个准则：

a. 信噪比准则。对边缘的错误检测率要尽可能低，尽可能地检测出图像的真实边缘，且尽可能减少检测出虚假边缘，获得一个比较好的结果。在数学上，就是使信噪比 SNR 尽量大。输出信噪比越大，错误率越小。

$$\mathrm{SNR}=\frac{\left|\int_{-w}^{+w}G(-x)f(x)\mathrm{d}x\right|}{n_0\left[\int_{-w}^{+w}f^2(x)\mathrm{d}x\right]^{1/2}} \tag{5.6}$$

其中，$f(x)$ 是边界为 $[-w,w]$ 的有限滤波器的脉冲响应；$G(-x)$ 代表边缘，是高斯噪声的均方根。

b. 定位精度准则。检测出的边缘要尽可能接近真实边缘。数学上就是寻求滤波函数 $f(x)$ 在式（5.7）中 Loc 变量的值尽量大。

$$\mathrm{Loc}=\frac{\left|\int_{-w}^{+w}G'(-x)f'(x)\mathrm{d}x\right|}{n_0\left[\int_{-w}^{+w}f'^2(x)\mathrm{d}x\right]^{3/2}} \tag{5.7}$$

其中，$G'(-x)$、$f'(x)$ 分别是 $G(-x)$、$f(x)$ 的一阶导数。

c. 单边缘响应原则。对同一边缘要有低的响应次数，即对单边缘最好只有一个响应。滤波器对边缘响应的极大值之间的平均距离为：

$$d_{\max}=2\pi\left[\frac{\int_{-w}^{+w}f'^2(x)\mathrm{d}x}{\int_{-w}^{+w}f''^2(x)\mathrm{d}x}\right]^{1/2}\approx kW \tag{5.8}$$

因此在 $2W$ 宽度内，极大值的数目为

$$N=\frac{2W}{kW}=\frac{2}{k} \tag{5.9}$$

显然，只要固定了 k，就固定了极大值的个数。

有了这三个准则，寻找最优的滤波器的问题就转化为泛函的约束优化问题了，其解可以用高斯的一阶导数去逼近。

② Canny 边缘检测算法。

Canny 边缘检测的基本思想就是首先对图像选择一定的高斯滤波器进行平滑滤波，然后采用非极值抑制技术处理得到最后的边缘图像。其步骤如下。

a. 用高斯滤波器平滑图像。这里使用了一个省略系数的高斯函数 $H(x,y)$：

$$H(x,y)=\exp\left(-\frac{x^2+y^2}{2\sigma^2}\right) \tag{5.10}$$

其中，$f(x,y)$ 是图像数据。

b. 用一阶偏导的有限差分来计算梯度的幅值和方向。利用一阶差分卷积模板：

$$H_1 = \begin{vmatrix} -1 & -1 \\ 1 & 1 \end{vmatrix}, \quad H_2 = \begin{vmatrix} 1 & -1 \\ 1 & -1 \end{vmatrix} \tag{5.11}$$

$$\varphi_1(x,y) = f(x,y) * H_1(x,y), \quad \varphi_2(x,y) = f(x,y) * H_2(x,y) \tag{5.12}$$

计算得到幅值为：

$$\varphi(x,y) = \sqrt{\varphi_1^2(x,y) + \varphi_2^2(x,y)} \tag{5.13}$$

方向为：

$$\theta_\varphi = \arctan\frac{\varphi_2(x,y)}{\varphi_1(x,y)} \tag{5.14}$$

c. 对梯度幅值进行非极大值抑制。仅仅得到全局梯度并不足以确定边缘，为确定边缘，必须保留局部梯度最大的点，而抑制非极大值，即将非局部最大值点置零，以得到细化的边缘。

d. 用双阈值算法检测边缘和连接边缘。使用两个阈值 T_1 和 T_2（$T_1<T_2$），从而可以得到两个阈值边缘图像 $N_1(i,j)$ 和 $N_2(i,j)$。由于 $N_2(i,j)$ 使用高阈值得到，因而含有较少的假边缘，但有间断。双阈值法要在 $N_2(i,j)$ 中把边缘连接成轮廓，当到达轮廓的端点时，该算法就在 $N_1(i,j)$ 的 8 邻域点位置寻找可以连接到轮廓上的边缘，这样算法不断地在 $N_1(i,j)$ 中收集边缘，直到将 $N_2(i,j)$ 连接起来为止。T_2 用来找到每条线段，T_1 用来在这些线段的两个方向上延伸寻找边缘的断裂处，并连接这些边缘。

Canny 边缘提取分割实例。

程序如下：

```
* 获取图像
read_image (Image, 'fabrik')
* 使用 canny 算法进行边缘提取
edges_image (Image, ImaAmp, ImaDir, 'lanser2', 0.5, 'nms', 12, 22)
* 阈值分割
threshold (ImaAmp, Edges, 1, 255)
* 骨骼化
skeleton (Edges, Skeleton)
* 将骨骼化的区域转化为 XLD
gen_contours_skeleton_xld (Skeleton, Contours, 1, 'filter')
* 显示图像
dev_display (Image)
* 设置 6 种输出颜色
dev_set_colored (6)
* 显示 XLD
dev_display (Contours)
```

程序执行结果如图 5.10 所示。

(a) 原图

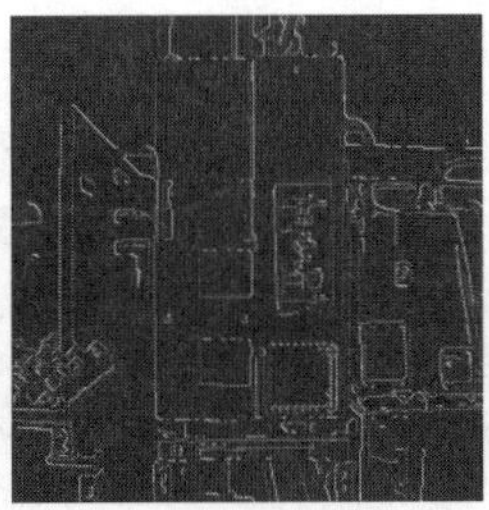
(b) Canny边缘提取

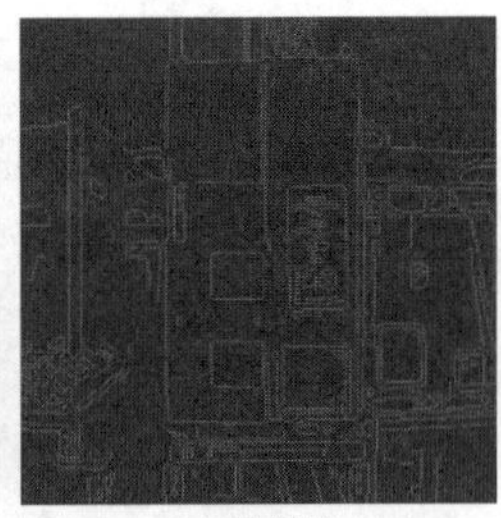
(c) 骨骼化

(d) 边缘轮廓显示

图 5.10　Canny 边缘提取分割结果

（4）亚像素级别的边缘提取

一般描述图像的最基本的单位是像素，相机的分辨率也是以像素数量来计算的，像素越高，分辨率越大，图像越清晰。点与点之间的最小距离就是一个像素的宽度，但实际工程中可能会需要比一个像素宽度更小的精度，因此就有了亚像素级精度的概念，用于提高分辨率。

HALCON 中用 XLD（eXtended Line Descriptions）表示亚像素的轮廓和多边形。在检测过程中，受光照、噪声等因素的影响，有些边缘可能是断裂的，所以需要先进行轮廓合并。HALCON 同样提供了许多高效的算子，可以一步完成边缘提取、轮廓合并以及 XLD 轮廓输出。因此，只需要调用一次算子就可以完成诸多工作，省去了很多计算环节，非常易于使用。除此之外，算子的准确率和稳定性也非常理想。提取亚像素边缘常用的算子如下所示：

```
edges_sub_pix(Image:Edges:Filter, Alpha, Low, High:)
```

Image：要提取亚像素边缘的图像。

Edges：提取得到的亚像素精度边缘。

Filter：滤波器，包括‘canny’、‘sobel’等。

Alpha：光滑系数，表示平滑的程度。其值越小，表示平滑的程度越大。默认是 0，可以取 0.1 ～ 1.1 间的值。

Low：振幅小于 Low 的不作为边缘。

High：振幅大于 High 的不作为边缘。

关于边缘提取还要注意一点，当振幅大于低阈值、又小于高阈值的时候，判断此边缘点是否与已知边缘点相连，相连则认为该点是边缘点，否则不是边缘点。

例 5.7

亚像素级别的边缘提取实例。

程序如下：

```
*关闭窗口
dev_close_window ()
*读取图像
read_image (Image, 'fabrik')
*打开适应图像大小的窗口
dev_open_window_fit_image (Image, 0, 0, -1, -1, WindowHandle)
* 对图像进行亚像素区域提取
edges_sub_pix (Image, Edges, 'canny', 2, 12, 22)
```

```
* 放大图像用于详细的边缘检查
dev_set_part(160, 250, 210, 300)
dev_display (Image)
dev_display (Edges)
```

程序执行结果如图 5.11 所示。

(a) 原图

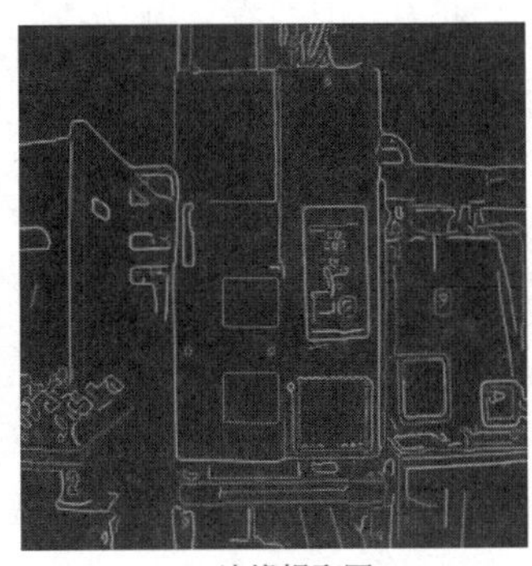
(b) 边缘提取图

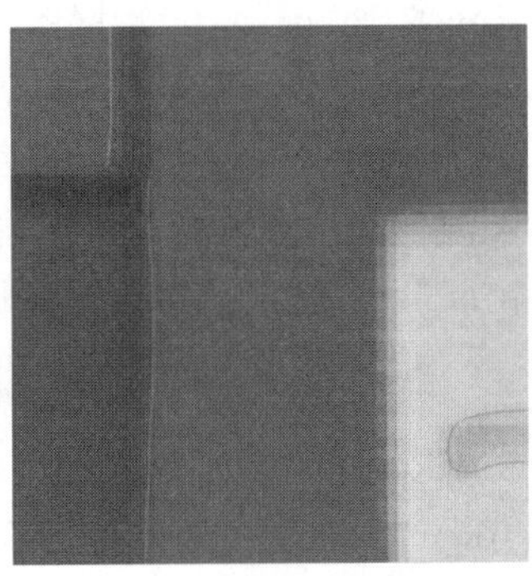
(c) 局部边缘检查图

图 5.11　亚像素级别的边缘提取

5.3 区域分割

一般来说，一幅图像中属于同一区域的像素具有相同或相似的属性。区域分割就是利用图像该性质进行划分，将具有相同属性的像素归为同一区域，不同属性的像素归为不同区域。传统的区域分割方法有区域生长和区域分裂与合并，其中前者又是最基础的区域分割方法。本节将对这两种方法进行详细介绍。

5.3.1 区域生长法

区域生长法的基本思想是将一幅图像中具有相似性质的像素聚集起来构成区域。具体来说，首先在图像上选定一个“种子”像素或者“种子”区域，然后以种子像素为生长点，从邻域像素开始搜寻，接着比较种子周围像素与种子相邻像素的相似性，将有相同或相似性质的像素（根据某种事先确定的生长或相似准则来判断）合并到种子像素所在的区域中。最后将这些新像素作为新的种子像素继续进行上述操作，直到再没有满足条件的像素为止，这样就达到了目标物体分割的目的。

区域生长法思想很简单，只需要若干种子点即可将具有相同特征的连通区域分割出来。在生长过程中的生长准则可以自由指定，也可以在同一时刻挑选多个准则。不过在运用区域生长法过程中，如果噪声和灰度不均一可能会导致空洞和过分切割，因此对图像中的阴影效果往往不是很好。区域生长方法总结为以下三个步骤：①选择合适的种子像素；②确定区域生长准则；③确定区域生长的终止条件。区域生长法的关键是种子像素的选取，选择不同的种子像素会导致不同的分割结果。下面介绍在 HALCON 中常用的区域生长法算子

regiongrowing 和 regiongrowing_mean。

```
regiongrowing(Image : Regions : Row, Column, Tolerance, MinSize : )
```

Image：输入的单通道图像。

Regions：输出的分割区域。

Row、Column：矩形区域的宽和高，可根据实际情况进行设置，为了方便计算中心点坐标，一般用奇数，默认是（3,3）。

Tolerance ：灰度差值的分割标准，默认为 6.0。Tolerance 是指当像素点的灰度与种子区域的灰度值在该范围内时，则将它们合并为同一区域。

MinSize：输出区域的最小像素数，默认为 100。

```
regiongrowing_mean(Image : Regions : StartRows, StartColumns, Tolerance, MinSize : )
```

StartRows、StartColumns：起始生长点的坐标。

Tolerance：灰度差值的分割标准，默认为 5.0。

MinSize：输出区域的最小像素数，默认为 100。

与 regiongrowing 不同，该算子指明了起始生长点坐标 (x, y)，这里的生长终止条件有两种，一是区域边缘的灰度值与当前均值图中对应的灰度值的差小于 Tolerance 参数的值；二是区域包含的像素数应大于 MinSize 参数的值。

例 5.8 区域生长法实例。

程序如下：

```
* 读取图像
read_image (Image, 'fabrik')
* 对图像进行均值处理，选用 circle 类型的中值滤波器
median_image (Image, ImageMedian, 'circle', 2, 'mirrored')
* 使用 regiongrowing 算子寻找颜色相近的邻域
regiongrowing (ImageMedian, Regions, 1, 1, 2, 5000)
* 对图像进行区域分割，提取满足各个条件的各个独立区域
shape_trans (Regions, Centers, 'inner_center')
connection (Centers, SingleCenters)
* 计算出初步提取的区域的中心点坐标
area_center (SingleCenters, Area, Row, Column)
* 以均值灰度图像为输入，进行区域增长计算，计算的起始坐标为上一步的各区域中心
regiongrowing_mean (ImageMedian, RegionsMean, Row, Column, 25, 100)
```

程序执行结果如图 5.12 所示。

5.3.2 区域分裂合并法

如果事先完全不了解区域形状和区域数目时，可采用分裂合并法。在某种意义上，分裂与合并法是区域生长法的逆过程：它从整个图像出发，在开始时将图像不断分裂成各个任意不相交的区域，然后根据某种准则将前景区域合并，最终实现图像分割的目的。设原图像 R，用 Q 代表某种相似性准则。区域分裂与合并法一般是基于四叉树思想，把 R 看成树根，

将该图像等分成 4 个区域，作为被分裂的第一层。然后反复将分割得到的子图像再次分为 4 个区域，直到对任意 R_i，$Q(R_i)=\text{TRUE}$，表示区域 R_i 已经满足相似性准则（譬如说该区域内的灰度值相等或相近），此时不再进行分裂操作。如 $Q(R)=\text{FALSE}$，则将 R_i 分割为 4 个区域。如此继续下去，直到 $Q(R_i)=\text{TRUE}$ 或者已经到单个像素，如图 5.13 所示。

(a) 原图

(b) regiongrowing

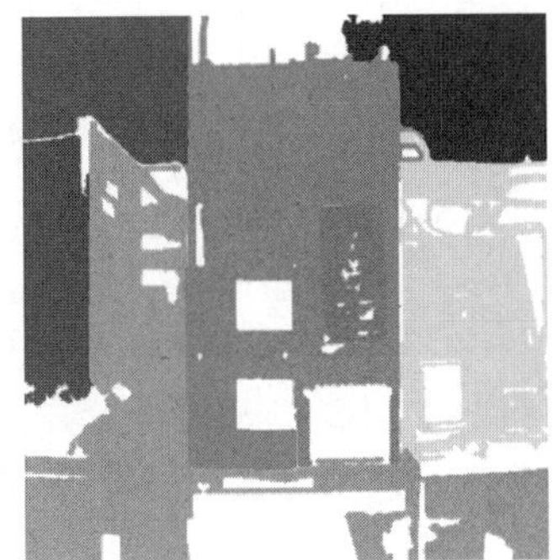
(c) regiongrowing_mean

图 5.12　区域生长法实例

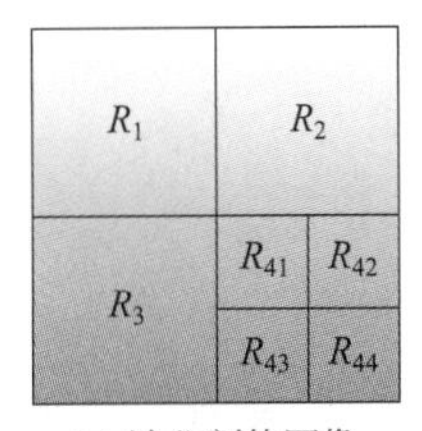

(a) 被分割的图像

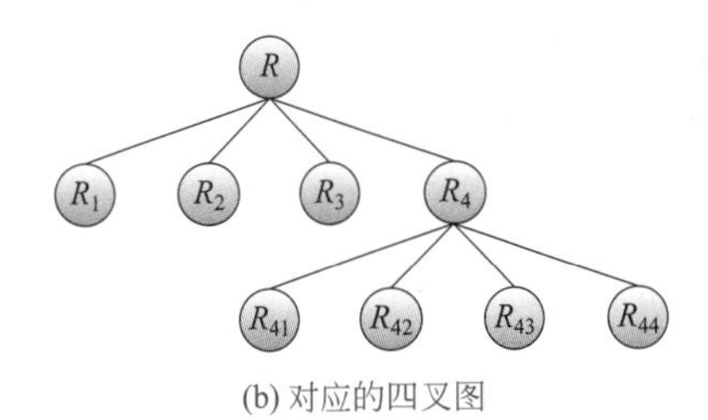

(b) 对应的四叉图

图 5.13　四叉树结构

合并操作中就有一种方法是将图像中任意两个具有相似特征的相邻区域 R_j、R_k 合并，即如果 $P(R_j \cup R_k)=\text{TURE}$，则合并 R_j、R_k，直到无法再进行聚合或拆分时停止操作。一个区域分裂与合并的实例如图 5.14 所示。

图像先分裂为如图 5.14（a）所示的区域；第二次分裂时，如图 5.14（b）所示，由于左下角区域满足 $Q(R_i)=\text{TRUE}$，则不进行分裂操作；第三次分裂时，如图 5.14（c）所示，仅仅右边的突出部分 $Q(R_i)=\text{FALSE}$，需要进行分裂操作，其余不变，完成后，分裂停止。最

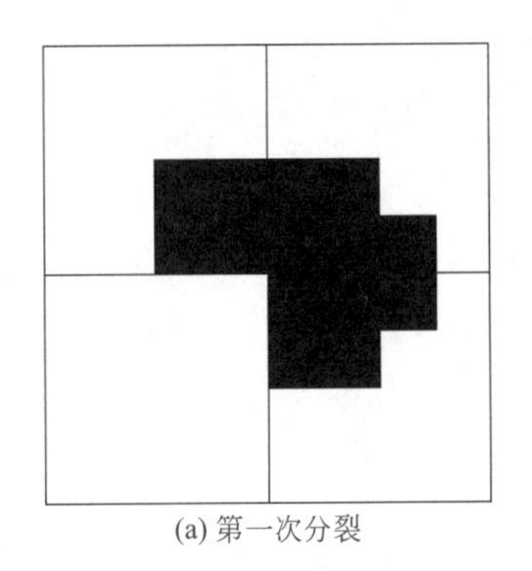
(a) 第一次分裂

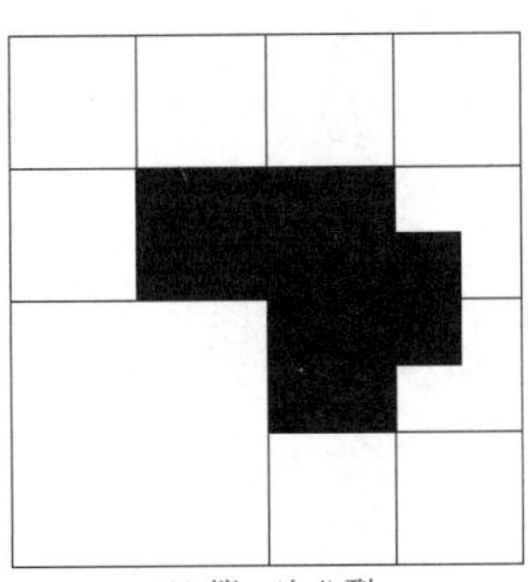
(b) 第二次分裂

图 5.14

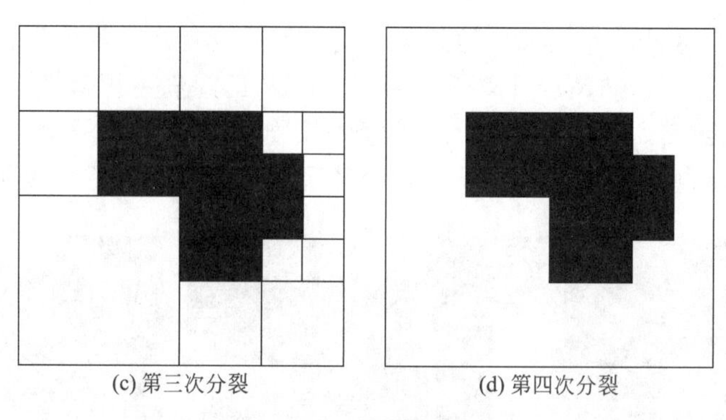

(c) 第三次分裂　　(d) 第四次分裂

图 5.14　区域分裂与合并

后，对两个相邻区域实行合并，一直得到最后的结果，如图 5.14（d）所示。区域分裂与合并对分割复杂的场景图像比较有效，如果引入应用领域知识，则可以更好地提高分割效果。

5.4 Hough 变换

理想情况下，前面讨论的方法应该只产生边缘上的像素。但实际中由于噪声和光照不均等因素，在很多情况下所获得的边缘点是不连续或者有很多杂散的亮度。因此，为了得到完整的边缘特性，需要将不连续的边缘点进行连接，让它们转化为有意义的边缘。典型的边缘检测算法遵循用链接过程把像素组装成有意义的边缘的方法。Hough 变换是一个非常重要的连接图像边缘的方法，基于参量性质的不同，Hough 变换可以检测直线、曲线、圆、椭圆、双曲线等。本节主要介绍如何利用 Hough 变换进行直线检测。

（1）直角坐标参数空间

在图像 x-y 坐标空间中，经过 (x_i, y_i) 的直线有无数条，这些线对某些 a 值和 b 值来说，均满足

$$y_i = ax_i + b \tag{5.15}$$

其中，参数 a 为斜率；b 为截距。如果将 x_i 和 y_i 视为常数，而将原本的参数 a 和 b 视为变量，这样对固定点 (x_i, y_i) 产生单独的一条直线，可表示为

$$b = -x_i a + y_i \tag{5.16}$$

通过式（5.16）就变换到了参数平面 a–b。这个变换就是直角坐标系中对于 (x_i, y_i) 的 Hough 变换。此外，考虑图像坐标空间的另一点 (x_j, y_j)，它在参数空间中也有相应的一条直线，表示为

$$b = -x_j a + y_j \tag{5.17}$$

这条直线与点 (x_i, y_i) 在参数空间的直线相交于一点 (a', b')，如图 5.15 所示。

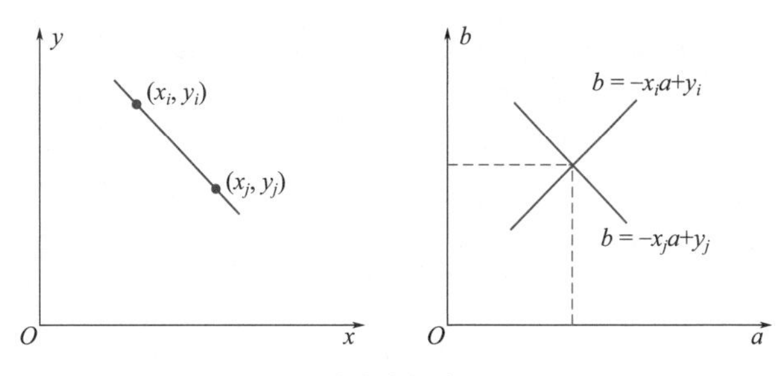

图 5.15　直角坐标中的 Hough

（2）极坐标参数空间

直角坐标参数空间的实际困难是 a（直线的斜率）接近无限大，也就是接近垂直方向。解决该困难的一种方法是使用直线的标准表达式，即：

$$\rho = x\cos\theta + y\sin\theta \tag{5.18}$$

其中，ρ 表示直线到原点的垂直距离；θ 表示 x 轴到直线垂线的角度，取值范围为 ±90°，如图 5.16 所示。

与直角坐标类似，极坐标中的 Hough 变换也是将图像坐标空间中的点变换到参数空间中。在极坐标表示下，图像坐标空间共线的点变换到参数空间后，在参数空间都相交于同一点，此时所得到的即为所求的直线的极坐标参数。与直角坐标不同的是，用极坐标表示时，图像坐标空间共线的两点映射到参数空间是两条正弦曲线，且相交于一点，如图 5.17 所示。

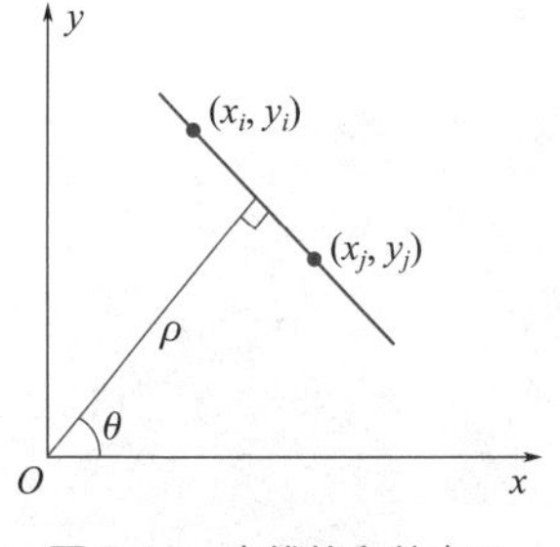

图 5.16　直线的参数表示

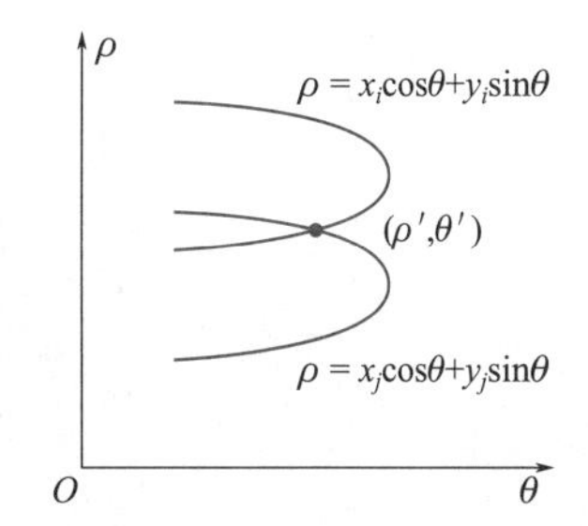

图 5.17　笛卡儿坐标映射到参数空间

图像坐标空间中过点 (x_i, y_i) 和 (x_j, y_j) 的直线上的每一点在参数空间 a–b 上各自对应一条直线，这些直线都相交于点 (a', b')，而 a' 、b' 就是图像坐标空间 x-y 中点 (x_i, y_i) 和点 (x_j, y_j) 所确定的直线的参数。反之，在参数空间相交于同一点的所有直线，在图像坐标空间都有共线的点与之对应。根据这个特性，给定图像坐标空间的一些边缘点，就可以通过 Hough 变换确定连接这些点的直线方程。

Hough 变换图像分割实例。

程序如下：

```
* 读取图像
read_image (Image, 'fabrik')
* 获得目标区域图像
```

```
rectangle1_domain (Image, ImageReduced, 170, 280, 310, 360)
* 用 Sobel 边缘检测算子提取边缘
sobel_dir (ImageReduced, EdgeAmplitude, EdgeDirection, 'sum_abs', 3)
* 设置输出颜色为红色
dev_set_color ('red')
* 阈值分割得到图像
threshold (EdgeAmplitude, Region, 55, 255)
* 截取图像
reduce_domain (EdgeDirection, Region, EdgeDirectionReduced)
* 进行 Hough 变换
hough_lines_dir (EdgeDirectionReduced, HoughImage, Lines, 4, 2, 'mean', 3, 25, 5,
5, 'true', Angle, Dist)
* 将霍夫变换提取直线以普通形式描述的输入行存储为区域
gen_region_hline (LinesHNF, Angle, Dist)
* 显示图像
dev_display (Image)
* 设置输出颜色数目
dev_set_colored (12)
* 设置输出填充方式为"轮廓"
dev_set_draw ('margin')
* 显示 LinesHNF
dev_display (LinesHNF)
* 设置输出填充方式为"填充"
dev_set_draw ('fill')
* 显示 Lines
dev_display (Lines)
```

程序执行结果如图 5.18 所示。

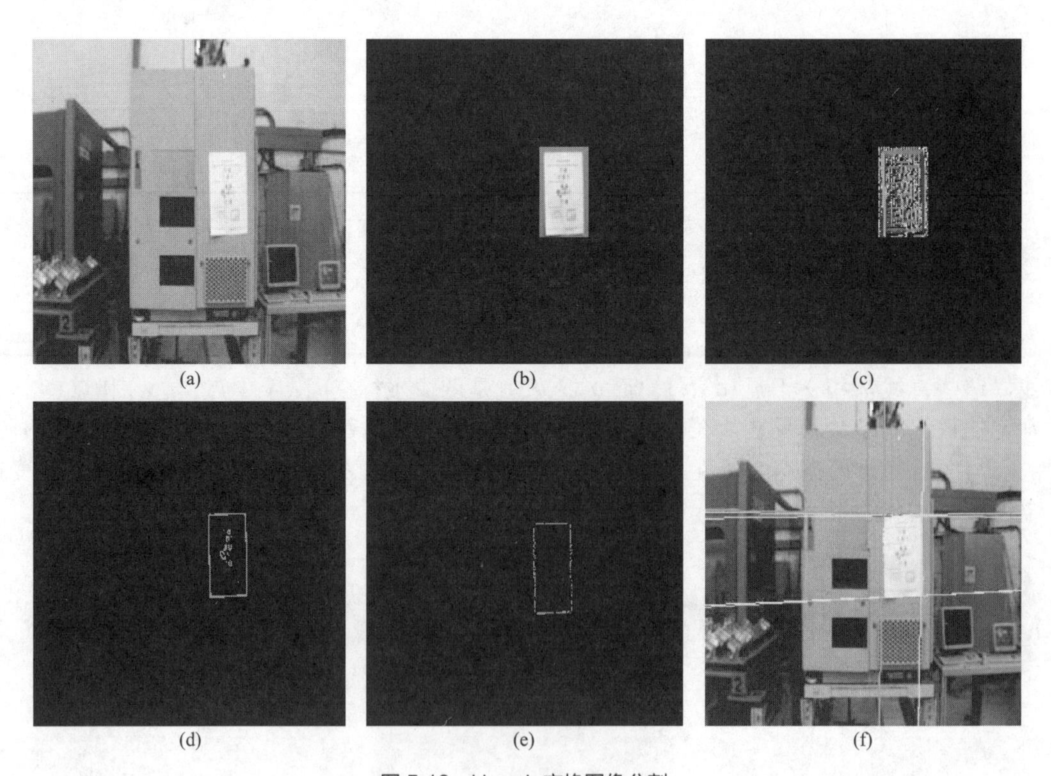

(a) (b) (c) (d) (e) (f)

图 5.18 Hough 变换图像分割

5.5 分水岭算法

“分水岭”这个名字与一种地貌特点有关，是一种基于拓扑理论的数学形态学的分割方法。它的思想是，把图像的灰度看作是测地学上的拓扑地貌，图像中的每一点像素的灰度值表示该点的海拔高度，高灰度值代表山脉，低灰度值代表盆地，每一个局部极小值及其影响区域称为集水盆，而集水盆的边界则形成分水岭。分水岭算法能较好地适用于复杂背景下的目标分割，不仅能够保留一些传统分割方法的普遍优点，还可以有效克服传统图像分割算法中存在的缺点和弊端。分水岭算法是一种典型的基于边缘的图像分割算法，将在空间位置相近并且灰度值相近的像素点互相连接起来构成一个封闭的轮廓，封闭性是分水岭算法的一个重要特征。它对微弱的边缘有着良好的响应，但图像中的噪声会使分水岭算法产生过度分割的现象。

分水岭算法较其他分割方法更具有思想性，更符合人眼对图像的印象。HALCON 中使用 watersheds 算子提取图像的分水岭。在 HALCON 中实现分水岭算法的算子如下：

① 直接提取图像的盆地区域和分水岭区域算子如下：

```
watersheds(Image : Basins, Watersheds : : )
```

Image：需要分割的图像 (图像类型只能是 byte/uint2/real)。

Basins：盆地区域。

Watersheds：分水岭区域 (至少一个像素宽)。

② 阈值化提取分水岭盆地区域算子如下：

```
watersheds_threshold(Image : Basins : Threshold : )
```

Image：需要分割的图像（图像类型只能是 byte/uint2/real）。

Basins：分割后得到的盆地区域。

Threshold：分割时的阈值。

分水岭算法分割实例。

程序如下：

```
* 获取图像
read_image (Br2, 'particle')
* 对单通道图像进行高斯平滑处理，去除噪声
gauss_filter (Br2, ImageGauss, 9)
* 将图像颜色进行反转
invert_image (ImageGauss, ImageInvert)
* 对高斯平滑后的图像进行分水岭处理与阈值分割，提取出盆地区域
watersheds (ImageInvert, Basins, Watersheds)
watersheds_threshold (ImageInvert, Basins1,30)
```

程序执行结果如图 5.19 所示。

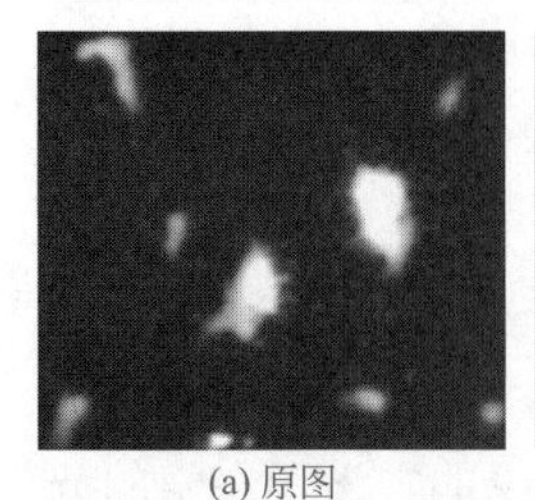
(a) 原图

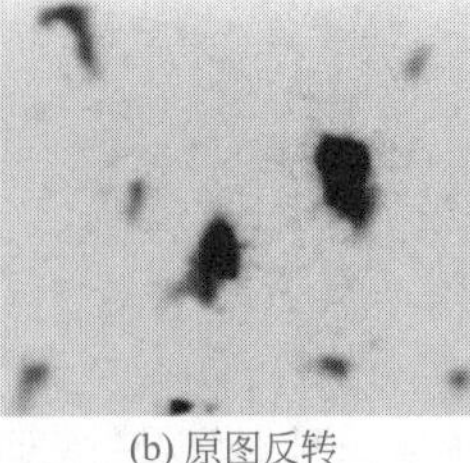
(b) 原图反转

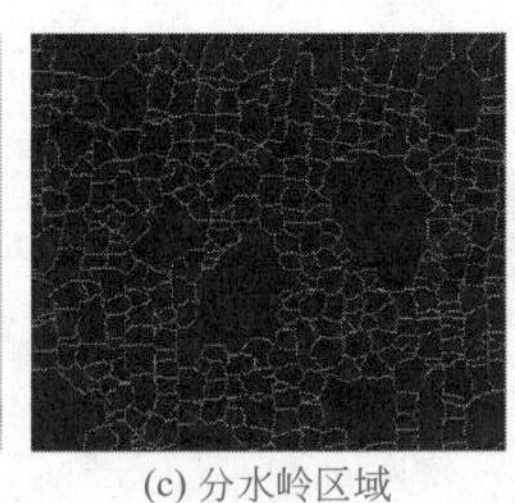
(c) 分水岭区域

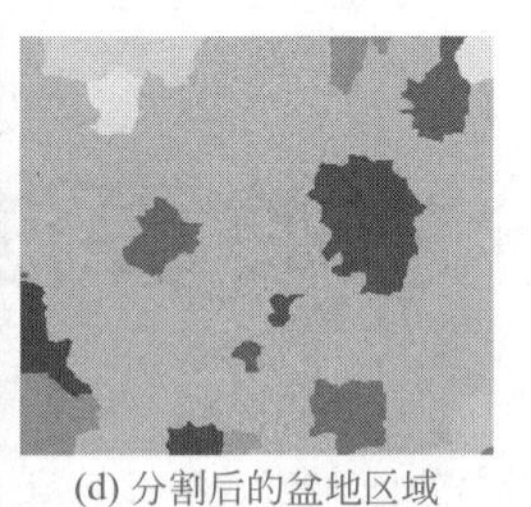
(d) 分割后的盆地区域

图 5.19　分水岭算法分割实例图

小结

本章主要介绍了图像分割的基本概念、公式推导以及适用情况。具体介绍了阈值分割、区域分割、边缘检测、Hough 变换、分水岭算法这几种图像分割算法。我们需要考虑实际问题的特殊性，根据不同的检测图像特征可以使用不同的方法。图像分割问题是一个十分困难的问题。因此，人们需要不断地进行学习，不断地探索使用新方法对图像进行处理，以得到预期的效果。本章讨论的方法都是实际应用中普遍使用的具有代表性的技术。

习题

5.1 什么是图像分割？请举出三种图像分割的算法。

5.2 请简述利用区域生长法进行图像分割的过程。

5.3 请简述利用图像直方图确定图像阈值的图像分割方法。

5.4 边缘检测的理论依据是什么？请列举三种边缘检测算法。

5.5 什么是 Hough 变换？试述采用 Hough 变换检测直线的原理以及适用场合。

5.6 对下面的图像 1 采用简单区域增长法进行区域增长，给出灰度差值为① T=1；② T=2；③ T=3 三种情况下的分割图像。

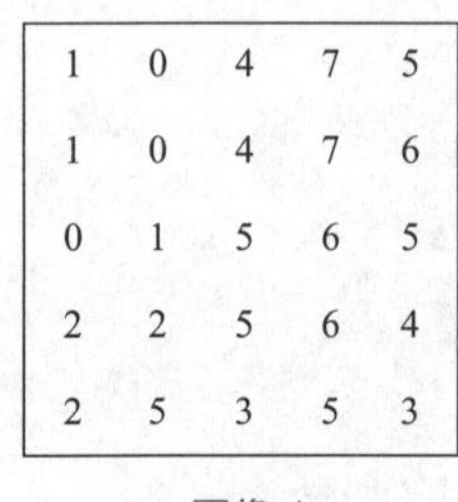

1	0	4	7	5
1	0	4	7	6
0	1	5	6	5
2	2	5	6	4
2	5	3	5	3

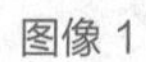
图像 1

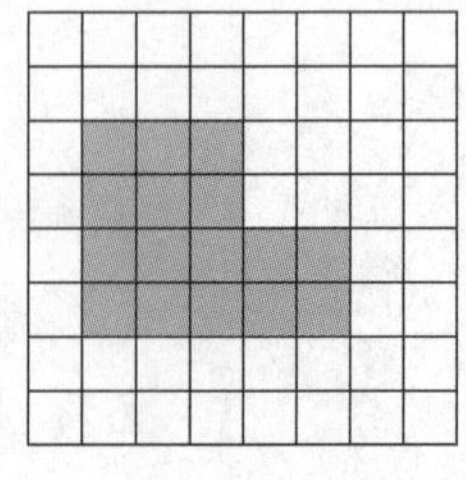
图像 2

5.7 用分裂合并法分割图像 2，并给出对应的分割结果的四叉图。

第 6 章

特征提取

在前面的章节中，我们已经了解到如何从图像中提取区域或边缘轮廓。尽管它们非常有用，但它们只包含了对分割结果的原始描述，因此对于后续图像处理来说是不够用的。图像的特征描述了图像的原始特性或属性，当通过图像分割得到区域后，如何从该区域中选择出需要的部分，就需要使用特征作为判断和选择的依据。本章我们研究如何从图像中提取有用信息。

6.1 图像特征概述

当要从图像中提取有用信息时，需要确定一个或多个特征量。这些我们确定的特征量被称为特征，而将这些特征从图像中分离出来这一过程就是特征提取。在场景中选择物体的特征是图像测量或者识别的关键一环。显然，图像特征的提取效果将直接影响到图像识别效果，有效利用特征提取是图像识别的重要基础。

（1）认识图像特征

特征是某一类对象区别于其他对象的相应（本质）特点或特性，或这些特点和特性的集合。对于图像而言，每一幅图像都具有区别于其他图像的一个至多个特征，其中一些属于自然特征，如像素灰度、边缘和轮廓、纹理及色彩等；有些则是需要通过计算或变换才能得到的特征，如直方图、频谱和不变矩等。

（2）特征提取的一般原则

图像识别实际上是一个分类的过程，为了识别出某图像所属的类别，需要将它与其他不同类别的图像区分开来。这就要求选取的特征不仅要能够很好地描述图像，更重要的是还要能够很好地区分不同类别的图像。在特征提取时需要注意以下几点。

① 应选择容易提取的特征。

② 在同一图像中，选择的特征应与其他特征有明显的差异，对于同类图像而言，特征之间应差异较小；对于不同图像来说，特征之间应差异较大。

③ 选取的特征应对噪声和不相关转换不敏感。比如说要识别车牌号码，车牌照片可能是从各个角度拍摄的，而读者关心的是车牌上字母和数字的内容，因此就需要得到对几何失真变形等转换不敏感的描绘子，从而得到旋转不变，或是投影失真不变的特征。

6.2 区域形状特征

在特征提取中，区域的形状特征是非常常用的特征，包括区域面积、中心点坐标、区域的宽度和高度等特征量，本节我们将分别介绍与区域形状特征相关的部分算子。

6.2.1 区域的面积和中心点

到目前为止，最简单的区域特征是区域的面积，图像处理中的区域面积均是指区域所包含的像素数。实际工作中，经常会使用面积或中心点描述特征和确定区域位置。在HALCON中实现这一过程可以使用area_center算子：

```
area_center(Regions : : : Area, Row, Column)
```

Regions：输入图像区域。

Area：输出的单个区域（输入区域可能不止一个）中包含的灰度像素数量。

Row、Column：几何中心点坐标，即单个区域的中心点行坐标均值和列坐标均值。

获取区域的面积和中心点特征实例。

程序如下：

```
* 获取图像
read_image (Image, 'fabrik')
* 关闭窗口
dev_close_window ()
* 打开窗口
dev_open_window (0, 0, 512, 512, 'black', WindowID)
* 设置输出字体，14 号字，Courier 字体，粗体
set_display_font (WindowID, 14, 'mono', 'true', 'false')
* 设置输出颜色
dev_set_colored (6)
* 进行区域生长操作
regiongrowing (Image, Regions, 1, 1, 3, 200)
* 显示区域
dev_display (Regions)
* 计算所有不相连区域的面积和中心点坐标
area_center (Regions, Area, Row, Column)
* 获得区域的数量
center:=|Area|
* 获取一个字符串的空间大小
get_string_extents (WindowID, 12345, Ascent, Descent, TxtWidth, TxtHeight)
* 将面积计算结果以字符串形式显示在窗口中
for I := 0 to center-1 by 1
      disp_message (WindowID, Area[I], 'image', Row[I] - TxtHeight / 2, Column[I]
- TxtWidth / 2, 'white', 'false')
endfor
```

程序执行结果如图 6.1 所示。

(a) 原图

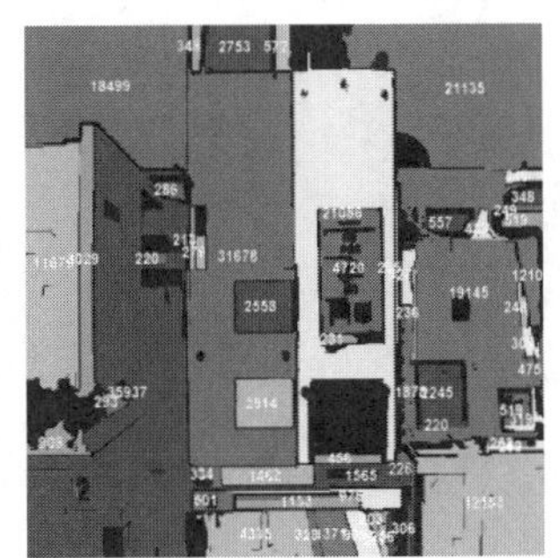
(b) 各个区域面积显示图

图 6.1　区域的面积和中心点特征

6.2.2 封闭区域（孔洞）的面积

除了可以用 area_center 算子计算区域的面积以外，在 HALCON 中还可以使用 area_holes 算子计算图像中封闭区域（孔洞）的面积。该面积指的是区域中孔洞部分包含的像素数。一个区域中可能不只包含一个孔洞区域，则该算子将返回所有孔洞区域的面积之和。area_holes 算子为：

```
area_holes(Regions : : : Area)
```

Regions：输入区域。

Area：计算得到的区域面积。

例 6.2 计算封闭区域面积实例。

程序如下：

```
* 关闭窗口
dev_close_window ()
* 读取图像
read_image (Image, 'rings_and_nuts')
* 打开适应图像大小的窗口
dev_open_window_fit_image (Image, 0, 0, -1, -1, WindowHandle)
* 设置输出颜色
dev_set_color ('red')
* 设置输出字体，14 号字，Courier 字体，粗体
set_display_font (WindowHandle, 14, 'mono', 'true', 'false')
* 显示图像
dev_display (Image)
* 进行阈值操作
threshold (Image, Region, 128, 255)
*  计算区域中孔的面积
area_holes (Region, Area)
* 将面积计算结果以字符串形式显示在窗口中
disp_message (WindowHandle, 'Size of enclosed area (holes): ' + Area + ' pixel',
'window', 12, 12, 'black', 'true')
```

程序执行结果如图 6.2 所示。

(a) 原图

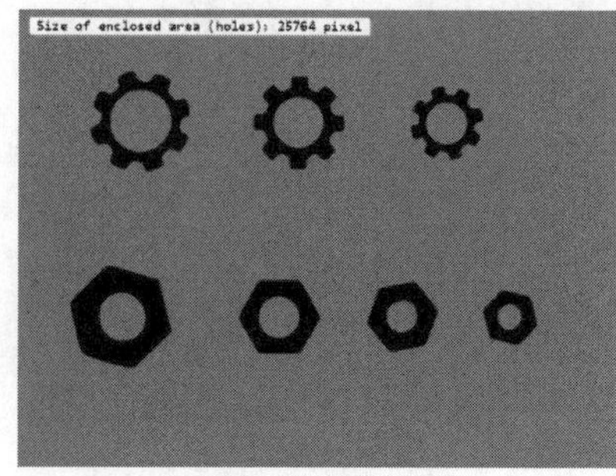

(b) 孔洞面积计算结果图

图 6.2　使用 area_holes 算子计算孔洞部分的面积之和

6.2.3 根据特征值进行特征提取

除了面积和中心点特征外，在图像特征提取中还可以利用常用的一些简单特征进行提取，常用的特征如表 6.1 所示。

表 6.1 区域的常用特征

Features	代表含义	Features	代表含义
width	输入区域的宽度	outer_radius	输入区域的最小外接圆的半径
height	输入区域的高度	inner_radius	输入区域的最大内接圆的半径
ratio	区域的高度和宽度的比率	Inner_width	输入区域的与坐标轴平行的最大内接矩形的宽度
circularity	输入区域的圆度	Inner_height	输入区域的与坐标轴平行的最大内接矩形的宽度
compactness	输入区域的紧密度	Connect_num	输入区域中非连通区域的数量
convexity	输入区域的凸包性	holes_num	输入区域包含的孔洞数量
rectangularity	输入区域的矩形度	max_diameter	输入区域的最大直径

在 HALCON 中，sclect_shape 算子是用于提取各类特征的有利工具，使用某个特征值作为分割的依据就能将特征提取出来，它代码简单，但功能强大高效。例如，select_shape 可以利用面积特征去除杂点，也可以求取图像的最大外接矩形等。该算子的原型如下：

```
select_shape(Regions: SelectedRegions: Features, Operation, Min, Max: )
```

Regions：输入区域。

SelectedRegions：输出区域。

Features：特征量。

例 6.3 利用 select_shape 选择区域实例。

程序如下：

```
* 读取图像
read_image (Image, 'monkey')
* 二值化
threshold (Image, Region, 128, 255)
* 将非连通区域分割成一组区域的集合
connection (Region, ConnectedRegions)
* 利用面积以及椭圆长轴与短轴的比值特征，将眼睛部分区域提取出来
select_shape (ConnectedRegions, SelectedRegions, ['area','anisometry'], 'and',
[500,1], [2000,1.7])
* 显示结果区域
dev_display (SelectedRegions)
```

程序执行结果如图 6.3 所示。

6.2.4 根据特征值创建区域

根据区域的形状特征，可以从区域集合中选择特定的区域。除此之外，HALCON 中还

提供了一些算子，可以根据一些区域的特征创建新的形状。例如，通过创建最小外接矩形，可以将不规则物体的形状转化为规则的区域，或是寻找最大内接圆，以计算孔径等。这些算子都以极其简洁的代码实现了几何计算的功能，现举例如下。

(a) 原图

(b) select_shape选择结果图

图 6.3　select_shape 选择区域结果图

（1）计算区域内接圆

可用 inner_circle 算子。

```
Inner_circle(Regions: : : Row, Column, Radius)
```

Regions：输入的区域。

Row、Column：输出参数，表示最大内接圆的圆心的行、列坐标。

Radius：输出参数，表示最大内接圆的半径。

例 6.4　使用 inner_circle 算子计算图像区域内接圆。

程序如下：

```
* 读取图像
read_image (Image, 'fabrik')
* 关闭窗口
dev_close_window ()
* 打开窗口
dev_open_window (0, 0, 512, 512, 'black', WindowID)
* 设置输出颜色为白色
dev_set_color ('white')
* 设置图像模式为填充模式
dev_set_draw ('fill')
* 使用 regiongrowing 算子寻找颜色相近的邻域
regiongrowing (Image, Regions, 1, 1, 3, 500)
* 找出每个区域的最大内接圆以及内接圆的中心坐标和半径
inner_circle (Regions, Row, Column, Radius)
* 设置输出颜色为红色
dev_set_color ('red')
* 显示每个区域的内接圆
disp_circle (WindowID, Row, Column, Radius)
```

程序执行结果如图 6.4 所示。

(a) 原图

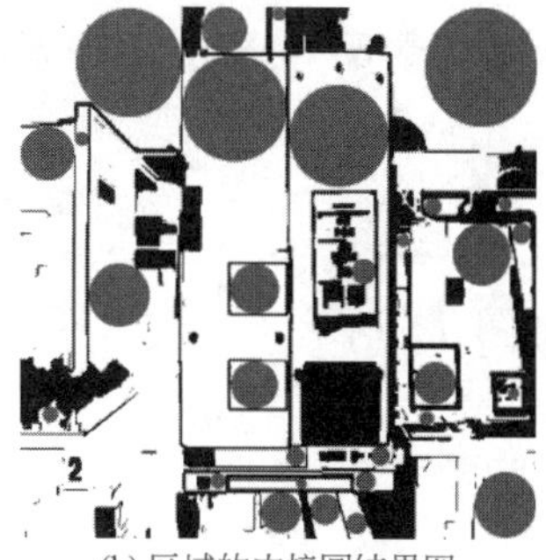
(b) 区域的内接圆结果图

图 6.4　使用 inner_circle 算子计算内接圆

（2）计算区域外接矩形

① 返回平行坐标最小外包矩形 smallest_rectangle1 算子。

```
smallest_rectangle1(Regions : : : Row1, Column1, Row2, Column2)
```

Regions：输入区域。

Row1、Column1：输出参数，表示平行坐标最小外包矩形的几何中心坐标。

Row2、Column2：输出参数，矩形右下角的点坐标。

② 返回最小外包矩形。

```
smallest_rectangle2 (Regions , Row, Column, Phi, Length1, Length2)
```

Regions：输入区域。

Row、Column：输出参数，表示平行坐标最小外包矩形的几何中心坐标。

Phi：输出参数，表示最小外接矩形的角度方向。

Lengthl、Length2：分别表示矩形的两个方向的内径（边长的一半）。

例 6.5　求图像中的外接矩形实例。

程序如下：

```
* 关闭窗口
dev_close_window ()
* 读取图像
read_image (Image, 'E:/《机器视觉案例》/ 案例原图 / 第 6 章 /6.5.png')
* 获取图像尺寸
get_image_size (Image, Width, Height)
* 打开适应图像大小的窗口
dev_open_window (0, 0, Width, Height, 'black', WindowHandle)
* 灰度化
rgb1_to_gray (Shubiao, GrayImage)
* 使用阈值处理提取较暗的部分
threshold (GrayImage, Regions, 0, 253)
* 求平行坐标的最小外接矩形
smallest_rectangle1 (Regions, Row1, Column1, Row2, Column2)
* 填充模式为轮廓
dev_set_draw ('margin')
* 根据矩形参数绘制矩形的轮廓
```

```
gen_rectangle1 (Rectangle, Row1, Column1, Row2, Column2)
* 求区域的最小外接矩形
smallest_rectangle2 (Regions, Row, Column, Phi, Length1, Length2)
* 根据矩形参数绘制矩形的轮廓
gen_rectangle2 (Rectangle1, Row, Column, Phi, Length1, Length2)
```

程序执行结果如图 6.5 所示。

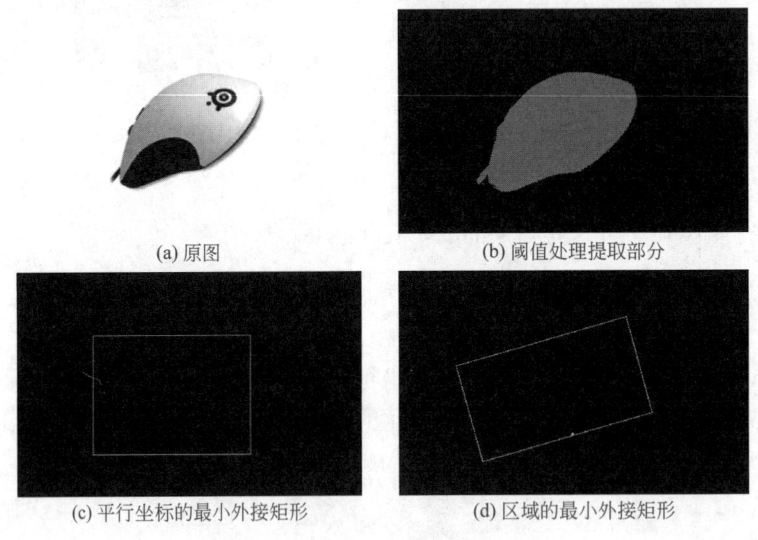
(a) 原图　(b) 阈值处理提取部分
(c) 平行坐标的最小外接矩形　(d) 区域的最小外接矩形

图 6.5　图像中的外接矩形实例图

6.3 基于灰度值的特征

除了形状特征以外，常用的还有灰度值特征。

6.3.1　区域的灰度特征值

典型的灰度值的特征有灰度区域面积（area）、中心点的行坐标和列坐标（row，colum）、椭圆的长轴（ra）、椭圆的短轴（rb）、等效椭圆的角度（phi）、灰度的最小值（min）、灰度的最大值（max）、灰度的均值（mean）、灰度值的偏差（deviation）以及近似平面的偏差（plane_deviation）等。

在 HALCON 中计算指定区域的灰度特征值可用 gray_features 算子：

```
gray_features(Regions, Image : : Features : Value)
```

Regions：输入参数，表示要检查的一组区域。

Image：输入参数，表示灰度值图像。

Features：输入参数，表示输入的特征的名字。

Value：输出参数，表示输出的特征的值。

例 6.6 gray_features 算子实例。

程序如下：

```
* 读取图片
read_image (Image, 'monkey')
* 对图像进行阈值处理，主要是将图像转化为区域
threshold (Image, Region, 1, 255)
* 提取区域中最小灰度值
gray_features (Region, Image, 'min',MinDisp)
* 提取区域中最大灰度值
gray_features (Region, Image, 'max', MaxDisp)
```

程序执行结果如图 6.6 所示。

(a) 原图

控制变量

MinDisp	1.0
MaxDisp	255.0

(b) gray_features算子提取结果图

图 6.6　gray_features 算子运算图

6.3.2　灰度的平均值和偏差

在 5.1.1 节我们介绍过区域内的最大灰度值 $g_{\max}$ 和最小灰度值 $g_{\min}$，区域内灰度特征值是另一个明显的灰度值特征：

$$\bar{g} = \frac{1}{a}\sum_{(x,y)\in R} g_{x,y} \tag{6.1}$$

式中，a 是区域的面积。灰度值平均值是对区域内亮度的一个度量。对参考区域内灰度值的平均值进行测量可以确定附加的亮度变化，此亮度变化是相对于系统最初被设置时的情况而言的。在两个不同参考区域内计算平均灰度值可测量出线性亮度变化，并且由此来计算一个线性灰度值变换，此变换可以用于补偿亮度的变化或调整分割阈值。

在一个参考区域内测出的平均值和标准偏差也能被用来建立一个线性灰度值变换，此变换可以补偿亮度的变化。标准偏差能够被用来调整分割阈值。它的定义如下：

$$s = \sqrt{\frac{1}{a-1}\sum_{(x,y)\in R} (g_{x,y} - \bar{g})^2} \tag{6.2}$$

在 HALCON 中 intensity 算子用于计算单张图像上多个区域的灰度值的平均值和偏差。

该算子的原型如下：

```
intensity(Regions, Image: : Mean, Deviation)
```

Regions：输入参数，表示图像上待检查的一组区域。
Image：输入参数，表示输入的灰度值图像。
Mean：输出参数，表示输出的单个区域的灰度平均值。
Deviation：输出参数，表示输出的单个区域的灰度偏差。

例 6.7　运用 intensity 算子计算区域的灰度值平均值和偏差。

程序如下：

```
* 读取图像
read_image (Image, 'mreut')
* 关闭窗口
dev_close_window ()
* 获得图像尺寸
get_image_size (Image, Width, Height)
* 打开适应图像大小的窗口
dev_open_window (0, 0, Width, Height, 'black', WindowID)
dev_display (Image)
* 设置填充模式为边缘描绘，线宽 5
dev_set_line_width (5)
dev_set_draw ('margin')
* 创建两个矩形区域
gen_rectangle1 (Rectangle1, 350, 100, 450, 200)
gen_rectangle1 (Rectangle2, 100, 200, 200, 300)
* 提取区域 1 中灰度值的平均值与偏差
intensity (Rectangle1, Image, Mean1, Deviation1)
* 提取区域 2 中灰度值的平均值与偏差
intensity (Rectangle2, Image, Mean2, Deviation2)
```

程序执行结果如图 6.7 所示。

(a) 原图

(b) 矩形区域1

(c) 矩形区域2

Mean1	150.765
Deviation1	11.2261
Mean2	121.038
Deviation2	46.5472

(d) 灰度值的平均值与偏差结果

图 6.7　intensity 算子运算结果图

6.3.3 区域的最大、最小灰度值

除了可以使用 gray_features 算子提取区域中的最大与最小灰度值外，还可以使用 min_max_ gray 算子计算区域的最大与最小灰度值，区别是后者更具灵活性。min_max_ gray 算子的原理是基于灰度直方图，取波峰和谷底之间的区域，区域两端各向内收缩一定的百分比，然后在这段范围内计算出最小灰度值和最大灰度值。该算子的原型如下：

```
min_max_gray(Regions, Image: : Percent: Min, Max, Range)
```

Regions：输入参数，表示图像上待检查的一组区域。

Image：输入参数，表示输入的灰度值图像。

Percent：输入参数，表示低于最大绝对灰度值的百分比。

Min：输出参数，表示最小的灰度值。

Max：输出参数，表示最大的灰度值。

Range：输出参数，表示最大和最小值之间的区间。

使用 min_max_gray 算子提取区域中最大灰度以及最小灰度值。

```
* 读取图像
read_image (Image, 'mreut')
* 关闭窗口
dev_close_window ()
* 获得图像尺寸
get_image_size (Image, Width, Height)
* 打开适应图像大小的窗口
dev_open_window (0, 0, Width, Height, 'black', WindowID)
* 显示图像
dev_display (Image)
* 设置填充模式为边缘描绘，线宽 5
dev_set_line_width (5)
dev_set_draw ('margin')
* 创建两个矩形区域
gen_rectangle1 (Rectangle1, 350, 100, 450, 200)
gen_rectangle1 (Rectangle2, 100, 200, 200, 300)
* 提取区域 1 中最大与最小灰度值
min_max_gray (Rectangle1, Image, 5, Min1, Max1, Range1)
* 提取区域 2 中最大与最小灰度值
```

程序执行结果如图 6.8 所示。

6.3.4 灰度区域的面积和中心

与特征求面积的方法类似，灰度值图像也可以使用算子直接求出区域的面积和中心。area_center_gray 算子与 area_center 算子类似，都可以求区域的中心。但不同的是，在用 area_ center_ gray 算子求灰度图像的面积时，图像的灰度值可以理解为图像的“高度”，其面

积可以理解为“体积”。在求中心时，每个像素的灰度值可以理解为点的“质量”，计算得到的中心是图像区域的中心，而 area_center 算子计算的中心是几何中心。area_center_gray 算子的原型如下：

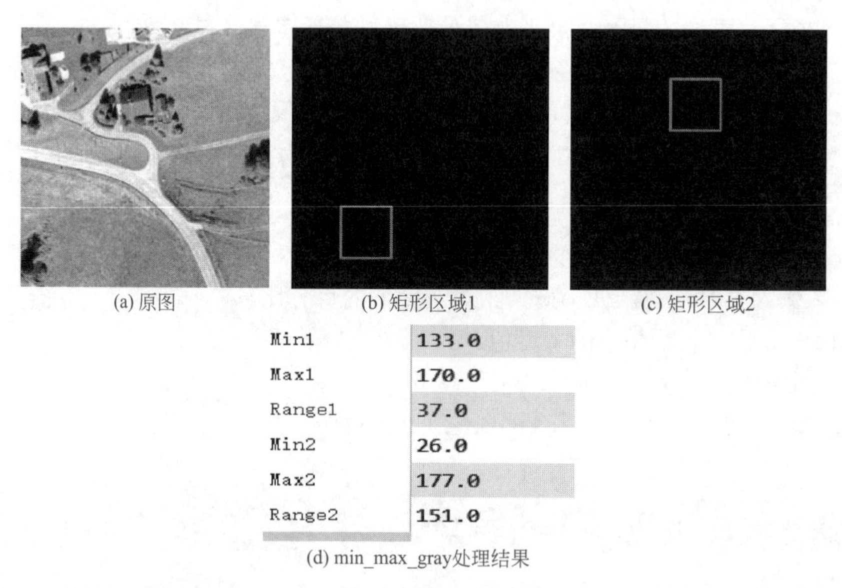

(a) 原图　(b) 矩形区域1　(c) 矩形区域2

Min1	133.0
Max1	170.0
Range1	37.0
Min2	26.0
Max2	177.0
Range2	151.0

(d) min_max_gray处理结果

图 6.8　使用 min_max_gray 算子提取图像中区域的最小灰度值与最大灰度值

```
area_center_gray(Regions, Image : : : Area, Row, Column)
```

Regions：输入参数，表示要检查的区域。

Image：输入参数，表示灰度值图像。

Area：输出参数，表示区域的总灰度值。

Row：输出参数，表示灰度值中心的行坐标。

Column：输出参数，表示灰度值中心的列坐标。

运用 area_center_gray 计算一幅灰度值图像的面积和中心实例。

程序如下：

```
* 读取图像
read_image (Image, 'mreut')
* 创建矩形区域
gen_rectangle1 (Rectangle1, 350, 100, 450, 200)
* 计算区域内总灰度值以及中心的行、列坐标
area_center_gray (Rectangle1, Image, Area, Row, Column)
```

程序执行结果如图 6.9 所示。

6.3.5 根据灰度特征值选择区域

与 6.2.3 节的 select_shape 算子类似，灰度值图像也可以快捷地根据特征值选择符合设定

条件的区域。select_gray 算子可用于实现这一功能，该算子能接受一组区域作为输入，然后根据选定的特征计算其是否满足特定的条件。当所有区域的特征都计算结束后，图像将在原来的灰度图上输出符合设定条件的区域。

(a) 原图

控制变量

Area	1.53795e+006
Row	399.878
Column	149.917

(b) 区域内总灰度值以及中心的行、列坐标

图 6.9　area_center_gray 算子运算实例图

该算子的原型如下：

```
select_gray(Regions, Image : SelectedRegions : Features, Operation, Min, Max : )
```

Regions：输入参数，表示图像上待检查的一组区域。

Image：输入参数，表示输入的单通道图像。

SelectedRegions：输出参数，表示特征的局部关联性参数。

Features：输入参数，表示选择的特征。

Operation：输入参数，表示低于最大绝对灰度值的百分比。

例 6.10　select_gray 算子运算实例。

程序如下：

```
* 读取图像
read_image (Image, 'fabrik')
* 关闭窗口
dev_close_window ()
* 打开窗口
dev_open_window (0, 0, 512, 512, 'black', WindowID)
* 设置输出颜色为白色
dev_set_color ('white')
* 设置填充模式为填充
dev_set_draw ('fill')
* 使用 regiongrowing 算子进行区域增长
regiongrowing (Image, Regions, 1, 1, 3, 10)
* 设置输出颜色为红色
dev_set_color ('red')
* 使用 select_gray 算子快速选择出灰度值在 190 ~ 250 间的区域
select_gray (Regions, Image, SelectedRegions, 'mean', 'and',190, 250)
```

程序执行结果如图 6.10 所示。

(a) 原图

(b) select_gray算子选定区域

图 6.10 select_gray 算子运算实例图

6.4 基于图像纹理的特征

图像纹理是人们所熟知的一种重要特征，不过对于纹理还没有统一的定义。一般认为类似于布纹、草地、砖头、墙面等具有重复性结构的图像称为纹理图像。纹理特征是一种全局特征，它描述了图像或图像区域所对应景物的表面性质。纹理特征是在包含多个像素点的区域中进行统计计算，因此该特征在模板匹配中有较大的优越性，不会因为局部偏差的原因而导致无法进行匹配。此外，纹理特征还具有旋转不变性，并且对于噪声有较强的抵抗能力。但是，当图像的分辨率变化的时候，所计算出来的纹理可能会有较大偏差；另外，由于有可能受到光照、反射情况的影响，从 2D 图像中反映出来的纹理不一定是 3D 物体表面真实的纹理。利用纹理特征检测粗细、疏密等较大差异的图像是一种有效的方法，但不适用于纹理之间的粗细、疏密等相差不大的情况。

6.4.1 灰度共生矩阵

纹理是由空间位置上反复出现的灰度分布形成，因而具有重复性。图像在空间中相隔某一段距离的两像素之间一般存在某些相似的灰度关系，即图像中灰度的空间相关特性，这一特性适合用灰度共生矩阵来表现。基于灰度共生矩阵提取纹理特征的方法是一个经典的统计分析方法，已有多年研究历史，是目前公认的一种纹理分析方法。它通过对图像的所有像素进行统计来描述其灰度分布。

设图像 $(N\times N)$ 中任意一点 (x,y) 灰度值为 i，与该点相邻的点 $(x+a,y+b)$ 的灰度值为 j，则这一对像素点的灰度值为 (i,j)。若该图像的灰度值级数为 k，则 (i,j) 的组合一共有 k^2 种，灰度共生矩阵的尺寸为 $k\times k$。令点 (x,y) 在整个区域上移动，统计 (i,j) 取各个灰度值范围的次数，最后将它们归一化为出现的概率 $P(i,j)$，灰度共生矩阵就是表现这一对灰度值 (i,j) 的取值范围和频率的矩阵，则满足一定空间关系的灰度共生矩阵 $\boldsymbol{P}$ 为：

$$\boldsymbol{P}(i,j)=\frac{\#\{[(x_1,y_1),(x_2,y_2)]\in S|f(x_1,y_1)=i\&f(x_2,y_2)=j\}}{\#S} \tag{6.3}$$

式中，S 为像素对的集合，等号右边分子为各个灰度级像素对 的个数，分母为像素对的总和个数（# 代表数量）。

计算灰度共生矩阵时，通常取 0°（a>0，b=0）、45°（a=0，b>0）、90°（a=b>0）、135°（a=−b<0）四个方向。下面举例说明。

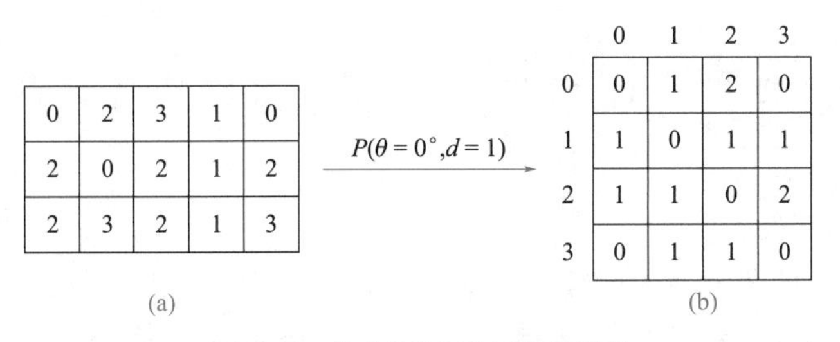

图 6.11　灰度共生矩阵原理示意图

图 6.11（a）为灰度矩阵，图 6.11（b）为 $\theta=0°$、间距 $d=1$ 时的灰度统计矩阵。我们可看出坐标为(0,0)处的值为 0，表示没有灰度为 0 和 0 的相邻像素；坐标为(1,0)处的值为 1，表示有 1 个灰度为 1 和 0 的相邻像素。该矩阵主对角线上的像素全部为 0，表示 0° 方向上没有相邻的灰度相同的像素。接着将统计数目归一化处理后就可获得灰度共生矩阵。

一幅图像的灰度共生矩阵能反映出图像灰度关于方向、相邻间隔、变化幅度的综合信息，是分析图像的局部模式和它们排列规则的基础。该矩阵有如下特性：

① 能量：灰度共生矩阵中各元素的平方和，反映了图像灰度分布均匀程度和纹理粗细度。当矩阵的所有值均相等时，能量值小；相反，如果值差距较大，则能量值大。能量值大表明当前纹理比较稳定，可用式（6.4）表示：

$$\text{Asm}=\sum_i\sum_j \boldsymbol{P}(i,j)^2 \tag{6.4}$$

② 相关性：纹理在行或者列方向的相似程度。当矩阵元素值均匀相等时，相关值就大；相反，相关值小。相关性越大，相似性越高。可用式（6.5）表示：

$$\text{Corr}=\frac{\left\{\sum_i\sum_j[(ij)\boldsymbol{P}(i,j)-u_x u_y]\right\}}{\sigma_x\sigma_y} \tag{6.5}$$

③ 局部均匀性：图像局部纹理的变化量。粗纹理的均匀度越大，细纹理的均匀度较小，可用式（6.6）表示：

$$\text{ENT}=-\sum_{i=1}^{k}\sum_{j=1}^{k}G(i,j)\lg G(i,j) \tag{6.6}$$

④ 对比度：表示矩阵的值的差异程度，它间接表现了图像的局部灰度变化幅度。反差值越大，图像中的纹理深浅越明显，表示图像越清晰；反之，则表示图像越模糊。可用式（6.7）表示：

$$\text{Con} = \sum_i \sum_j (i-j)^2 \boldsymbol{P}(i,j) \tag{6.7}$$

6.4.2 HALCON 中灰度共生矩阵的应用

在 HALCON 中提供了 cooc_feature_image 算子来计算灰度共生矩阵。cooc_feature_image 算子原型如下：

```
cooc_feature_image(Regions, Image : : LdGray, Direction : Energy, Correlation, Homogeneity, Contrast)
```

Regions：输入区域。

Image：灰度值图像。

LdGray：要区分的灰度值的层级数。默认为 6，还可以选择 1、2、3、4、5、7、8。

Direction：相邻灰度对的计算方向。默认为 0，还可以选择 45、90、135、mean，其中 mean 表示各方向的均值。

Energy：灰度值能量。

Correlation：灰度值的相关性。

Homogeneity：灰度值的局部均匀性。

Contrast：灰度值的对比度。

还可以使用 gen_cooc_matrix 算子和 cooc_feature_matrix 算子搭配使用来计算灰度共生矩阵。gen_cooc_matrix 算子和 cooc_feature_matrix 算子原型如下：

```
gen_cooc_matrix(Regions, Image : Matrix : LdGray, Direction : )
cooc_feature_matrix(CoocMatrix : : : Energy, Correlation, Homogeneity, Contrast)
```

首先用 gen_cooc_matrix 算子创建图像中的共生矩阵。该算子的作用是将输入区域的像素灰度 (i,j) 在某个方向彼此相邻的频率存储在共生矩阵中的 (i,j) 位置。例如，灰度 1 和 0 相邻出现的频率为 1 次，则灰度共生矩阵的 (0,2) 坐标处的值为 1。最后用出现的次数来归一化该矩阵。

特征提取是计算机视觉和图像处理中的一个概念。它指的是使用计算机提取图像信息，决定每个图像的点是否属于一个图像特征。特征提取的结果是把图像上的点分为不同的子集，这些子集往往属于孤立的点、连续的曲线或者连续的区域。至今特征没有万能和精确的定义。在本章中介绍了图像特征的概念以及三种基于 HALCON 的图像特征提取，分别基于区域特征值、灰度特征值以及图像纹理的特征。对于选择何种特征提取方法，需要针对实际情况进行分析。在图像处理过程中巧妙运用特征量可以减少处理数据，便于发现更有意义的潜在的变量，帮助对图像产生更深入的了解。

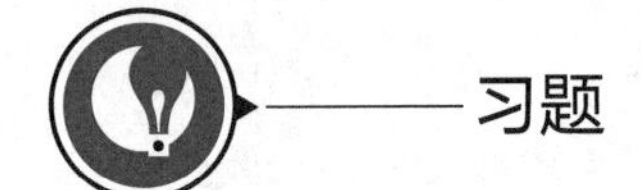

习题

6.1 什么是图像特征？图像特征可以分为哪几类？

6.2 在 HALCON 中计算出图像 1 中字母 A 的区域面积和中心点坐标。

图像 1

6.3 在 HALCON 中运用 intensity 算子计算出图像 1 中字母 A 的灰度值平均值和偏差。

第 7 章

图像的形态学处理

形态学一词通常指生物学的一个分支，用于处理动物和植物的形状和结构。在数学形态学的语境中，我们也经常把该词作为提取图像分量的一种工具，数学形态学（Mathematical Morphology）是一门建立在格论和拓扑学基础之上的图像分析学科，是数学形态学图像处理的基本理论。在前面章节我们已经讨论了如何分割区域，我们已经看到了分割结果中经常包含噪声。因此，通常我们必须调整分割后区域的形状以获取我们想要的结果，这是数学形态学领域的课题。本章我们将介绍图像形态学的基本原理以及在 HALCON 中的运用。

7.1 数学形态学预备知识

形态学，即数学形态学（Mathematical Morphology），是图像处理中应用最为广泛的技术之一。数学形态学的语言是集合论，其主要应用是从图像中提取对于表达和描绘区域形状有用的图像分量，如边界和连通区域等，方便后续的识别工作能够抓住目标对象最为本质的形状特征。

数字图像处理的形态学运算中常把一幅图像或者图像中一个我们感兴趣的区域称作集合。集合用大写字母 A、B、C 等表示，而元素通常是指单个的像素，用该元素在图像中的整型位置坐标 $z=(z_1,z_2)$ 来表示，这里 $z\in Z^2$，其中 Z^2 为二元整数序偶对的集合。下面介绍一些集合论中的重要的集合关系。

（1）集合与元素的关系

属于与不属于：对于某一个集合 A，若点 a 在 A 之内，则称 a 是属于 A 的元素，记作 $a\in A$；反之，若点 b 不在 A 内，称 b 是不属于 A 的元素，记作 $b\notin A$，如图 7.1 所示。

（2）集合与集合的关系

并集：$C=\{z\,|\,z\in A或z\in B\}$，记作 $C=A\bigcup B$，即 A 与 B 的并集 C 包含集合 A 与集合 B 的所有元素，如图 7.2（a）所示。

交集：$C=\{z\,|\,z\in A且z\in B\}$，记作 $C=A\bigcap B$，即 A 与 B 的交集 C 包含同时属于 A 与 B 的所有元素，如图 7.2（b）所示。

补集：$A^c=\{z\,|\,z\notin A\}$，即 A 的补集是不包含 A 的所有元素组成的集合，如图 7.2（c）所示。

差集：$A-B=\{z\,|\,z\in A,z\notin B\}$，即 A 与 B 的差集由所有属于 A 但不属于 B 的元素构成，如图 7.2（d）所示。

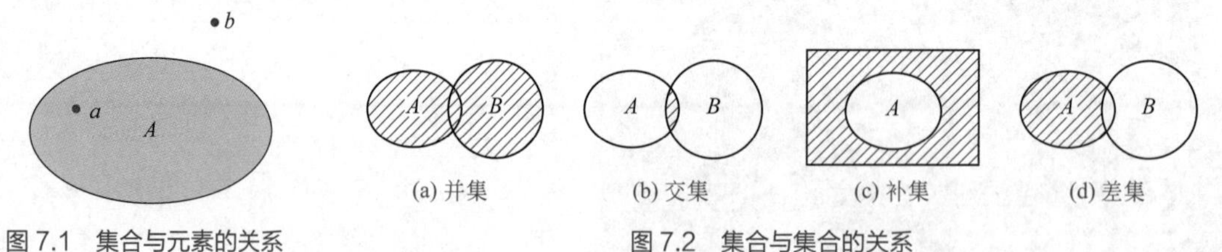

图 7.1 集合与元素的关系

图 7.2 集合与集合的关系

（3）平移与反射

平移：将一个集合 A 平移距离 x 可以表示为 $A+x$，如图 7.3 所示，其定义为

$$A+x=\{a+x\,|\,a\in A\} \tag{7.1}$$

反射：设有一幅图像 A，将 A 中所有元素相对原点旋转 180°，所得到的新集合称为 A 的反射集，记为 B，如图 7.4 所示。

（4）结构元素

设有两幅图像 A、B，若 A 是被处理的图像，B 是用来处理 A 的图像，则称 B 为结构元素。

结构元素通常指一些比较小的图像。A 与 B 的关系类似于滤波中图像和模板的关系。

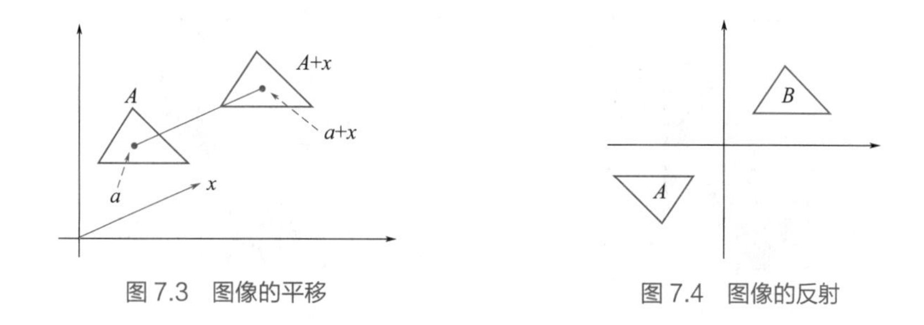

图 7.3　图像的平移　　　　图 7.4　图像的反射

7.2 二值图像的基本形态学运算

上一节中我们已经介绍了关于形态学的一些基础原理知识，那么在本节中，我们将介绍几种二值图像的基本形态学运算，包括腐蚀、膨胀，以及开、闭运算。其中腐蚀和膨胀是两种最基本的也是最重要的形态学运算，其他的形态学算法也都是由这两种基本运算复合而成的。

7.2.1 腐蚀

（1）理论基础

作为 Z^2 中的集合 A 和 B，集合 A 被集合 B 腐蚀表示为 $A\Theta B$，数学形式为

$$A\Theta B = \{z \mid (B_z) \subseteq A\} \tag{7.2}$$

式中，A 称为输入图像，B 称为结构元素。该式指出 B 对 A 的腐蚀是一个用 z 平移的 B 包含在 A 中所有点 z 的集合。腐蚀可以消除图像边界点，是边界向内部收缩的过程，原理图如图 7.5 所示。

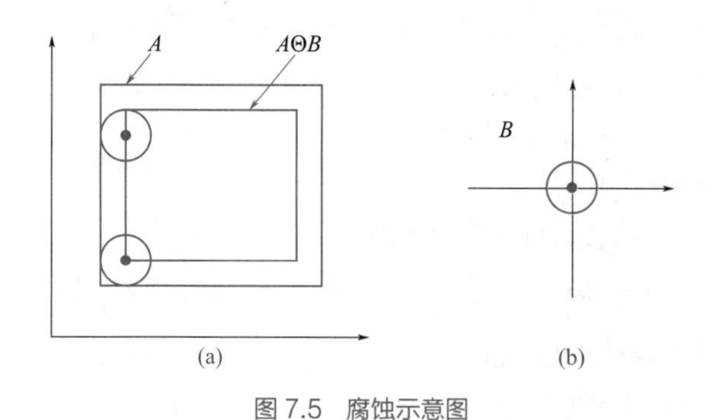

图 7.5　腐蚀示意图

在实际应用中，举例子说明，如图 7.6 所示。

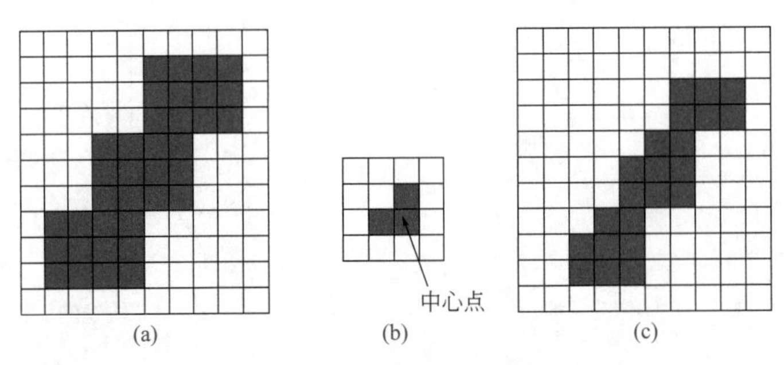

图 7.6 二值图像的腐蚀过程

说明：图（a）是被处理的二值图像，图（b）是结构元素，图（c）为被腐蚀后得到的图像。腐蚀的方法是，拿图（b）的中心点和图（a）上的点一个一个地对比，如果结构元素上的所有点都在图（a）的范围内，则该点保留，否则将该点去掉。从图（c）可以看出，它仍在原图（a）的范围内，且比图（a）包含的点要少，就像图（a）被腐蚀掉了一层。

（2）HALCON 中的腐蚀运算

对区域进行腐蚀、膨胀操作时需要使用结构元素，结构元素一般由 0 和 1 的二值像素组成。它的形状和大小都可以根据操作的需求创建，形状可以是圆形、矩形、椭圆形等。在 HALCON 中结构元素的算子如表 7.1 所示。

表 7.1 结构元素

生成结构元素算子	算子作用
gen_circle	生成圆形区域，可作为圆形结构元素
gen_rectangle1	生成平行坐标轴的矩形区域，可作为矩形结构元素
gen_rectangle2	生成任意方向的矩形区域，可作为矩形结构元素
gen_ellipse	生成椭圆形区域，可作为椭圆形结构元素
gen_region_pologon	根据数组生成多边形区域，可作为多边形结构元素

在 HALCON 中关于腐蚀的相关算子如下：

① 使用圆形结构元素对区域进行腐蚀操作如下：

```
erosion_circle(Region : RegionErosion : Radius : )
```

Region：要进行腐蚀操作的区域。

RegionErosion：腐蚀后获得的区域。

Radius：圆形结构元素的半径。

② 使用矩形结构元素对区域进行腐蚀操作如下：

```
erosion_rectangle1(Region : RegionErosion : Width, Height : )
```

Region：要进行腐蚀操作的区域。

RegionErosion：腐蚀后获得的区域。

Width、Height：矩形结构元素的宽和高。

③ 使用生成的结构元素对区域进行腐蚀操作如下：

```
erosion1(Region, StructElement : RegionErosion : Iterations : )
```

Region：要进行腐蚀操作的区域。

StructElement：生成的结构元素。

RegionErosion：腐蚀后获得的区域。

Iterations：迭代次数，即腐蚀的次数。

④ 用生成的结构元素对区域进行腐蚀操作（可设置参考点位置）如下：

```
erosion2(Region, StructElement : RegionErosion : Row, Column, Iterations : )
```

Region：要进行腐蚀操作的区域。

StructElement：生成的结构元素。

RegionErosion：腐蚀后获得的区域。

Row、Column：设置参考点位置，一般即原点位置。

Iterations：迭代次数，即腐蚀的次数。

算子 erosionl 与 erosion2 的不同之处在于，erosion1 一般选择结构元素中心为参考点，而 erosion2 进行腐蚀的时候可以对参考点进行设置。

利用不同的腐蚀算子得到不同的腐蚀结果实例。

程序如下：

```
dev_close_window ()
* 获取图像
read_image (Image, 'E:/《机器视觉案例》/ 案例原图 / 第 7 章 /7.1.png')
* 获取图像的尺寸
get_image_size (Image, Width, Height)
* 创建新的显示窗口（适应图像尺寸）
dev_open_window (0, 0, Width, Height, 'black', WindowHandle)
* 显示图像
dev_display (Image)
* 将图像转化为灰度图像
rgb1_to_gray (Image, GrayImage)
* 将图像通过阈值处理转化为二值化图像
threshold (GrayImage, Regions, 134, 239)
* 使用半径为 11 的圆形结构腐蚀得到区域
erosion_circle (Regions, RegionErosion, 11)
* 使用长宽均为 11 的矩形结构元素腐蚀得到区域
erosion_rectangle1 ( Regions, RegionErosion1, 11, 11)
* 生成短轴 11，长轴 13 的椭圆形区域，作为结构元素
gen_ellipse (Ellipse, 100, 100, 0, 13, 11)
* 使用生成的椭圆形结构元素腐蚀得到区域
erosion1 (Regions, Ellipse, RegionErosion2, 1)
* 使用生成的椭圆形结构元素腐蚀得到区域（可设置参考点）
erosion2 (Regions, Ellipse, RegionErosion3, 0, 0, 1)
```

程序执行结果如图 7.7 所示。

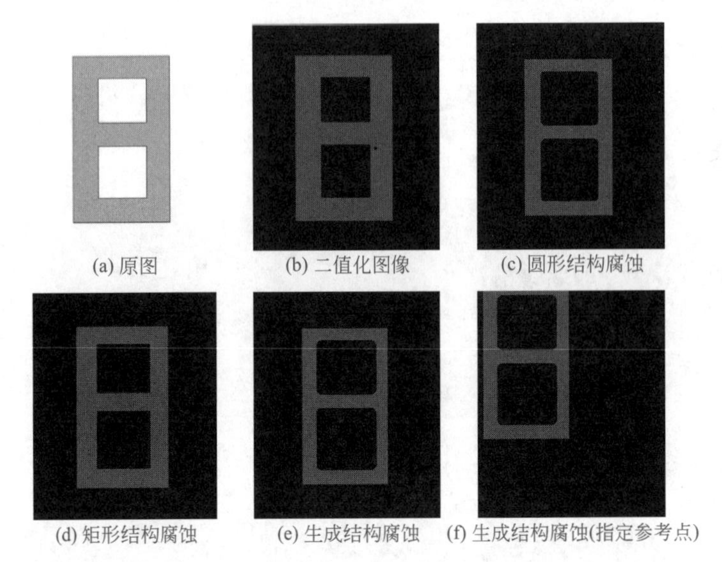

图 7.7 利用不同的腐蚀算子得到不同的腐蚀结果图

7.2.2 膨胀

（1）理论基础

膨胀是腐蚀运算的对偶运算，集合 A 被集合 B 膨胀表示为 $A \oplus B$，数学形式为

$$A \oplus B = \left\{ z \middle| (\hat{B})_z \cap A \neq \varnothing \right\} \tag{7.3}$$

其中，$\varnothing$ 为空集，B 为结构元素。A 被 B 膨胀是所有结构元素原点位置组成的集合，其中映射并平移后的 B 至少与 A 的某些部分重叠。膨胀可以填充图像内部的小孔及图像边缘处的小凹陷部分，并能够磨平图像向外的尖角，如图 7.8 所示。

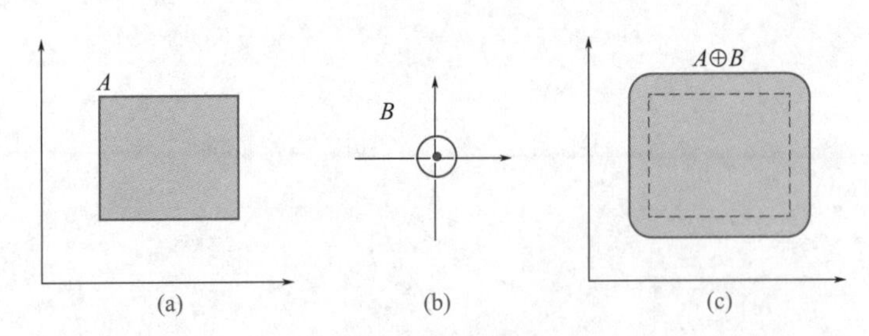

图 7.8 膨胀示意图

在实际应用中，可以举一个例子说明，如图 7.9 所示。

说明：图（a）是被处理的二值图像，图（b）是结构元素，图（c）为膨胀后得到的图像。膨胀的方法是，拿图（b）的中心点和图（a）上的点一个一个地对比，如果结构元素上有一个点落在图（a）的范围内，则该点为黑。从图（c）可以看出，它包括原图（a）的所有范围，就像图（a）被膨胀了一圈一样。

（2）HALCON 中的膨胀运算

在 HALCON 中关于膨胀的相关算子如下：

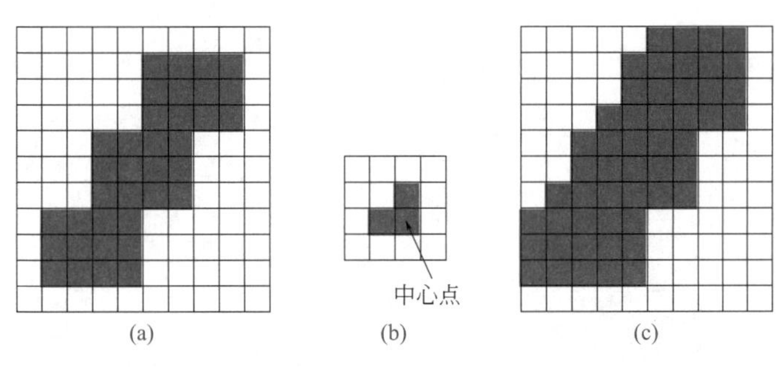

图 7.9 二值图像的膨胀过程

① 使用圆形结构元素对区域进行膨胀操作如下：

```
dilation_circle(Region : RegionDilation : Radius : )
```

Region：要进行膨胀操作的区域。

RegionDilation：膨胀后获得的区域。

Radius：圆形结构元素的半径。

② 使用矩形结构元素对区域进行膨胀操作如下：

```
dilation_rectangle1(Region : RegionDilation : Width, Height : )
```

Region：要进行膨胀操作的区域。

RegionDilation：膨胀后获得的区域。

Width、Height：矩形结构元素宽和高。

③ 使用生成的结构元素对区域进行膨胀操作如下：

```
dilation1(Region, StructElement : RegionDilation : Iterations : )
```

Region：要进行膨胀操作的区域。

StructElement：生成的结构元素。

RegionDilation：膨胀后获得的区域。

Iterations：迭代次数，即膨胀的次数。

④ 使用生成的结构元素对区域进行膨胀操作（可设置参考点位置）如下：

```
dilation2(Region, StructElement : RegionDilation : Row, Column, Iterations : )
```

Region：要进行膨胀操作的区域。

StructElement：生成的结构元素。

RegionDilation：膨胀后获得的区域。

Row、Column：设置参考点位置，一般即原点位置。

Iterations：迭代次数，即膨胀的次数。

dilation2 与 dilationl 的不同类似于 erosion2 与 erosionl 的区别。

利用不同的膨胀算子得到不同的膨胀结果实例。

程序如下：

```
dev_close_window ()
* 获取图像
read_image (Image, 'E:/《机器视觉案例》/案例原图/第 7 章/7.1.png')
* 获取图像的尺寸
get_image_size (Image, Width, Height)
* 创建新的显示窗口（适应图像尺寸）
dev_open_window (0, 0, Width, Height, 'black', WindowHandle)
* 显示图像
dev_display (Image)
* 将图像转化为灰度图像
rgb1_to_gray (Image, GrayImage)
* 将图像通过阈值处理转化为二值化图像
threshold (GrayImage, Regions, 134, 239)
* 使用半径为 11 的圆形结构膨胀得到区域
dilation_circle (Regions, RegionDilation, 11)
* 使用长为 13，宽为 11 的矩形结构元素膨胀得到区域
dilation_rectangle1 (Regions, RegionDilation1, 11, 13)
* 生成短轴 11，长轴 13 的椭圆形区域，作为结构元素
gen_ellipse (Ellipse, 100, 100, 0, 13, 11)
* 使用生成的椭圆形结构元素膨胀得到区域
dilation1 (Regions, Ellipse, RegionDilation2, 1)
* 使用生成的椭圆形结构元素膨胀得到区域（可设置参考点）
```

程序执行结果如图 7.10 所示。

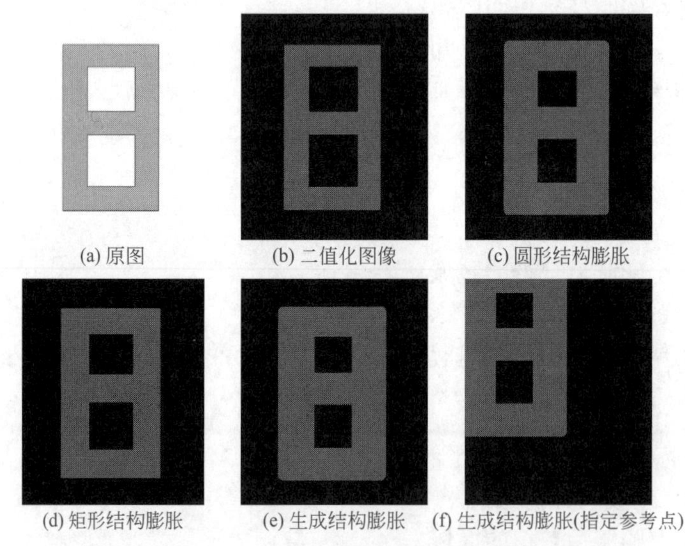

(a) 原图　(b) 二值化图像　(c) 圆形结构膨胀
(d) 矩形结构膨胀　(e) 生成结构膨胀　(f) 生成结构膨胀(指定参考点)

图 7.10　利用不同的膨胀算子得到不同的膨胀结果图

7.2.3　开、闭运算

腐蚀与膨胀是形态学运算的基础，在实际检测的过程中，常常要组合运用腐蚀与膨胀对图像进行处理。开运算与闭运算是由腐蚀和膨胀复合而成的，开运算是先腐蚀后膨胀，闭运算是先膨胀后腐蚀，可以在保留图像主体部分的同时，处理图像中出现的各种杂点、空洞、小的间隙、毛糙的边缘等。合理地运用开运算与闭运算，能简化操作步骤，有效地优化目标

区域，使提取出的范围更为理想。

（1）开运算

开运算的计算步骤是先腐蚀，后膨胀。通过腐蚀运算能去除小的非关键区域，也可以把离得很近的元素分隔开，再通过膨胀填补过度腐蚀留下的空隙。因此，通过开运算能去除一些孤立的、细小的点，平滑毛糙的边缘线，同时原区域面积也不会有明显的改变，类似于一种“去毛刺”的效果。结构元 B 对集合 A 的开操作，用符号表示为 $A\circ B$，其定义如下：

$$A\circ B=(A\Theta B)\oplus B \tag{7.4}$$

开运算操作有一个简单的集合解释，假设我们将结构元素 B 看作一个转动的扁平小球，$A\circ B$ 的边界由 B 中的点建立，当 B 在 A 的边界内侧滚动时，B 所能到达的 A 的边界最远点的集合就是开运算的区域。图 7.11 表示结构元 B（黑点表示 B 的原点）在集合 A 的内侧边滚动，最后得到进行开运算结果（阴影部分）的示意图。

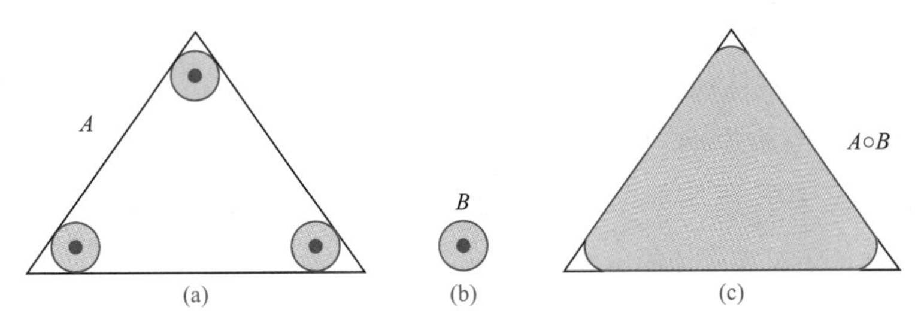

图 7.11　开运算示意图

（2）闭运算

闭运算是开运算的对偶运算，定义为先作膨胀然后再作腐蚀。表示为：

$$A\cdot B=(A\oplus B)\Theta B \tag{7.5}$$

开运算和闭运算彼此对偶，因此，闭运算的集合解释和开运算类似。当 B 在 A 的边界外侧滚动时，B 中的点所能达到的最靠近 A 的外边界的位置就构成了闭运算的区域，图 7.12 表示结构元 B（黑点表示 B 的原点）在集合 A 的外侧边滚动，最后得到进行闭运算结果（阴影部分）的示意图。

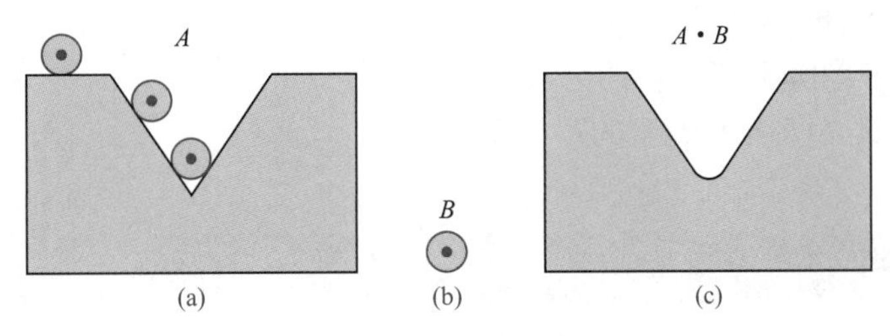

图 7.12　闭运算示意图

（3）HALCON 中开、闭运算

在 HALCON 中关于开、闭运算的相关算子如下：

① 使用生成的结构元素对区域进行开运算操作如下：

```
opening(Region, StructElement : RegionOpening : : )
```

Region：要进行开运算操作的区域。
StructElement：生成的结构元素。
RegionOpening：开运算后获得的区域。
② 用圆形结构元素对区域进行开运算操作如下：

```
opening_circle(Region : RegionOpening : Radius : )
```

Region：要进行开运算操作的区域。
RegionOpening：开运算后获得的区域。
Radius：圆形结构元素的半径。
③ 使用矩形结构元素对区域进行开运算操作如下：

```
opening_rectangle1(Region : RegionOpening : Width, Height : )
```

Region：要进行开运算操作的区域。
RegionOpening：开运算后获得的区域。
Width、Height：矩形结构元素的宽和高。
④ 使用生成的结构元素对区域进行闭运算操作如下：

```
closing(Region, StructElement : RegionClosing : : )
```

Region：要进行闭运算操作的区域。
StructElement：生成的结构元素。
RegionClosing：闭运算后获得的区域。
⑤ 使用圆形结构元素对图像进行闭运算操作如下：

```
closing_circle(Region : RegionClosing : Radius : )
```

Region：要进行闭运算操作的区域。
RegionClosing：闭运算后获得的区域。
Radius：圆形结构元素的半径。
⑥ 使用矩形结构元素对区域进行闭运算操作如下：

```
closing_rectangle1(Region : RegionClosing : Width, Height : )
```

Region：要进行闭运算操作的区域。
RegionClosing：闭运算后获得的区域。
Width、Height：矩形结构元素的宽和高。

例 7.3 HALCON 开、闭运算实例。

程序如下：

```
* 读取图像
read_image (Image, 'E:/《机器视觉案例》/ 案例原图 / 第 7 章 /7.3 开运算 .png')
dev_close_window ()
rgb1_to_gray (Image, GrayImage)
get_image_size (GrayImage, Width, Height)
dev_open_window (0, 0, Width / 2, Height / 2, 'black', WindowID)
```

```
dev_display (GrayImage)
threshold (GrayImage, Regions1, 25, 189)
* 开运算
opening_circle (Regions1, RegionOpening,11)
opening_rectangle1 (Regions1, RegionOpening1,11, 11)
* 创建椭圆
gen_ellipse (Ellipse, 200, 200, 0, 11, 13)
* 开运算
opening (Regions1, Ellipse, RegionOpening2)
dev_display (RegionOpening)
dev_display (RegionOpening1)
dev_display (RegionOpening2)
```

程序执行结果如图 7.13 所示。

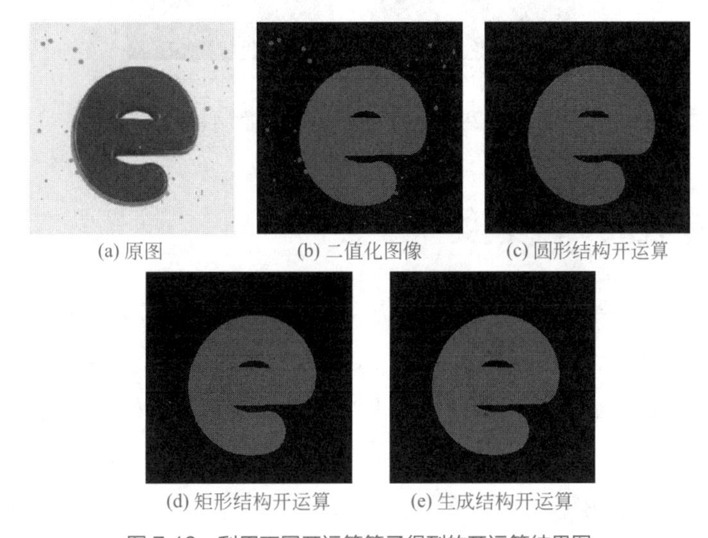

(a) 原图　(b) 二值化图像　(c) 圆形结构开运算

(d) 矩形结构开运算　(e) 生成结构开运算

图 7.13　利用不同开运算算子得到的开运算结果图

闭运算程序如下：

```
read_image (Image, 'E:/《机器视觉案例》/案例原图/第 7 章/7.3 闭运算.png')
dev_close_window ()
rgb1_to_gray (Image, GrayImage)
get_image_size (GrayImage, Width, Height)
dev_open_window (0, 0, Width / 2, Height / 2, 'black', WindowID)
dev_display (GrayImage)
threshold (GrayImage, Regions1, 25, 189)
* 闭运算
closing_circle (Regions1, RegionClosing, 7)
closing_rectangle1 (Regions1, RegionClosing1, 9, 9)
* 创建椭圆
gen_ellipse (Ellipse, 200, 200, 0, 5, 7)
* 闭运算
closing (Regions1, Ellipse, RegionClosing2)
dev_display (RegionClosing)
dev_display (RegionClosing1)
dev_display (RegionClosing2)
```

程序执行结果如图 7.14 所示。

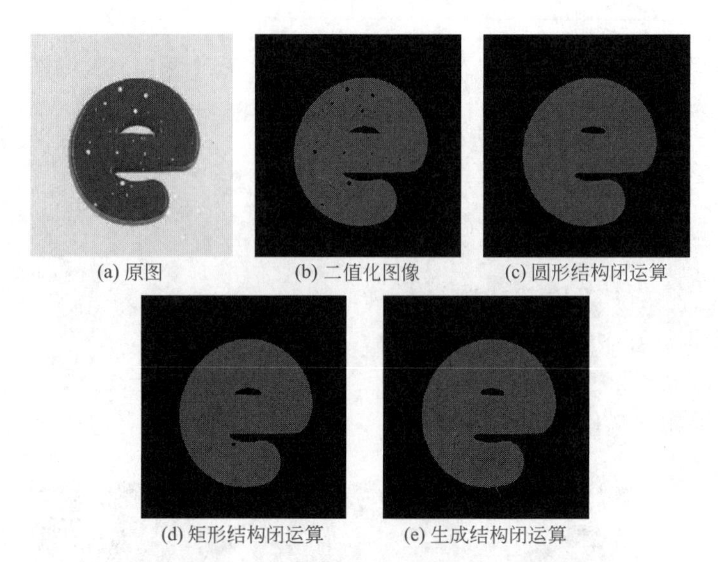

图 7.14　利用不同闭运算算子得到的闭运算结果图

7.2.4　击中击不中变换

形态学击中或击不中变换是形状检测的一个基本工具，例如识别孤立的前景像素或者线段的端点像素是非常有效的。A 被 B 击中或者击不中变换定义为 $A \otimes B$。其中，结构元素 B 不是单个像素，而是 $B=(B_1,B_2)$。击中或击不中变换由这两个结构元素定义为：

$$A \otimes B=(A \Theta B_1)\bigcap(A^{c} \Theta B_2) \tag{7.6}$$

击中击不中变换过程如图 7.15 表示。

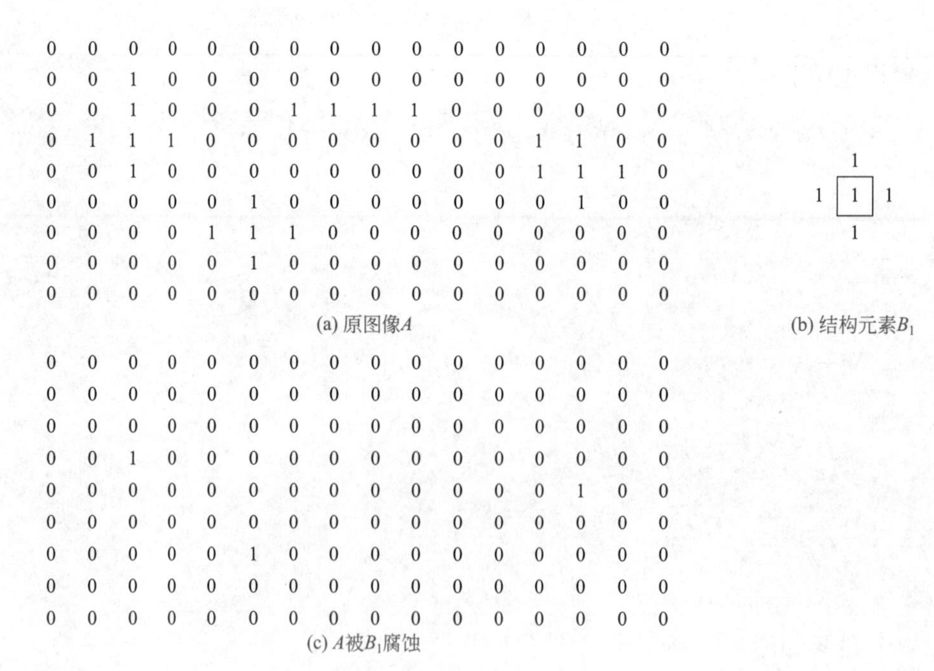

```
1 1 1 1 1 1 1 1 1 1 1 1 1 1 1 1
1 1 0 1 1 1 1 1 1 1 1 1 1 1 1 1
1 1 0 1 1 1 0 0 0 0 1 1 1 1 1 1
1 0 0 0 1 1 1 1 1 1 1 1 0 0 1 1
1 1 0 1 1 1 1 1 1 1 1 1 0 0 0 1
1 1 1 1 1 0 1 1 1 1 1 1 1 0 1 1
1 1 1 1 0 0 0 1 1 1 1 1 1 1 1 1
1 1 1 1 1 0 1 1 1 1 1 1 1 1 1 1
1 1 1 1 1 1 1 1 1 1 1 1 1 1 1 1
```

(d) 原图像的补集A^c

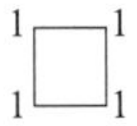

```
1 1
1 1
```

(e) 结构元素B_2

```
1 0 1 0 1 1 1 1 1 1 1 1 1 1 1 1
1 0 1 0 1 0 0 0 0 0 0 1 1 1 1 1
0 0 0 0 0 1 1 1 1 1 1 0 0 0 0 1
1 0 1 0 1 0 0 0 0 0 0 0 0 0 0 0
1 1 0 1 1 1 1 1 1 1 1 1 0 0 0 1
1 0 1 0 0 0 0 0 1 1 1 0 0 0 0 0
1 1 1 1 0 1 0 1 1 1 1 1 0 1 0 1
1 1 1 0 0 0 0 0 1 1 1 1 1 1 1 1
1 1 1 1 0 1 0 1 1 1 1 1 1 1 1 1
```

(f) A^c被B_2腐蚀

```
0 0 0 0 0 0 0 0 0 0 0 0 0 0 0 0
0 0 0 0 0 0 0 0 0 0 0 0 0 0 0 0
0 0 0 0 0 0 0 0 0 0 0 0 0 0 0 0
0 0 1 0 0 0 0 0 0 0 0 0 0 0 0 0
0 0 0 0 0 0 0 0 0 0 0 0 0 0 0 0
0 0 0 0 0 0 0 0 0 0 0 0 0 0 0 0
0 0 0 0 0 1 0 0 0 0 0 0 0 0 0 0
0 0 0 0 0 0 0 0 0 0 0 0 0 0 0 0
0 0 0 0 0 0 0 0 0 0 0 0 0 0 0 0
```

(g) 输出图像

图7.15　击中击不中变换过程图

击中击不中操作使用了两个结构元素，其中一个用于击中，另一个用于击不中。结构元素击中部分必须在区域内部，结构元素击不中部分必须在区域外。在HALCON中击中与击不中变换算子如下：

```
hit_or_miss(Region, StructElement1, StructElement2 : RegionHitMiss : Row, Column : )
```

Region：要进行击中击不中运算的区域。

StructElementl：用于击中的结构元素。

StructElement2：用于击不中的结构元素。

RegionHitMiss：击中击不中运算后获得的区域。

Row、Column：参考点的坐标。

7.3 灰度图像的形态学运算

在上一节的介绍中，所有的算子都是基于区域的，输入的参数类型是 Region。区域的灰度是二值的，不会发生变化，如通过腐蚀使区域面积变小，或者通过膨胀使区域面积变大等。而如果要对灰度图像进行形态学操作，变的则是像素的灰度，表现为灰度图像上的亮区域或暗区域的变化。在本节的内容中，我们将一起来学习关于灰度图像的形态学运算相关内容，在本节中，所运用到的算子的输入类型均是灰度的 Image 图像。

7.3.1 灰度腐蚀

（1）理论基础

与区域腐蚀类似，灰度值腐蚀收缩前景并扩大背景。所以，灰度值腐蚀能够被用来分开相互连接的亮物体和连接支离破碎的暗物体。设 $f(x,y)$ 是输入函数，$b(x,y)$ 是结构元素，不过此处的 b 可以看作是一个子图像函数，利用结构元素 b 对 f 进行腐蚀定义为：

$$(f\Theta b)(x,y)=\min\{f(x+x',y+y')-b(x',y')\big|(x+x',y+y')\in D_f);(x+x')\in D_b\}\tag{7.7}$$

式中，D_f 和 D_b 分别是 f 和 b 的定义域，用自然语言描述即腐蚀运算是由结构元素确定的邻域块中选取图像值与结构元素值的差的最小值。 如果只有一个变量时，可以用一维的腐蚀来说明式（7.7）的原理，此时表达式可简化为：

$$(f\Theta b)(x)=\min\{f(x+x')-b(x')\big|(x+x')\in D_f);(x')\in D_b\}\tag{7.8}$$

不同于二值图像腐蚀定义，在灰度图像腐蚀过程中是 f 在平移，而不是结构元素 b 在平移。由于 f 在 b 上滑动同 b 在 f 上滑动在概念上是一致的，公式（7.7）可以把 b 写成平移函数。图 7.16 展示了通过图（b）的结构元素腐蚀图（a）函数的结果。

正如公式（7.7）所示，腐蚀是在结构元素定义的领域内选择 $f-b$ 的最小值，因而，对灰度图像的膨胀处理通常可得到两种结果：①如果所有的结构元素都为正，则输出图像将趋向比输入图像暗；②在比结构元素还小的区域中的明亮细节经腐蚀处理后其效果将减弱，减弱的程度取决于环绕亮度区域的灰度值以及结构元素自身的形状和幅值。

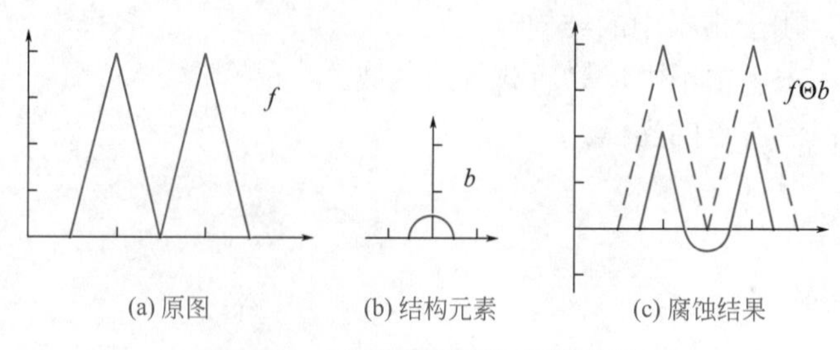

图 7.16 利用半圆形结构元素的腐蚀

（2）HALCON 中的灰度腐蚀算子

① 使用生成结构元素对灰度图像进行腐蚀操作。

```
gray_erosion(Image, SE : ImageErosion : : )
```

Image：要进行腐蚀操作的图像。
SE：生成的结构元素。
ImageErosion：腐蚀后获得的灰度图像。

② 使用矩形结构元素对灰度图像进行腐蚀操作。

```
gray_erosion_rect(Image : ImageMin : MaskHeight, MaskWidth : )
```

Image：要进行腐蚀操作的灰度图像。
ImageMin：腐蚀后获得的灰度图像。
MaskHeight：滤波模板的高度。
MaskWidth：滤波模板的宽度。

③ 使用多边形结构元素对灰度图像进行腐蚀操作。

```
gray_erosion_shape(Image : ImageMin : MaskHeight, MaskWidth, MaskShape : )
```

Image：要进行腐蚀操作的灰度图像。
ImageMin：腐蚀后获得的灰度图像。
MaskHeight：滤波模板的高度。
MaskWidth：滤波模板的宽度。
MaskShape：模板的形状，可选参数为“octagon”“rectangle”“rhombus”。

7.3.2 灰度膨胀

（1）理论基础

与灰度腐蚀相似，函数 b 对函数 f 进行灰度膨胀运算可定义为：

$$(f\oplus b)(x,y)=\max\{f(x-x',y-y')+b(x',y')\big|(x-x',y-y')\in D_f;(x',y')\in D_b\} \tag{7.9}$$

与前面一样，式中，D_f 和 D_6 分别是 f 和 b 的定义域。用自然语言描述即膨胀运算是由结构元素确定的邻域块中选取图像值与结构元素值的和的最大值。如果只有一个变量时，可以用一维的腐蚀来说明式（7.9）的原理，此时表达式可简化为：

$$(f\oplus b)(x)=\max\{f(x-x')+b(x')\big|(x-x')\in D_f;(x')\in D_b\} \tag{7.10}$$

由于膨胀操作是由结构元素形状定义的邻域中选择 $f-b$ 的最大值，因而通常对灰度图像的膨胀处理方法可得到两种结果：①如果所有的结构元素都为正，则输出图像将趋向比输入图像亮；②黑色细节减少或去除取决于在膨胀操作中结构元素相关的值和形状。图 7.17 展示了通过图（b）的结构元素腐蚀图（a）函数的结果。

（2）HALCON 中的灰度膨胀算子

① 使用生成的结构元素对灰度图像进行膨胀操作。

```
gray_dilation(Image, SE : ImageDilation : : )
```

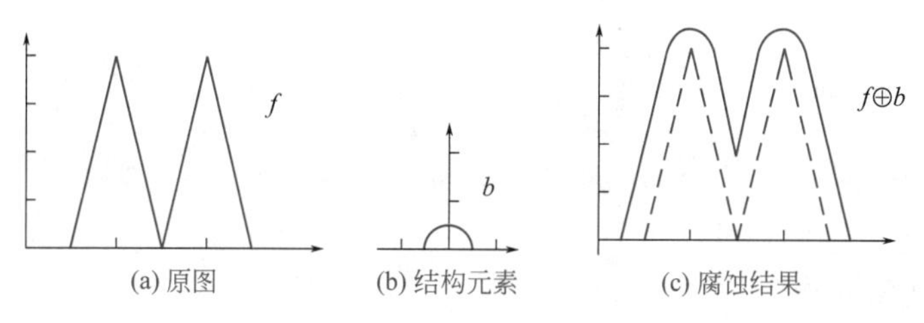

图 7.17　灰度膨胀

Image：要进行膨胀操作的灰度图像。

SE：生成的结构元素。

ImageDilation：膨胀后获得的灰度图像。

② 使用矩形结构元素对灰度图像进行腐蚀操作。

```
gray_dilation_rect(Image : ImageMax : MaskHeight, MaskWidth : )
```

Image：要进行膨胀操作的灰度图像。

ImageMax：膨胀后获得的灰度图像。

MaskHeight：滤波模板的高度。

Mask Width：滤波模板的宽度。

③ 使用多边形结构元素对灰度图像进行膨胀操作。

```
gray_dilation_shape(Image : ImageMax : MaskHeight, MaskWidth, MaskShape : )
```

Image：要进行膨胀操作的图像。

ImageMax：膨胀后获得的图像。

MaskHeight：滤波模板的高度。

MaskWidth：滤波模板的宽度。

MaskShape：模板的形状，可选参数为“octagon”“rectangle”“rhombus”。

7.3.3　灰度图像的开、闭运算

（1）理论基础

灰度图像开、闭运算与二值图像类似，结构元素 b 对灰度图像作开运算处理，就是对灰度图像先腐蚀后膨胀，即：

$$f \circ b = (f \Theta b) \oplus b \tag{7.11}$$

结构元素 b 对信号 f 进行开运算的过程如图 7.18 所示。从图中可以看出，开运算可以滤掉信号向上的小噪声，且保持信号的基本形状不变。噪声的滤除效果与所选结构元素的大小和形状有关。

灰度图像闭运算是开运算的对偶运算，结构元素 b 对灰度图像作闭运算处理，就是对灰度图像先膨胀后腐蚀，即：

$$f \cdot b = (f \oplus b) \Theta b \tag{7.12}$$

结构元素 b 对信号 f 进行闭运算的过程如图 7.19 所示。从图中可以看出，闭运算可以滤掉信号向下的小噪声，且保持信号的基本形状不变。与开运算相同，噪声的滤除效果与所选结构元素的大小和形状有关。

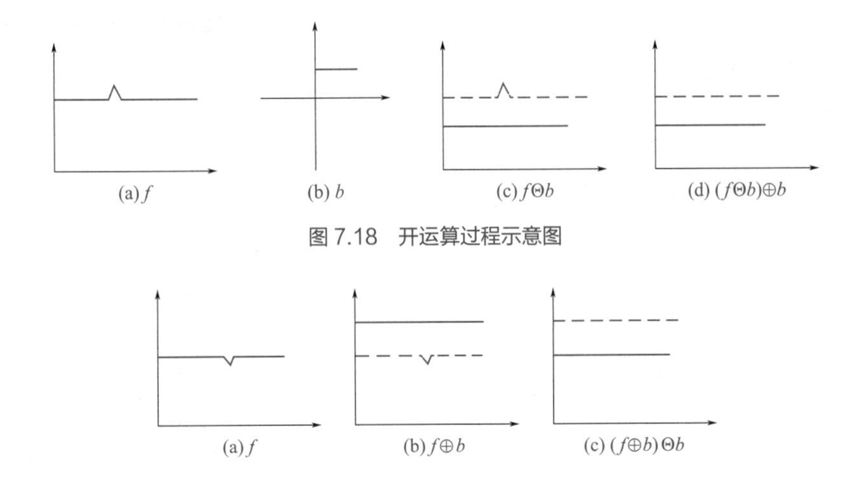

图 7.18　开运算过程示意图

图 7.19　闭运算过程示意图

（2）HALCON 中的灰度图像开、闭运算算子

① 使用生成的结构元素对灰度图像进行开运算操作。

```
gray_opening(Image, SE : ImageOpening : : )
```

Image：要进行开运算操作的灰度图像。

SE：生成的结构元素。

ImageOpening：执行开运算后的灰度图像。

② 使用矩形结构元素对灰度图像进行开运算操作。

```
gray_opening_rect(Image : ImageOpening : MaskHeight, MaskWidth : )
```

Image：要进行开运算操作的灰度图像。

ImageOpening：开运算后获得的灰度图像。

MaskHeight：滤波模板的高度。

MaskWidth：滤波模板的宽度。

③ 使用多边形结构元素对灰度图像进行开运算操作。

```
gray_opening_shape(Image : ImageOpening : MaskHeight, MaskWidth, MaskShape : )
```

Image：要进行开运算操作的灰度图像。

ImageOpening：开运算后获得的灰度图像。

MaskHeight：滤波模板的高度。

MaskWidth：滤波模板的宽度。

MaskShape：模板的形状，可选参数包括“octagon”“rectangle”“rhombus”。

④ 使用生成的结构元素对灰度图像进行闭运算操作。

```
gray_closing(Image, SE : ImageClosing : : )
```

Image：要进行闭运算操作的灰度图像。

SE：生成的结构元素。

ImageClosing：闭运算后获得的灰度图像。

⑤ 使用矩形结构元素对灰度图像进行闭运算操作。

```
gray_closing_rect(Image : ImageClosing : MaskHeight, MaskWidth : )
```

Image：要进行闭运算操作的灰度图像。
ImageClosing：闭运算后获得的灰度图像。
MaskHeight：滤波模板的高度。
MaskWidth：滤波模板的宽度。
⑥ 多边形结构元素对灰度图像进行闭运算操作。

```
gray_closing_shape(Image : ImageClosing : MaskHeight, MaskWidth, MaskShape : )
```

Image：要进行闭运算操作的灰度图像。
ImageClosing：闭运算后获得的灰度图像。
MaskHeight：滤波模板的高度。
MaskWidth：滤波模板的宽度。
MaskShape：模板的形状，可选参数包括“octagon”“rectangle”“rhombus”。

例 7.4 灰度图像的腐蚀与膨胀、开运算与闭运算操作实例。

程序如下：

```
* 获取图像
read_image (Picture, 'E:/《机器视觉案例》/案例原图/第7章/7.4.png')
* 获取图像尺寸大小
get_image_size (Picture, Width, Height)
* 打开与图像适应大小的窗口，并显示图像
dev_open_window (0, 0, Width, Height, 'black', WindowHandle)
dev_display (Picture)
* 对灰度图像进行腐蚀操作
gray_erosion_shape (Picture, ImageMin, 5, 5, 'octagon')
* 对灰度图像进行膨胀操作
gray_dilation_shape (Picture, ImageMax, 5, 5, 'octagon')
* 对灰度图像进行开运算操作
gray_opening_shape (Picture, ImageOpening, 5, 5, 'octagon')
* 对灰度图像进行闭运算操作
gray_closing_shape (Picture, ImageClosing, 5, 5, 'octagon')
```

程序执行结果如图 7.20 所示。

(a) 原图

(b) 对灰度进行腐蚀

(c) 对灰度图像进行膨胀

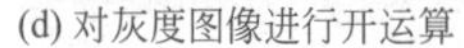

(e) 对灰度图像进行闭运算

图 7.20 灰度图像的腐蚀与膨胀、开运算与闭运算操作结果图

7.3.4 顶帽运算和底帽运算

（1）理论基础

在实际检测过程中，顶帽运算和底帽运算就是在开运算和闭运算的基础上，来处理图像中出现的各种杂点、空洞、小的间隙、毛糙的边缘等。灰度图像f的顶帽运算就是在原始的灰度图像的基础上减去开运算的图像，表达式如下：

$$That(f) = f - (f \circ g) \tag{7.13}$$

灰度图像f的底帽运算就是在原始的灰度图像的闭运算的基础上减去原图像，表达式如下：

$$That(f) = f - (f \cdot g) \tag{7.14}$$

（2）在 HALCON 中的顶帽运算及底帽运算

① 灰度图顶帽变换操作。

```
gray_tophat(Image, SE : ImageTopHat : : )
```

Image：要进行顶帽变换的灰度图像。

SE：生成的结构元素。

ImageTopHat：顶帽变换后获得的图像。

② 灰度图底帽变换操作。

```
gray_bothat(Image, SE : ImageBotHat : : )
```

Image：要进行底帽变换的灰度图像。

SE：生成的结构元素。

ImageBotHat：底帽变换后获得的图像。

例 7.5 灰度图像的顶帽、底帽运算。

程序如下：

```
* 关闭窗口
dev_close_window ()
```

```
* 获取图像
read_image (image, 'E:/《机器视觉案例》/案例原图/第 7 章/7.5.png')
* 获取图像尺寸大小，打开适应图像大小的窗口
get_image_size (image, Width, Height)
dev_open_window (0, 0, Width, Height, 'black', WindowHandle)
* 并显示图像
dev_display (image)
* 图像灰度化
rgb1_to_gray (image2, GrayImage)
* 生成结构半径为 5 的圆形结构
gen_disc_se (SE, 'byte', 21, 21, 0)
* 对图像进行顶帽运算处理
gray_tophat (GrayImage, SE, ImageTopHat)
* 对图像进行底帽运算处理
gray_bothat (GrayImage, SE, ImageBotHat)
```

程序执行结果如图 7.21 所示。

(a) 灰度图像

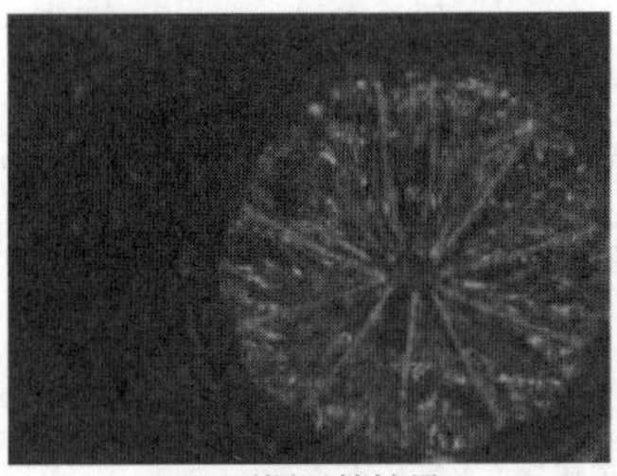
(b) 顶帽运算结果

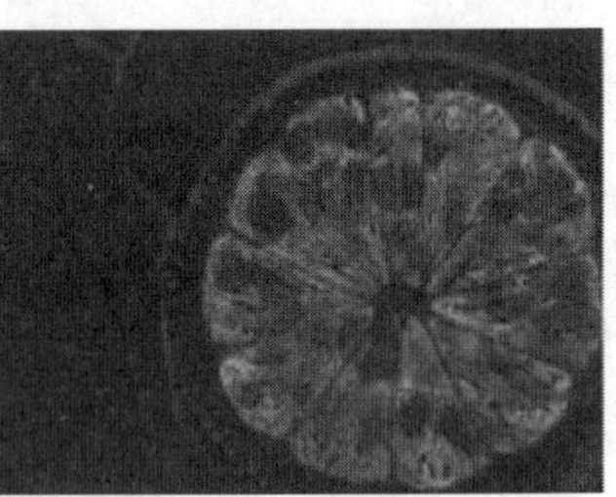
(c) 底帽运算结果

图 7.21　灰度图像的顶帽、底帽运算结果

可以看出，顶帽操作只保留了一些高亮的区域，偏暗的部分都被去除了，而后面较亮的背景也被去除。根据上面开运算的图可以知道，开运算保留了偏亮部分，用原图减去开运算，只保留高亮的部分。闭运算得到的是比较亮的部分，用原图减去闭运算，得到比较暗部的细节。

7.4 二值图像的基本形态学算法

通过前面两节的介绍，我们现在可以考虑形态学的一些实际用途。在处理二值图像时，形态学的主要应用之一是提取用于表示和描述形状的图像成分。特别是我们要考虑提取边界、连通分量、凸壳和区域的骨架的形态学算法。在介绍每一种形态学处理时，为了弄清楚每种处理的机理，我们将在这一小节中广泛地使用“迷你图像”。这些图像以图形的方式显示，用 1 表示阴影区域，而用 0 表示白色。

7.4.1 边界提取

(1) 理论基础

要在二值图像中提取物体的边界，容易想到的一个方法是将所有物体内部的点删除（置为背景色）。当我们逐行扫描原图像时，如果发现一个黑点的 8 邻域都是黑点，那么该点被认为是内部点，对于内部点需要在目标图像上将它删除，只有那些 8 邻域都是黑点的内部点被保存，这相当于采用一个 $c3\times3$ 的结构元素对原图像进行腐蚀，再用原图像减去腐蚀后的图像，这样就恰好删除了这些内部点留下了边界。

集合 A 的边界记为 $\beta(A)$，设 B 为一个合适的结构元素，边界提取可表示为：

$$\beta(A) = A - (A\Theta B) \tag{7.15}$$

过程如图 7.22 所示。

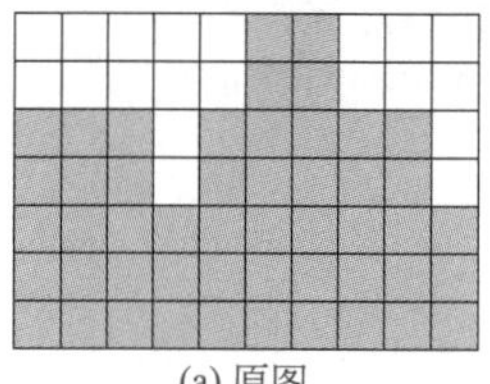
(a) 原图

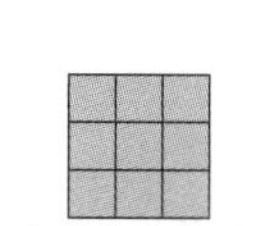
(b) 腐蚀的结构元素B

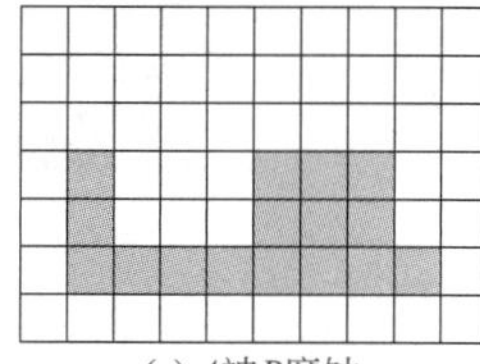
(c) A被B腐蚀

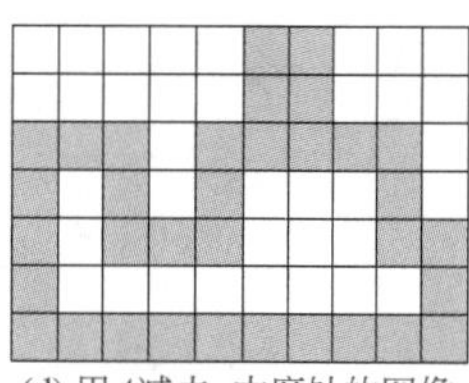
(d) 用A减去c中腐蚀的图像

图 7.22 边界提取过程

图 7.22 表示了一个简单的二值图像提取边缘的过程，这里要注意的一点是，图 7.22（b）的结构元素是常用的一种，但它绝不是唯一的。例如，使用一组 5×5 的结构元，将获得 2 ～ 3 个像素宽的边界。

(2) HALCON 中的边界提取算子

在 HALCON 中求取区域的边界的算子如下：

```
boundary(Region : RegionBorder : BoundaryType : )
```

Region：想要进行边界提取的区域。

RegionBorder：边界提取后获得的边界区域。

BoundaryType：边界提取的类型。

在边界的提取类型中，“inner”表示内边界；“inner_filled”表示内边界填充，“outer”表示外边界。

例 7.6 边界提取实例。

程序如下：

```
* 关闭窗口
dev_close_window ()
* 获取图像
read_image (Image, 'E:/《机器视觉案例》/ 案例原图 / 第 7 章 /7.6.png')
* 获取图像大小
get_image_size (Image, Width, Height)
```

```
* 打开适应图像大小的窗口
dev_open_window (0, 0, Width, Height, 'black', WindowHandle)
* 显示图像
dev_display (Image)
* 将图像二值化
threshold (Image12, Regions, 76, 255)
* 边界提取
boundary (Regions, RegionBorder, 'inner')
```

程序执行结果如图 7.23 所示。

(a) 原图

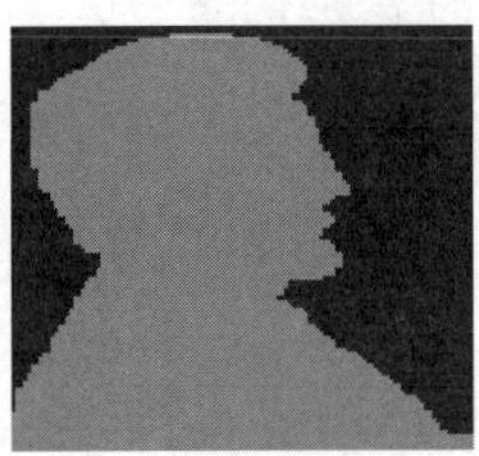
(b) 二值化提取区域

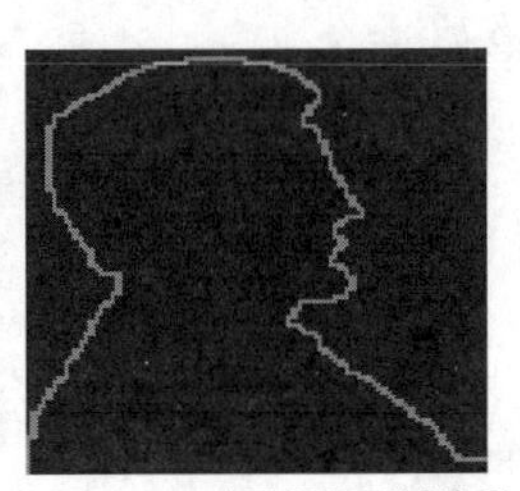
(c) boundary式子提取区域边界

图 7.23　边界提取结果图

7.4.2　孔洞填充

（1）理论基础

一个孔洞可以定义为由前景像素相连接的边界所包围的一个背景区域。这一节我们将针对填充图像的孔洞介绍一种基于集合膨胀、求补集和交集的算法。令 A 表示包含一个子集的集合，子集的元素是 8 连通的边界。每个边界包围一个背景区域（即一个孔洞），给定每一个孔洞中一个点，然后从该点开始填充整个边界包围的区域，公式如下：

$$X_k = (X_{k-1} \oplus B) \cap A^c \qquad k = 1, 2, \cdots \tag{7.16}$$

式中，B 是结构元素，当 k 迭代到 $X_k = X_{k-1}$，则算法结束洞。X_k 和 A 的并集包含了所有填充的孔洞及这些孔洞的边界。如果式（7.16）不加限制，膨胀过程将一直进行，它将填充整个区域，然而每一步中与 A^c 的交集操作把结果限制在感兴趣区域内（这种限制过程有时称为条件膨胀），过程如图 7.24 所示。

（2）HALCON 中的孔洞填充算子

① 孔洞填充算子。

```
fill_up(Region : RegionFillUp : : )
```

Region：需要进行填充的区域。

RegionFillUp：填充后获得的区域。

② 某形状特征的孔洞区域填充。

```
fill_up_shape(Region : RegionFillUp : :Feature, Min, Max )
```

Region：需要填充的区域。

RegionFillUp：填充后得到的区域。

Feature：形状特征。

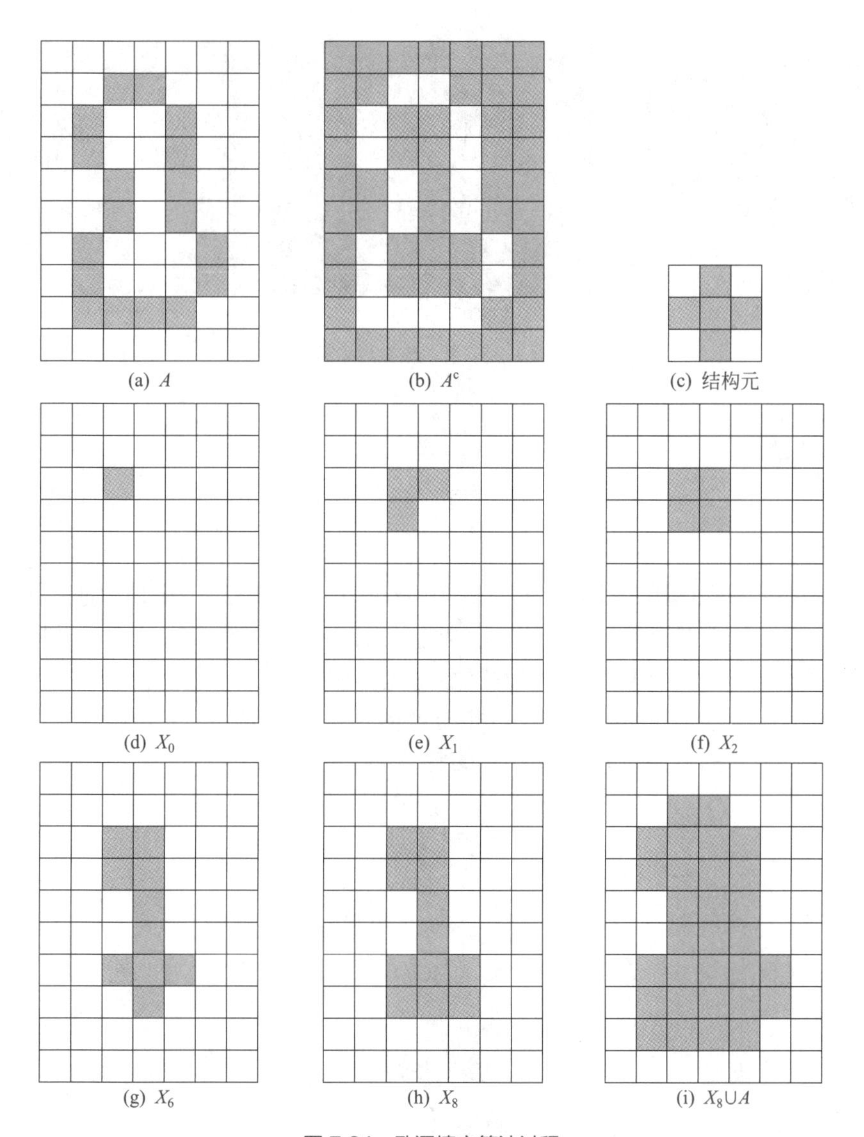

图 7.24　孔洞填充算法过程

Min、Max：形状特征的最小值与最大值。

例 7.7 孔洞填充实例。

程序如下：

```
* 获取图像
read_image (Aegyt1, 'egypt1')
* 将图像二值化
threshold (Aegyt1, Region, 0, 140)
* 填充孔洞
fill_up (Region, RegionFillUp)
```

程序执行结果如图 7.25 所示。

(a) 原图

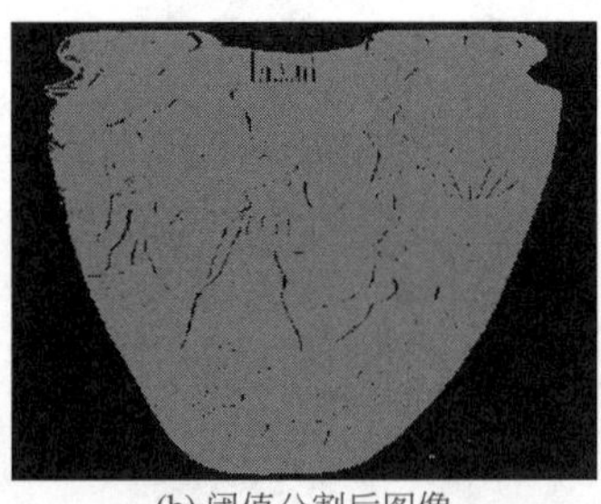
(b) 阈值分割后图像

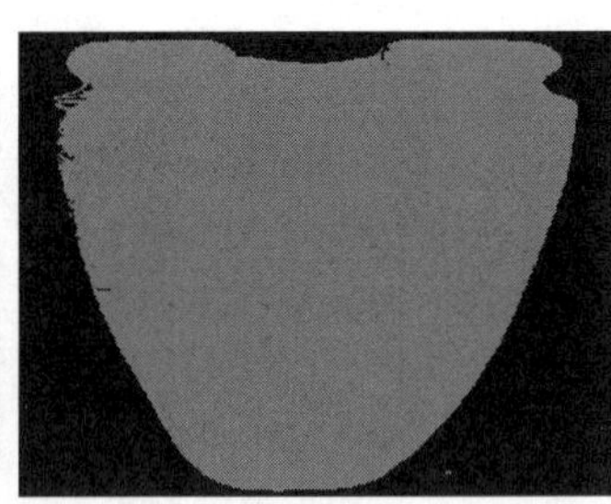
(c) 孔洞填充

图 7.25　孔洞填充结果图

7.4.3　骨架

（1）理论基础

“骨架”是指一幅图像的骨骼部分，它描述物体的几何形状和拓扑结构。计算骨架的过程一般称为“细化”或“骨架化”，在包括文字识别、工业零件形状识别以及印制电路板自动检测在内的很多应用中，细化过程都发挥着关键作用。

二值图像 A 的形态学骨架可以通过选定合适的结构元素 B，对 A 进行连续腐蚀和开运算求得。设 $S(A)$ 表示 A 的骨架，则求图像 A 的骨架的表达式为

$$S(A)=\bigcup_{k=0}^{K}S_k(A) \tag{7.17}$$

$$S_k(A)=(A\Theta kB)-(A\Theta kB)\circ B \tag{7.18}$$

其中 $S(A)$ 是 A 的第 n 个骨架子集，K 是 $A\Theta kB$ 运算将 A 腐蚀成空集前的最后一次迭代次数，即

$$K=\max\{n|(A\Theta kB)\neq\Omega\} \tag{7.19}$$

$A\Theta kB$ 表示连续 k 次用 B 对 A 进行腐蚀，即

$$(A\Theta kB)=((\cdots(A\Theta B)\Theta B)\Theta\cdots)\Theta B \tag{7.20}$$

（2）HALCON 中获得骨架的算子

```
skeleton(Region: Skeleton: :)
```

Region：要进行骨架运算的区域。

Skeleton：骨架处理后得到的区域。

例 7.8　骨架提取实例。

程序如下：

```
* 读取图像
read_image (Image, 'fabrik')
* 关闭窗口
```

```
dev_close_window ()
* 获得图像尺寸，打开与图像大小一样的窗口
get_image_size (Image, Width, Height)
dev_open_window (0, 0, Width, Height, 'black', WindowID)
dev_display (Image)
* 边缘检测
edges_image (Image, ImaAmp, ImaDir, 'lanser2', 0.5, 'nms', 8, 16)
* 阈值分割
threshold (ImaAmp, Region, 8, 255)
* 提取骨架
skeleton (Region, Skeleton)
```

程序执行结果如图 7.26 所示。

(a) 原图

(b) 骨架提取结果

图 7.26　骨架提取结果图

小结

在本章中，介绍了形态学的基本概念并学习了多种常见的形态学算法及其典型应用。腐蚀、膨胀和击中击不中是 3 种最基本的形态学算法，其中腐蚀计算用于消除图像中相对背景亮度较高的孤立像素点、收缩细化亮度较高的目标轮廓，并扩展较暗的背景。膨胀操作与其作用刚好相反。击中击不中操作则用于从图像中寻找具有某种像素排列特征的目标。经过对 3 种基本算法按照不同的作用顺序组合，可以得到更多的形态学处理算法。

图像的数学形态学处理通常使用具有一定形态的结构元素与图像进行形态学运算，并进而研究图像各部分的关系，以解决噪声抑制、特征提取、边缘检测、图像分割、形状识别、纹理分析、图像恢复与重建、图像压缩等图像处理问题。它既可作用于经阈值化处理得到的二值图像，也可用于处理灰度图像。图像形态学计算过程中，结构元素的尺寸、元素的数值、待处理图像的像素边框形状和形态学处理算法的类型直接决定计算的结果。

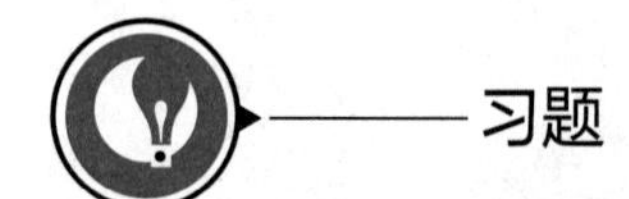

习题

7.1 数学形态学具有哪些用途?

7.2 若采用一个半径为 0.5cm 的圆形作为结构元素，对半径为 2cm 的圆进行腐蚀和膨胀运算，分析其结果。

7.3 根据二值腐蚀运算的原理，给出编程实现腐蚀运算的步骤。

7.4. 根据二值膨胀运算的原理，给出编程实现膨胀运算的步骤。

7.5 集合 A 和结构元素 S 的形状如图所示，求用 S 对 A 进行腐蚀运算的结果。

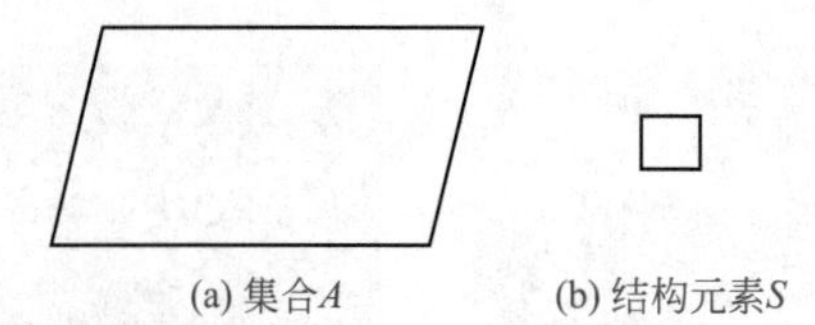

(a) 集合A　　(b) 结构元素S

7.6 形态学的基本运算腐蚀、膨胀、开和闭运算各有何性质? 试比较其异同。

7.7 试编写一个程序，实现二值图像的腐蚀、膨胀及开、闭运算。

7.8 试编写一个程序，实现灰度图像的腐蚀、膨胀运算。

7.9 什么是图像的骨架? 试简述骨架提取的基本原理。

第 8 章

图像模板匹配

前面我们已经介绍了各种各样的技术实现在一幅图像中搜索目标物体，但对某些特殊的物体来说，实现一个可靠算法是非常复杂的，另外如果被识别的物体经常发生变化，就必须为每种物体开发一个新的识别算法。因此，通过匹配模板图像寻找目标物的方法就非常有用，可以大大减少计算量，提高工作效率。本章将介绍几种常用的图像模板匹配。

8.1 图像模板匹配概述

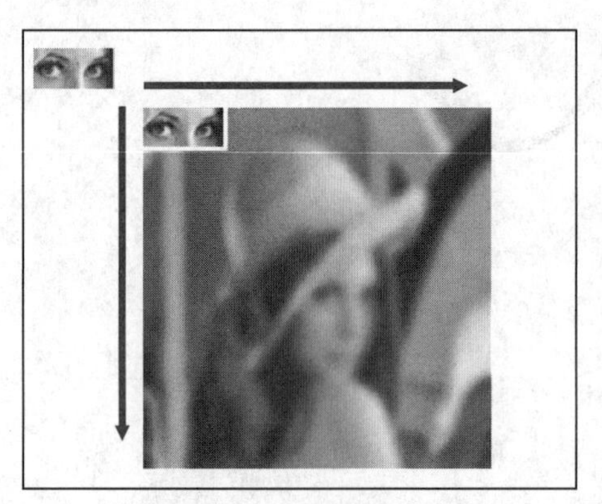
图 8.1　模板匹配示例

图像模板匹配是指通过分析模板图像和目标图像中灰度、边缘、外形结构以及对应关系等特征的相似性和一致性，从目标图像中寻找与模板图像相同或相似区域的过程。例如，在图 8.1 中，希望在图中的大图像“lena”内寻找左上角的“眼睛”图像。此时，大图像“lena”是输入图像，“眼睛”图像是模板图像。查找的方式是，将模板图像在输入图像内从左上角开始滑动，逐个像素遍历整幅输入图像，以查找与其最匹配的部分。

图像的模式匹配过程一般包括学习（Learning）和匹配（Matching）两个阶段。学习阶段的任务是创建模板，即从模板图像中提取特征信息用于图像匹配，并将它们以便于搜索的方式存放在模板图像中以备后用。图像匹配阶段的任务是在目标图像中寻找与模板图像最为相似的部分。图像匹配过程一般以模板图像和被测的目标图像作为输入，输出匹配目标的数量、位置、角度相对于模板的缩放比例，以及用得分值表示的与模板图像之间的相似程度。

8.2 基于像素灰度值的模板匹配

图像的灰度值信息包含了图像记录的所有信息。图像的灰度匹配以像素灰度或灰度梯度信息为特征，通过计算模板图像与目标图像区域之间的归一化的互相关系数来确定匹配区域。基于灰度值的模板匹配是最经典的、也是最早提出来的模板匹配算法。由于这种方法是利用模板图像的所有灰度值进行匹配，因此光照不变的情况下可以取得很好的匹配效果，但当光照发生变化时灰度值会发生强烈的变化，所以该方法一般只用于光照不变的简单图像匹配。基于像素灰度值的图像匹配算法包括平均绝对差算法（MAD）、绝对误差和算法（SAD）、误差平方和算法（SSD）、平均误差平方和算法（MSD）、归一化积相关算法（NCC）、序贯相似性检测算法（SSDA）、hadamard 变换算法（SATD）等。本节主要介绍具有代表性的两种匹配方法：归一化积相关算法（NCC）以及序贯相似性检测算法（SSDA）。

8.2.1 归一化积相关灰度匹配

（1）基本原理

归一化积相关是一种典型的基于灰度值的算法，具有不受比例因子误差影响和抗白噪声干扰能力强等优点。以 8 位灰度图像为例，模板 T 叠放在被搜索图 S 上平移，模板覆盖被搜索图的那块区域叫子图 $S^{i,j}$，i、j 为子图左上角像点在 S 中的坐标，从图 8.2 可看出 i、j 的搜索范围是：(1，$N-M-1$)，归一化积后得到的相似性度量定义如下：

$$R(i,j)=\frac{\sum_{m=1}^{M}\sum_{n=1}^{M}[S^{i,j}(m,n)\times T(m,n)]}{\sqrt{\sum_{m=1}^{M}\sum_{n=1}^{M}[S^{i,j}(m,n)]^2}\sqrt{\sum_{m=1}^{M}\sum_{n=1}^{M}[T(m,n)]^2}} \tag{8.1}$$

通过比较参考图像和输入图像在各个位置的相关系数，相关值最大的点就是最佳匹配位置。当模板和子图一样时，相关系数 $R(i,j)=1$。

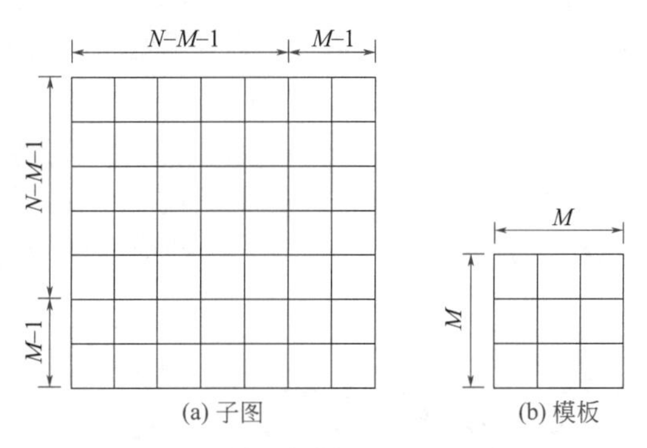

图 8.2　基于灰度相关匹配原理图

可以比较 T 和 $S^{i,j}$ 的内容，若两者一致，则 T 和 S 之差为零，所以可以用下列两种测度之一来衡量 T 和 $S^{i,j}$ 的相似程度：

$$D(i,j)=\sum_{m=1}^{M}\sum_{n=1}^{M}[S^{i,j}(m,n)-T(m,n)]^2 \tag{8.2}$$

或

$$D(i,j)=\sum_{m=1}^{M}\sum_{n=1}^{M}\left|S^{i,j}(m,n)-T(m,n)\right| \tag{8.3}$$

如果展开式（8.2），则有：

$$D(i,j)=\sum_{m=1}^{M}\sum_{n=1}^{M}[S^{i,j}(m,n)]^2-2\sum_{m=1}^{M}\sum_{n=1}^{M}[S^{i,j}(m,n)\times T(m,n)]+\sum_{m=1}^{M}\sum_{n=1}^{M}[T(m,n)]^2 \tag{8.4}$$

式（8.4）右边第三项表示模板的总能量，是一个常数，与 (i,j) 无关；第一项是模板覆盖下那块图像子图的能量，它随 (i,j) 位置而缓慢改变；第二项是子图像和模板的互相关，随

(i,j) 的改变而改变，T 和 $S^{i,j}$ 匹配时这一项的取值最大，因此可用下列相关函数作相似性测度：

$$R(i,j)=\frac{\sum_{m=1}^{M}\sum_{n=1}^{M}[S^{i,j}(m,n)\times T(m,n)]}{\sum_{m=1}^{M}\sum_{n=1}^{M}[S^{i,j}(m,n)]^2} \tag{8.5}$$

将其归一化为：

$$R(i,j)=\frac{\sum_{m=1}^{M}\sum_{n=1}^{M}[S^{i,j}(m,n)\times T(m,n)]}{\sqrt{\sum_{m=1}^{M}\sum_{n=1}^{M}[S^{i,j}(m,n)]^2}\sqrt{\sum_{m=1}^{M}\sum_{n=1}^{M}[T(m,n)]^2}} \tag{8.6}$$

（2）实现步骤

图像的归一化积相关灰度匹配算法实现的步骤描述如下：

① 获得待匹配图像、模板图像数据的地址、存储的高度和宽度。

② 建立一个目标图像指针，并分配内存，以保存匹配完成后的图像，将待匹配图像复制到目标图像中。

③ 逐个扫描原图像中的像素点所对应的模板子图，根据式（8.6）求出每一个像素点位置的归一化积相关函数值，找到图像中最大归一化函数值的位置，记录像素点的位置。

④ 将目标图像所有像素值减半以便和原图区别，把模板图像复制到目标图像中步骤③记录的像素点位置。

8.2.2 序贯相似性检测算法匹配

图像匹配计算量大的原因在于搜索窗口在这个待匹配的图像上进行滑动，每滑动一次就要作一次匹配相关运算。除匹配点外在其他非匹配点上做的都是“无用功”，从而导致了图像匹配算法的计算量上升。所以，一旦发现模板所在参考位置为非匹配点，就丢弃不再计算，立即换到新的参考点计算，可以大大加速匹配过程。序贯相似性检测算法（SSDA）在待匹配图像的每个位置上以随机不重复的顺序选择像元，并累计模板和待匹配图像在该像元的灰度差，若累计值大于某一指定阈值，则说明该位置为非匹配位置，停止本次计算，进行下一个位置的测试，直到找到最佳匹配位置。SSDA 的判断阈值可以随着匹配运算的进行而不断地调整，能够反映出该次的匹配运算是否有可能给出一个超出预定阈值的结果。这样，就可在每一次匹配运算的过程中随时检测该次匹配运算是否有继续进行下去的必要。SSDA 能很快丢弃不匹配点，减少花在不匹配点上的计算量，从而提高匹配速度，算法简单，易于实现。

（1）基本原理

SSDA 是用 $\iint|f-t|\mathrm{d}x\mathrm{d}y$ 作为匹配尺度的。图像 $f(x,y)$ 中的点 (u,v) 的非相似度 $m(u,v)$ 可表示为：

$$m(u,v)=\sum_{k=1}^{n}\sum_{i=1}^{m}\left|f(k+u-1,l+v-1)-t(k,l)\right| \tag{8.7}$$

其中，点 (u, v) 表示的不是模板的中央，而是左上角位置。

如果在 (u, v) 处有和模板一致的图案，则 $m(u, v)$ 值很小，相反则 $m(u, v)$ 值大。特别是模板和图像完全不一致的时候，其值就会急剧增大。因此，在做加法的过程中，如果灰度差的部分和超过了某一阈值，就认为在该位置上不存在和模板一致的图案，从而转移到下一个位置上进行 $m(u, v)$ 的计算。包括 $m(u, v)$ 内的计算只是加减运算，而且这一计算大多数中途便停止了，因此可大幅度地缩短时间。为了尽早停止计算，可以随机地选择像素的位置进行灰度差的计算。

由于真正的相对应点仅有一个，因此绝大多数情况下都是对非匹配点计算，显然，越早丢弃非匹配点将越节省时间。

SSDA 过程如下：

① 定义绝对误差值。

$$\varepsilon(i,j,m_k,n_k)=\left|S^{i,j}(m_k,n_k)-\hat{S}^{i,j}(i,j)-T(m_k,n_k)+\hat{T}\right| \tag{8.8}$$

其中

$$\hat{S}^{i,j}(i,j)=\frac{1}{M^2}\sum_{m=1}^{M}\sum_{n=1}^{M}S^{i,j}(m,n) \tag{8.9}$$

$$T=\frac{1}{M^2}\sum_{m=1}^{M}\sum_{n=1}^{M}T(m,n) \tag{8.10}$$

② 取一个不变阈值 T_k。

③ 在子图 $S^{i,j}(m,n)$ 中随机选取对象点，计算它同 T 中对应点的误差值，然后把这个差值和其他点对的差值累加起来，当累加 r 次误差超过 T_k 时，则停止累加，并记下次数 r，定义 SSDA 的检测曲面为：

$$I(i,j)=\left\{r\left|\min_{1\leqslant r\leqslant m^2}\left[\varepsilon(i,j,m_k,n_k)\geqslant T_k\right]\right.\right\} \tag{8.11}$$

④ 把 $I(i,j)$ 值大的 (i,j) 点作为匹配点，因为这点上需要很多次累加才使总误差超过 T_k，如图 8.3 所示。图中给出了在 A、B、C 三个参考点上得到的误差累计增长曲线。A、B 反映了模板 T 不在匹配点上，这时总误差增长很快，超出阈值，曲线 C 中总误差增长很慢，很可能是一套准确的候选点。

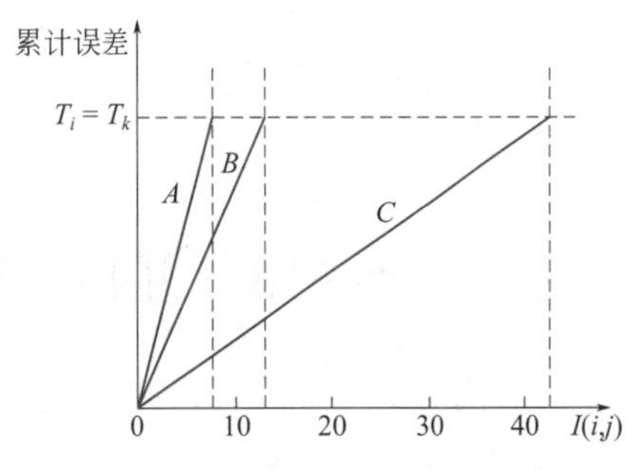

图 8.3　T_k 为常数时的累计误差增长曲线

（2）序贯相似性检测算法的改进

对 SSDA 还可以进一步改进提高其计算效率，方法是：

① 对于（$N-M+1$）个参考点的选用顺序可以不逐点推进，即模板不一定对每点都平移到，例如可采用粗、细结合的均匀搜索，即先每隔 M 点搜一下匹配好坏，然后在有极大匹配值的点周围的局部范围内对各参考点位置求匹配。这种策略能否不丢失真正匹配点，将取决于表面 $I(i,j)$ 的平滑性和单峰性。

② 在某参考点 (i,j) 处，对模板覆盖下的 M^2 个点对的计算顺序可用与 i、j 无关的随机方

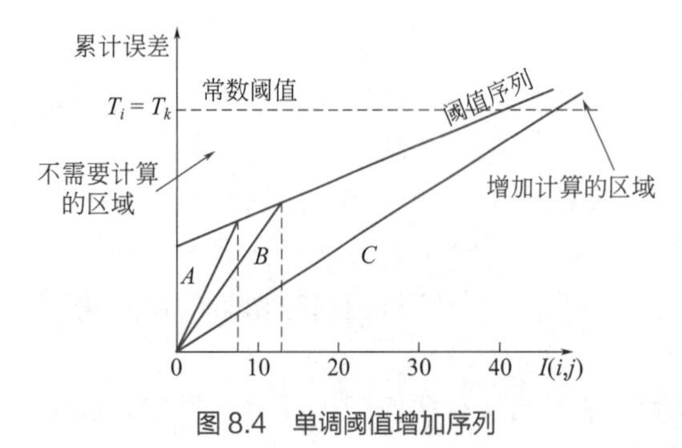

图 8.4　单调阈值增加序列

式计算误差，也可采用适应图像内容的方式，按模板中突出特征选取伪随机序列，决定计算误差的先后顺序，以便及早抛弃那些非匹配点。

③ 不选用固定阈值 T_k，而改用单调增长的阈值序列，使非匹配点使用更少的计算就可以达到阈值而被丢弃，真匹配点则需要更多次误差累计才达到阈值，如图 8.4 所示。真正的相对应点仅一个，绝大多数的情况下都是对非匹配点计算的，因此越早丢弃非匹配点越节省时间。

SSDA 方法比用 FFT 相关法快 50 倍，是比较受重视的一种算法。对于二值图，SSDA 还可以简化，这时模板与对应子图中的对象点的差值为：

$$\left|S^{i,j}(m,n)-T(m,n)\right| = \bar{S}^{i,j}T - \overline{TS}^{i,j} = S^{i,j}(m,n)\oplus T(m,n) \tag{8.12}$$

式中，⊕表示异或处理，由此得到

$$D(i,j)=\sum_{m=1}^{M}\sum_{n=1}^{M}\left|S^{i,j}(m,n)-T(m,n)\right| = \sum_{m=1}^{M}\sum_{n=1}^{M}S^{i,j}(m,n)\oplus T(m,n) \tag{8.13}$$

式（8.13）被称为二进制的 Hamming 距离，D 越小，则子图同模板越相似。

（3）实现步骤

图像的序贯相似性检测算法实现步骤如下：

① 获得待匹配图像、模板图像数据的地址、存储的高度和宽度。

② 建立一个目标图像指针，并分配内存，以保存图像匹配后的图像，将待匹配图像复制到目标图像中。

③ 逐个扫描原图像中的像素点所对应的模板子图，根据式（8.8）求出每一个像素点位置的绝对误差值，当累加绝对误差值超过阈值时，停止累加，记录像素点的位置和累加次数。

④ 循环步骤③直到处理完原图像的全部像素点，累加次数最少的像素点为最佳匹配点。

⑤ 将目标图像所有像素值减半以便和原图区别，把模板图像复制到目标图像中步骤④记录的像素点位置。

8.2.3　HALCON 中的灰度匹配相关算子

① 创建 NCC 匹配模板可用 create_ncc_model 算子。

```
    create_ncc_model(Template : : NumLevels, AngleStart, AngleExtent, AngleStep,
Metric : ModelID)
```

Template：模板图像。

NumLevels：最高金字塔层数，默认可以设为 auto，程序将自动确认合适的金字塔层数。

AngleStart、AngleExtent：开始角度、角度范围，两个参数确定了模板图像可能出现在检测图像上的旋转角度范围。

AngleStep：旋转角度步长。

Metric：物体极性选择。

ModelID：生成模板 ID，供匹配算子 find_ncc_model 调用。

② 搜索 NCC 最佳匹配可用 find_ncc_model 算子。

```
    find_ncc_model(Image : : ModelID, AngleStart, AngleExtent, MinScore, NumMatches,
MaxOverlap, SubPixel, NumLevels : Row, Column, Angle, Score)
```

Image：要搜索的图像。

ModelID：模板 ID。

AngleStart：与创建模板时相同或相近。

AngleExtent：与创建模板时相同或相近。

MinScore：匹配分数的最小分值，即低于这个匹配分数的匹配结果就不需要返回了。

NumMatches：匹配目标个数。

MaxOverlap：最大重叠比值。

SubPixel：是否为亚像素级别。

NumLevels：金字塔层数。

Row、Column、Angle：匹配得到的坐标角度。

Score：匹配得到的分值，分数越高匹配越好。

例 8.1 基于像素灰度值的模板匹配。

程序如下：

```
* 获取图像
read_image (Image, 'smd/smd_on_chip_05')
* 获取图像大小
get_image_size (Image, Width, Height)
* 关闭窗口
dev_close_window ()
* 打开适应图像大小窗口
dev_open_window (0, 0, Width, Height, 'black', WindowHandle)
* 设置输出颜色、填充方式
dev_set_color ('green')
dev_set_draw ('margin')
* 获得矩形 rectangle1
gen_rectangle1 (Rectangle, 175, 156, 440, 460)
* 得到区域面积和中心坐标
area_center (Rectangle, Area, RowRef, ColumnRef)
* 缩小图像的域
reduce_domain (Image, Rectangle, ImageReduced)
dev_set_draw ('margin')
* 获得矩形 rectangle1
gen_rectangle1 (Rectangle, 175, 156, 440, 460)
* 得到区域面积和中心坐标
area_center (Rectangle, Area, RowRef, ColumnRef)
* 缩小图像的域
reduce_domain (Image, Rectangle, ImageReduced)
* 创建 ncc 模板
create_ncc_model (ImageReduced, 'auto', 0, 0, 'auto', 'use_polarity', ModelID)
```

```
    dev_display (Image)
    dev_display (Rectangle)
    * 循环读取识别图像
    for J := 1 to 11 by 1
         * 循环读取图像
         read_image (Image, 'smd/smd_on_chip_' + J$'02')
         * 在目标图像中寻找模板
          find_ncc_model (Image, ModelID, 0, 0, 0.5, 1, 0.5, 'true', 0, Row, Column,
Angle, Score)
         * 调整矩形显示到模板位置
         vector_angle_to_rigid (RowRef, ColumnRef, 0, Row, Column, 0, HomMat2D)
         affine_trans_region (Rectangle, RegionAffineTrans, HomMat2D, 'nearest_
neighbor')
         dev_display (Image)
         dev_display (RegionAffineTrans)
         if (J < 11)
              disp_continue_message (WindowHandle, 'black', 'true')
         endif
         stop ()
    endfor
```

程序执行结果如图 8.5 所示。

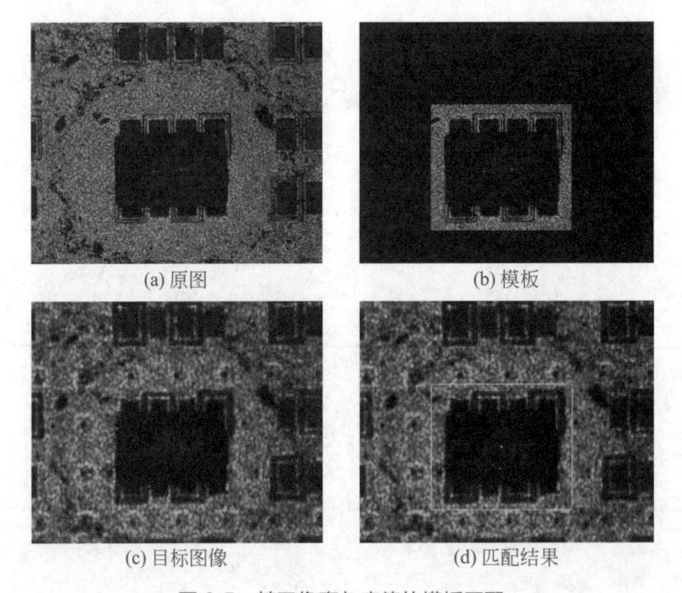

(a) 原图　(b) 模板　(c) 目标图像　(d) 匹配结果

图 8.5　基于像素灰度值的模板匹配

8.3 基于特征的模板匹配

利用灰度信息匹配方法的主要缺陷是计算量过大，在具体应用中对匹配速度有一定要求时，这些方法就受到很大局限。基于图像特征的匹配方法由于图像的特征点比像素点要少很多，因此可以克服利用图像灰度信息进行匹配的缺点，大大减少了匹配过程的计算量。同时，特征点的匹配度量值对位置的变化比较敏感，可以大大提高匹配的精度。而且，特征点的提取过程可以减少噪声的影响，对灰度变化、图像形变以及遮挡等都有较好的适应能力。

8.3.1 不变矩匹配法

特征匹配是指建立两幅图像中特征点之间对应关系的过程。用数学语言可以描述为：两幅图像 A 和 B 中分别有 m 和 n 个特征点（m 和 n 通常不相等），其中有 k 对点是两幅图像共同拥有的，则如何确定两幅图像中 k 对相对应的点对即为特征匹配要解决的问题。

（1）基本原理

在图像处理中，矩是一种统计特性，可以使用不同阶次的矩计算模板的位置、方向和尺度变换参数。由于高阶矩对噪声和变形非常敏感，因此在实际应用中通常选用低阶矩来实现图像匹配。矩的定义如下所示：

$$m_{pq} = \iint x^p y^q f(x,y)\mathrm{d}x\mathrm{d}y \qquad p,q = 0,1,2,\cdots \tag{8.14}$$

其中，p 和 q 可取所有的非负整数值；参数 $p+q$ 称为矩的阶。

由于 p 和 q 可取所有的非负整数值，因此它们产生一个矩的无限集，而且，这个集合完全可以确定函数 $f(x,y)$ 本身。也就是说，集合 $\{m_{pq}\}$ 对于函数 $f(x,y)$ 是唯一的，也只有 $f(x,y)$ 才具有该特定的矩集。

大小为 $n\times m$ 的数字图像 $f(i,j)$ 的矩为：

$$m_{pq} = \sum_{i=1}^{n}\sum_{j=1}^{m} i^p j^q f(i,j) \tag{8.15}$$

各矩阵的物理解释如下：

① 0 阶矩和 1 阶矩（区域形心位置） 0 阶矩 m_{00} 是图像灰度 $f(i,j)$ 的总和。二值图像的 m_{00} 则表示对象物的面积。如果用 m_{00} 来规格化 1 阶矩 m_{10} 及 m_{01}，则得到一个物体的重心坐标 $(\bar{i},\bar{j})$：

$$\bar{i} = \frac{m_{10}}{m_{00}} = \frac{\sum_{i=1}^{n}\sum_{j=1}^{m} if(i,j)}{\sum_{i=1}^{n}\sum_{j=1}^{m} f(i,j)} \tag{8.16}$$

$$\bar{j} = \frac{m_{01}}{m_{00}} = \frac{\sum_{i=1}^{n}\sum_{j=1}^{m} if(i,j)}{\sum_{i=1}^{n}\sum_{j=1}^{m} f(i,j)} \tag{8.17}$$

② 中心矩　所谓的中心矩是以重心作为原点进行计算：

$$\mu_{pq}=\sum_{i=1}^{n}\sum_{j=1}^{m}(i-\bar{i})^{p}(j-\bar{j})^{q}f(i,j) \tag{8.18}$$

中心矩具有位置无关性。中心矩 μ_{pq} 内能反映区域中的灰度相对于灰度中心是如何分布的度量。

利用中心矩可以提取区域的一些基本形状特征。例如用 μ_{20} 和 μ_{02} 分别表示围绕通过灰度中心的垂直和水平轴线的惯性矩。假如 $\mu_{10}>\mu_{02}$，则可能所计算的区域为一个水平方向延伸的区域。当 $\mu_{30}=0$ 时，区域关于 i 轴对称。同样，当 $\mu_{03}=0$ 时，区域关于 j 轴对称。

利用式（8.18），可以计算出三阶以下的中心矩：

$$\begin{aligned}
&\mu_{00}=\mu_{00}\\
&\mu_{10}=\mu_{01}=0\\
&\mu_{11}=m_{11}-\bar{y}m_{10}\\
&\mu_{20}=m_{20}-\bar{x}m_{10}\\
&\mu_{02}=m_{02}-\bar{y}m_{01}\\
&\mu_{30}=m_{30}-3\bar{x}m_{20}+2\bar{x}^{2}m_{10}\\
&\mu_{12}=m_{12}-2\bar{y}m_{11}-\bar{x}m_{02}+2\bar{y}^{2}m_{10}\\
&\mu_{21}=m_{21}-2\bar{x}m_{11}-\bar{y}m_{02}+2\bar{x}^{2}m_{01}\\
&\mu_{03}=m_{03}-3\bar{y}m_{02}+2\bar{y}^{2}m_{01}
\end{aligned} \tag{8.19}$$

把中心矩用 0 阶中心矩来规格化，叫做规格化中心矩，记为 η_{pq}，表达式为：

$$\eta_{pq}=\frac{\mu_{pq}}{\mu_{00}^{r}} \tag{8.20}$$

其中 $r=(p+q)/2, p+q=2,3,4,\cdots$。

③ 不变矩　μ_{pq} 称为图像的 $p+q$ 阶中心矩，并且具有平移不变性。但是 μ_{pq} 依然对旋转敏感，为了使矩描述与大小、平移、旋转无关，可以使用二阶和三阶规格化中心矩导出 7 个不变矩，用不变矩描述分割出的区域时，具有对平移、旋转和尺寸大小都不变的性质。

利用二阶和三阶规格化中心矩导出的 7 个不变矩如下：

$$\begin{aligned}
&a_1=\mu_{02}+\mu_{20}\\
&a_2=(\mu_{20}-\mu_{02})^2+4\mu_{11}^2\\
&a_3=(\mu_{30}-3\mu_{12})^2+(3\mu_{21}-\mu_{03})^2\\
&a_4=(\mu_{30}+\mu_{12})^2+(\mu_{21}+\mu_{03})^2\\
&a_5=(\mu_{30}-3\mu_{12})(\mu_{30}+\mu_{12})[(\mu_{30}+\mu_{12})^2-3(\mu_{21}+\mu_{03})^2]\\
&\qquad+(3\mu_{21}-\mu_{03})(\mu_{21}+\mu_{03})[3(\mu_{30}+\mu_{12})^2-(\mu_{21}+\mu_{03})^2]\\
&a_6=(\mu_{20}-\mu_{02})[(\mu_{30}+\mu_{12})^2-(\mu_{21}+\mu_{03})^2]+4\mu_{11}(\mu_{30}+\mu_{12})(\mu_{21}+\mu_{03})\\
&a_7=(3\mu_{21}-\mu_{03})(\mu_{30}+\mu_{12})[(\mu_{30}+\mu_{12})^2-3(\mu_{21}+\mu_{03})^2]\\
&\qquad+(\mu_{30}-3\mu_{12})(\mu_{21}+\mu_{03})[3(\mu_{30}+\mu_{12})^2-(\mu_{21}+\mu_{03})^2]
\end{aligned} \tag{8.21}$$

但是，上述几种矩特征的定义都不具有尺度不变性。通过归一化 η_{pq}、μ_{pq} 和 $a_1\sim a_7$，实现了尺度不变性。

图像有 7 个不变的特征矩不变量，这些不变量在比例因子小于 2 和旋转角度不超过 45°的条件下，对于平移、旋转和比例因子的变化都是不变的，所以它们反映了图像的固有特性。因此，两个图像之间的相似性程度可以用它们的 7 个不变矩之间的相似性来描述。这样的算法称为不变矩匹配算法，它不受几何失真的影响。

如果令实时图的不变矩为 $M_i(i=1,2,\cdots,7)$，则两图之间的相似度可以用任一种相关算法来度量。归一化计算公式为：

$$R=\frac{\sum_{i=1}^{7}M_iN_i}{\left[\sum_{i=1}^{7}M_i^2\sum_{i=1}^{7}N_i^2\right]^{\frac{1}{2}}} \tag{8.22}$$

其中，R 是模板与待匹配图像上的不变矩的相关值。取最大的 R 所对应的图像作为匹配图像。显然，这种算法在进行相关之前，需要计算 7 个不变矩，所以，若采用常规的搜索方法，则需要较大的计算量。为了提高它的处理速度，常常采用分层搜索技术。一般地说，最低搜索级取为 3 就可以了，因为搜索级太低会影响不变矩的计算精度。

（2）实现步骤

图像的不变矩匹配算法实现的步骤描述如下：

① 获得待匹配图像、模板图像数据的地址、存储的高度和宽度。

② 根据式（8.21）求出待匹配图像和模板图像的 7 个不变矩。

③ 根据式（8.22）求出待匹配图像和模板图像的相关值。

8.3.2 距离变换匹配法

距离变换是一种常见的二值图像处理算法，用来计算图像中任意位置到最近边缘点的距离。

（1）基本原理

设二值图像 I 包含两种元素：物体 O 和背景 O'，距离为 D，则距离变换定义为：

$$D(p)=\min\{dist(p,q),q\in O\} \tag{8.23}$$

其中，(p,q) 为图像的像素点，$dist(\ )$ 为距离测度函数，常见的距离测度函数有切削距离、街区距离和欧式距离。切削距离和街区距离是欧式距离的一种近似。

距离变换匹配的原理是计算模板图覆盖下的那块子图与模板图之间的距离，也就是计算子图中的边缘点到模板图中最近的边缘点的距离，这里采用欧式距离，并对欧式距离进行近似，认为与边缘 4 邻域相邻的点的距离为 0.3，8 邻域相邻的点的距离为 0.7，不相邻的点的距离都为 1。

欧氏距离变换定义为：

$$D[(x_1,y_1)(x_2,y_2)]=\sqrt{(x_1-x_2)^2+(y_1-y_2)^2} \tag{8.24}$$

实际中由于欧氏距离的计算量较大，应用受到限制。在精度要求不高的情况下，近似欧氏距离由于具有较高的计算效率而得到广泛应用。

在二维空间R^2中，S为某一集合，对R^2中任一点r，定义其距离变换为

$$T_s(r)=\min\{dis(r,s)\big|s\in S\} \tag{8.25}$$

其中$dis(\ )$为一般的欧几里德空间距离算子：

$$dis(a,b)=\sqrt{(x_1-x_2)^2+(y_1-y_2)^2} \tag{8.26}$$

其中，$a=(x_1,y_1)$，$b=(x_2,y_2)$为两点。距离变换值$T_s(r)$反映点r与集合S的远近程度。

对于两幅二值图像，定义其匹配误差度量准则为：

$$P_{match}=\frac{\sum_{a\in A}g[T_B(a)]+\sum_{b\in B}g[T_A(b)]}{N_A+N_B} \tag{8.27}$$

其中，A、B分别是两幅图像中为“1”的像素点的集合，a、b分别为A、B中的任意点，N_A、N_B分别为A、B中点的个数，$g(\ )$为加权函数，它在z正半轴上是连续递增的，满足：

$$\begin{cases}g(0)=0\\ g(x)>0,\forall x>0\end{cases} \tag{8.28}$$

可以证明P_{match}有如下性质：

① $P_{match}\geqslant 0$。

② 当两个图像完全一致时，$P_{match}=0$。

③ 由于$g(\ )$对各点距离变换的值连续加权，当两个图像间发生一定几何失真时，P_{match}不会突然增加，而是随几何失真程度的增强而逐渐增加。

利用这一准则可实现不同成像条件下的图像匹配。首先在参考图中任一可能匹配位置上截取与实测图大小相同的图像块，然后对实测图与各参考图块提取边缘并作二值化，再采用上述准则求出二者的匹配误差P_{match}。搜索完参考图的每一个可能匹配位置，误差最小的即为配准点。由于$g(\ )$对各点距离变换的值连续加权，当两幅图像发生一定几何失真或边缘产生变化时，匹配误差P_{match}只稍微增加，不影响对正确匹配的判断，而采用传统的匹配方法则会造成严重的误匹配。由于边缘算子是局部算子，因此采用这一匹配还具有抗灰度反转的能力。

在图像匹配的实际应用中，正确匹配位置上参考图与实测图的几何失真和边缘变化一般具有一定范围，所以采用截断函数作为加权函数，既可以减少匹配算法的计算量，又可以保证有效克服几何失真及边缘变化的影响。这里匹配误差P_{match}除满足上述3个性质外，还有归一化的性质，即$0\leqslant P_{match}\leqslant 1$。

在匹配误差准则中，难点是$\sum_{a\in A}g[T_B(a)]$的求取，如果对A中每个点a都做最近邻搜索，计算量将很大，因此可以采用膨胀运算与类似“或”运算来代替。将加权函数离散化：

$$g(0)=0$$

$$g(1)=0.3$$

$$g\left(\sqrt{2}\right)=0.7 \tag{8.29}$$

$$g(x)=1, x \geqslant 2$$

按照这个加权函数对参考图块的二值化边缘图中每个点f进行膨胀运算如下：

$$G(f)=g[T_B(f)] \tag{8.30}$$

这样，对A中点a求取$g[T_B(a)]$就转化为求A的膨胀图，即对相应的点进行比较而保留较小值。

（2）实现步骤

图像的距离变换匹配算法实现的步骤描述如下：

① 获得待匹配图像、模板图像数据的地址、存储的高度和宽度。

② 建立一个目标图像指针，并分配内存，以保留图像匹配后的图像，将待匹配图像复制到目标图像中。

③ 逐个扫描原图像中的像素点所对应的模板子图，根据式（8.26）求出每个像素点位置的最小距离值，记录像素点的位置。

④ 循环步骤③，直到处理完原图像的全部像素点，距离最小的像素点为最佳匹配点。

⑤ 将目标图像所有像素值减半以便和原图像区别，把模板图像复制到目标图像中步骤④记录的像素点位置。

8.3.3 最小均方误差匹配法

最小均方误差匹配方法是利用图像中的对应特征点，通过解特征点的变换方程来计算图像间的变换参数。

（1）基本原理

最小均方误差匹配法是以模板中的特征点构造矩阵$\boldsymbol{X}$，以图像子图中的特征点构造矩阵$\boldsymbol{Y}$，然后求解矩阵$\boldsymbol{X}$到矩阵$\boldsymbol{Y}$的变换矩阵，其中，均方误差最小的位置即为最佳匹配位置。对于图像间的仿射变换$(X,Y)\to(X',Y')$，变换方程为：

$$\begin{pmatrix} x' \\ y' \end{pmatrix}=s\begin{pmatrix} \cos\theta & \sin\theta \\ -\sin\theta & \cos\theta \end{pmatrix}\begin{pmatrix} x \\ y \end{pmatrix}+\begin{pmatrix} tx \\ ty \end{pmatrix}=\begin{bmatrix} x & y\ 1 & 0 \\ y & -x 0 & 1 \end{bmatrix}[s\cos\theta \quad s\sin\theta \quad tx \quad ty]^{\mathrm{T}} \tag{8.31}$$

其中，仿射变换参数由向量$\boldsymbol{A}=[s\cos\theta \quad s\sin\theta \quad tx \quad ty]^{\mathrm{T}}$表示，根据给定的$n$对相应特征点$(n\geqslant 4)$，构造点坐标矩阵为：

$$\boldsymbol{X}=\begin{bmatrix} x_1 & y_1 & 1 & 0 \\ y_1 & -x_1 & 0 & 1 \\ \vdots & \vdots & \vdots & \vdots \\ x_n & y_n & 1 & 0 \\ y_n & -x_n & 0 & 1 \end{bmatrix} \tag{8.32}$$

$$\boldsymbol{Y}=[x_1' \quad y_1' \quad \cdots \quad x_n' \quad y_n']^{\mathrm{T}} \tag{8.33}$$

由最小均方误差原理求解$E^2=(Y-X\partial)^{\mathrm{T}}(Y-X\partial)$，可以得到参数向量的求解方程为：

$$A=(X^{\mathrm{T}}X)^{-1}X^{\mathrm{T}}Y \tag{8.34}$$

∂解出后，便可以计算得出E^2。

（2）实现步骤

图像的最小均方误差匹配算法实现的步骤描述如下：

① 获得待匹配图像、模板图像数据的地址、存储的高度和宽度。

② 建立一个目标图像指针，并分配内存，以保留图像匹配后的图像，将待匹配图像复制到目标图像中。

③ 逐个扫描原图像中的像素点所对应的模板子图，根据式（8.30）构造点坐标矩阵，然后根据式（8.31）求出仿射变换向量，解出最小均方误差值。

④ 循环步骤③，直到处理完原图像的全部像素点，最小均方误差值最小的像素点为最佳匹配点。

⑤ 将目标图像所有像素值减半以便和原图区别，把模板图像复制到目标图像中步骤④记录的像素点位置。

8.3.4 HALCON 中的特征匹配相关算子

① 使用图像创建形状匹配模型，可以用 crcatc_shape_model 算子。

```
    create_shape_model(Template: : NumLevels,AngleStart, AngleExtent, AngleStep, Opti-
mization, Metric, Contrast, MinContrast: ModelID)
```

Template：模板图像。

NumLevels：最高金字塔层数。

AngleStart：开始角度。

AngleExtent：角度范围。

AngleStep：旋转角度步长。

Optimization：优化选项，是否减少模板点数。

Metric：匹配度量极性选择。

Contrast：阈值或滞后阈值来表示对比度。

MinContrast: 最小对比度。

ModelID：生成模板 ID。

② 获取形状模板的轮廓，可以用 get_shape_contours 算子。

```
    get_shape_contours( : ModelContours: ModelID, Level; )
```

ModelContours：得到的轮廓 XLD。

ModellD：输入模板 ID。

Level：对应金字塔层数。

③ 寻找单个形状模板最佳匹配，可以使用 find_shape_model 算子。

```
    find_shape_model(Image::ModelID,AngleStart,AngleExtent,MinScore,NumMatches,
MaxOverlap, SubPixel, NumLevels, Greediness: Row, Column, Angle, Score)
```

Image：要搜索的图像。

ModelID：模板 ID。

AngleStart：开始角度。

AngleExtent：角度范围。

MinScore：最低分值（模板多少部分匹配出来，可以理解成百分比）。

NumMatches：匹配实例个数。

MaxOverlap：最大重叠。

SubPixel：是否为亚像素精度（不同模式）。

NumLevels：金字塔层数。

Greediness：搜索贪婪度。当其值为 0 时，安全但速度慢；当其值为 1 时，速度快但是不稳定，有可能搜索不到，默认值为 0.9。

Row、Column、Angle：获得的坐标、角度、缩放。

Score：获得模板匹配分值。

基于形状特征的模板匹配。

程序如下：

```
* 读取图像
read_image (Image, 'green-dot')
get_image_size (Image, Width, Height)
dev_close_window ()
dev_open_window (0, 0, Width, Height, 'black', WindowHandle)
dev_set_color ('red')
dev_display (Image)
* 提取模板
threshold (Image, Region, 0, 128)
connection (Region, ConnectedRegions)
select_shape (ConnectedRegions, SelectedRegions, 'area', 'and', 10000, 20000)
fill_up (SelectedRegions, RegionFillUp)
dilation_circle (RegionFillUp, RegionDilation, 5.5)
reduce_domain (Image, RegionDilation, ImageReduced)
* 创建模板
create_scaled_shape_model (ImageReduced, 5, rad(-45), rad(90), 'auto', 0.8, 1.0,
'auto', 'none', 'ignore_global_polarity', 40, 10, ModelID)
* 提取模板轮廓
get_shape_model_contours (Model, ModelID, 1)
* 显示模板轮廓到模板位置
area_center (RegionFillUp, Area, RowRef, ColumnRef)
vector_angle_to_rigid (0, 0, 0, RowRef, ColumnRef, 0, HomMat2D)
affine_trans_contour_xld (Model, ModelTrans, HomMat2D)
dev_display (Image)
dev_display (ModelTrans)
* 读取目标图片
read_image (ImageSearch, 'green-dots')
dev_display (ImageSearch)
* 匹配模板
find_scaled_shape_model (ImageSearch, ModelID, rad(-45), rad(90), 0.8, 1.0, 0.5, 0,
0.5, 'least_squares', 5, 0.8, Row, Column, Angle, Scale, Score)
* 循环显示匹配出来的模板区域轮廓
```

```
    for I := 0 to |Score| - 1 by 1
          hom_mat2d_identity (HomMat2DIdentity)
          hom_mat2d_translate (HomMat2DIdentity, Row[I], Column[I], HomMat2DTranslate)
          hom_mat2d_rotate (HomMat2DTranslate, Angle[I], Row[I], Column[I],
HomMat2DRotate)
          hom_mat2d_scale (HomMat2DRotate, Scale[I], Scale[I], Row[I], Column[I],
HomMat2DScale)
          affine_trans_contour_xld (Model, ModelTrans, HomMat2DScale)
          dev_display (ModelTrans)
    endfor
    * 清除模板
    clear_shape_model (ModelID)
```

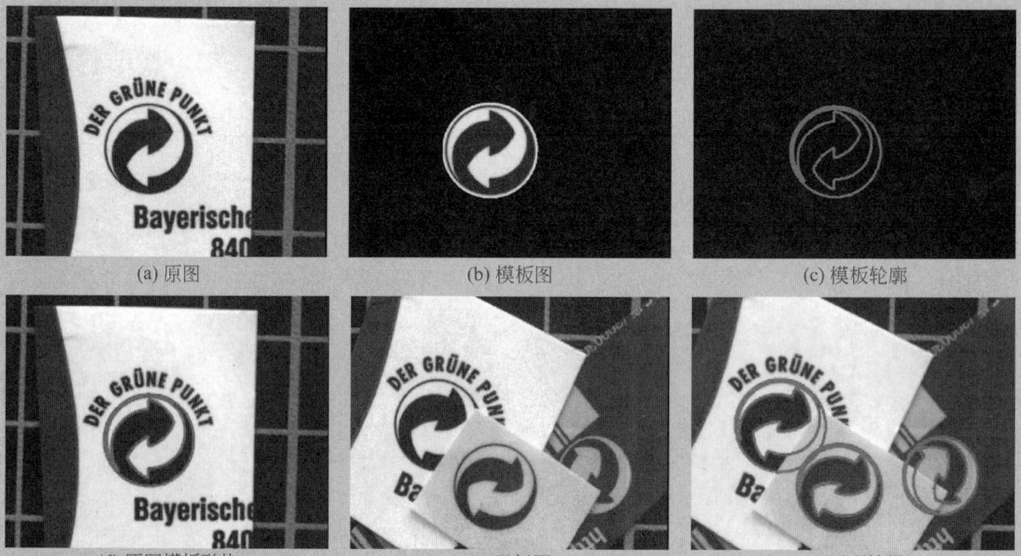

(a) 原图　　(b) 模板图　　(c) 模板轮廓

(d) 原图模板形状　　(e) 目标图　　(f) 匹配结果

图 8.6　基于形状特征的模板匹配效果图

8.4 图像金字塔

图像金字塔是由一幅图像的多个不同分辨率的子图所构成的图像集合。该组图像是由单个图像通过梯次向下采样产生，直到达到某个终止条件才停止采样，最小的图像可能仅仅有一个像素点。金字塔的底部是用待处理图像的高分辨率表示，而顶部是低分辨率的近似，向金字塔的顶部移动时，图像的尺寸和分辨率都不断地降低。通常情况下，

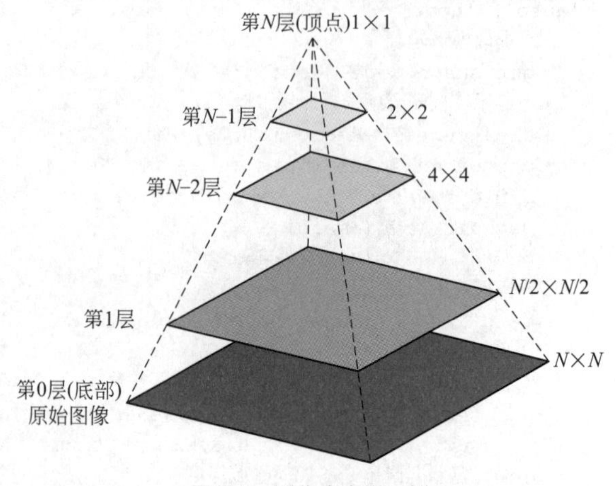

图 8.7　图像金字塔示例

每向上移动一级，图像的宽和高都降低为原来的二分之一，如图 8.7 所示。

常见的图像金字塔有两种：高斯金字塔和拉普拉斯金字塔。高斯金字塔（Gaussian Pyramid）用来向下采样，是主要的图像金字塔。拉普拉斯金字塔（Laplacian Pyramid）用来从金字塔低层图像重建上层未采样图像，也就是在数字图像处理中的预测残差，可以对图像进行最大程度的还原，配合高斯金字塔一 起使用。两者的简要区别是，高斯金字塔用来向下采样图像，而拉普拉斯金字塔则用来从金字塔底层图像中向上采样重建一个图像。这里的向下与向上采样，是对图像的尺寸而言的（和金字塔的方向相反），向上就是图像尺寸加倍，向下就是图像尺寸减半。

要从金字塔第 i 层生成第 i+1 层（我们将第 i+1 层表示为 G_{i+1}），先要用高斯核对 G_i 进行卷积，然后删除所有偶数行和偶数列。因此，新得到图像面积会变为源图像的四分之一。 按上述过程对输入图像 G_0 执行操作就可产生出整个金字塔。

（1）高斯金字塔

高斯金字塔是通过高斯平滑和亚采样获得向下采样图像，也就是说第 i 层高斯金字塔通过平滑、亚采样就可以获得第 i+1 层高斯图像。高斯金字塔包含了一系列低通滤波器，其截至频率从上一层到下一层是以因子 2 逐渐增加，所以高斯金字塔可以跨越很大的频率范围。

为了获取层级为 G_{i+1} 的金字塔图像，我们采用如下方法：

① 对图像 G_i 进行高斯内核卷积；

② 将所有偶数行和列去除，如图 8.8 所示。

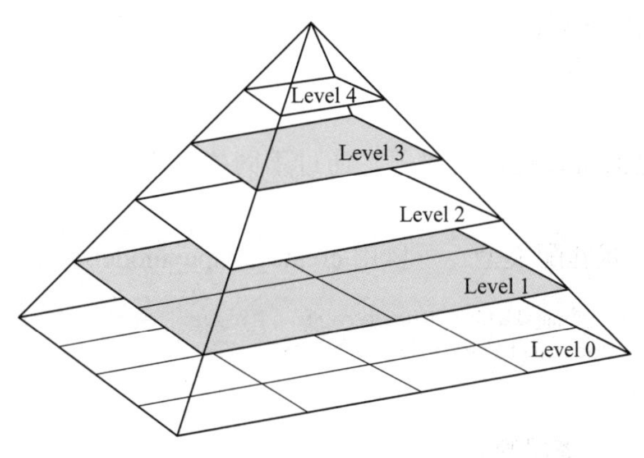

图 8.8　高斯图像金字塔

得到的图像即为 G_{i+1} 的图像，显而易见，结果图像只有原图的四分之一。通过对输入图像 G_i（原始图像）不停迭代以上步骤就会得到整个金字塔。同时我们也可以看到，向下取样会逐渐丢失图像的信息。以上就是对图像的向下取样操作，即缩小图像。

（2）拉普拉斯金字塔

在高斯金字塔的运算过程中，图像经过卷积和向下采样操作会丢失部分高频细节信息。为描述这些高频信息，人们定义了拉普拉斯金字塔。用高斯金字塔的每一层图像减去其上一层图像上采样并高斯卷积之后的预测图像，得到一系列的差值图像，即为拉普拉斯金字塔分解图像。

如果想放大图像，则需要通过向上取样操作得到，具体做法如下：

① 将图像在每个方向扩大为原来的两倍，新增的行和列以 0 填充。

② 使用先前同样的内核（乘以4）与放大后的图像卷积，获得“新增像素”的近似值，得到的图像即为放大后的图像，但是与原来的图像相比会发觉比较模糊，因为在缩放的过程中已经丢失了一些信息，如果想在整个缩小和放大过程中减少信息的丢失，那么就需要用到拉普拉斯金字塔。

基于金字塔分层搜索策略：由高层开始到底层搜索，在高层图像搜索到的模板实例都将追踪到图像金字塔最底层；这个过程中需要将高层的匹配结果映射到金字塔下一层，也就是直接将找到的坐标乘2，考虑到匹配位置的不确定性，在下一层搜索区域定位匹配结果周围的一个小区域（如5×5的矩阵），然后在小区域进行匹配，也就是在这个区域内计算相似度，进行阈值分割，提取局部极值。

在模板匹配时，金字塔层数可以尽可能大一些，最高层一定多于四个点。金字塔层数太高有时会识别不出来模板，甚至报错；金字塔层数太低会花费很多时间来寻找目标。金字塔层数不好把握时可以设置为自动选择。

（3）在 HALCON 中的图像金字塔相关算子

① 根据金字塔层数和对比度检查要生成的模板是否合适，可以用 inspect_shape_model 算子。

```
inspect_shape_model(Image : ModelImages, ModelRegions : NumLevels, Contrast : )
```

Image：输入的图像。

Modellmages：获得金字塔图像。

ModelRegions：模板区域。

NumLevels：金字塔层数。

Contrast：对比度。

一般在创建模板之前可以使用此算子，通过不同的金字塔层数和对比度检查要生成的模板是否合适。

② 使用图像创建形状匹配模型，可以用 create_shape_model 算子。

```
create_shape_model(Template::NumLevels, AngleStart, AngleExtent, AngleStep, Optimization, Metric, Contrast, MinContrast:ModelID)
```

Template：模板图像。

NumLevels：最高金字塔层数。

AngleStart：开始角度。

AngleExtent：角度范围。

AngleStep：旋转角度步长。

Optimization：优化选项，是否减少模板点数。

Metric：匹配度量极性选择。

Contrast：阈值或滞后阈值来表示对比度。

MinContrast：最小对比度。

ModellD：生成模板 ID。

③ 获取形状模板的轮廓，可以用 get_shape_contours 算子。

```
get_shape_contours( : ModelContours: ModellD, Level;)
```

ModelContours：得到的轮廓 XLD。

ModelID：输入模板 ID。

Level：对应金字塔层数。

例 8.3 图像金字塔应用实例。

程序如下：

```
    * 使用采集助手读取图像
    open_framegrabber ('File', 1, 1, 0, 0, 0, 0, 'default', -1, 'default', -1,
'default', 'rings/rings.seq', 'default', -1, 1, FGHandle)
    grab_image (ModelImage, FGHandle)
    get_image_pointer1 (ModelImage, Pointer, Type, Width, Height)
    dev_close_window ()
    dev_open_window_fit_image (ModelImage, 0, 0, -1, -1, WindowHandle)
    dev_display (ModelImage)
    * 设置显示条件
    dev_set_color ('red')
    dev_set_draw ('margin')
    dev_set_line_width (5)
    * 生成模板的圆形区域并截取模板
    gen_circle (ModelROI, 251, 196, 103)
    reduce_domain (ModelImage, ModelROI, ImageROI)
    * 创建基于金字塔层数的模型表示
    inspect_shape_model (ImageROI, ShapeModelImage, ShapeModelRegion, 5, 30)
    dev_display (ShapeModelRegion)
    * 创建基于形状的模板
    create_shape_model (ImageROI, 'auto', 0, rad(360), 'auto', 'none', 'use_polarity',
30, 10, ModelID)
    get_shape_model_contours (ShapeModel, ModelID, 1)
    * 循环识别目标图像
    for i := 1 to 7 by 1
          * 读取图像
          grab_image (SearchImage, FGHandle)
          dev_display (SearchImage)
          * 匹配模板
           find_shape_model (SearchImage, ModelID, 0, rad(360), 0.6, 0, 0.55, 'least_
squares', 0, 0.8, RowCheck, ColumnCheck, AngleCheck, Score)
          * 显示匹配结果
          for j := 0 to |Score| - 1 by 1
              vector_angle_to_rigid (0, 0, 0, RowCheck[j], ColumnCheck[j],
AngleCheck[j], MovementOfObject)
              affine_trans_contour_xld (ShapeModel, ModelAtNewPosition,
MovementOfObject)
              dev_set_color (' blue ')
              dev_display (ModelAtNewPosition)
              dev_set_color (' red ')
              affine_trans_pixel (MovementOfObject, -120, 0, RowArrowHead,
ColumnArrowHead)
              disp_arrow (WindowHandle, RowCheck[j], ColumnCheck[j], RowArrowHead,
ColumnArrowHead, 2)
          endfor
    endfor
```

```
* 清除模板和关闭采集助手
clear_shape_model (ModelID)
close_framegrabber (FGHandle)
```

程序执行结果如图 8.9 所示。

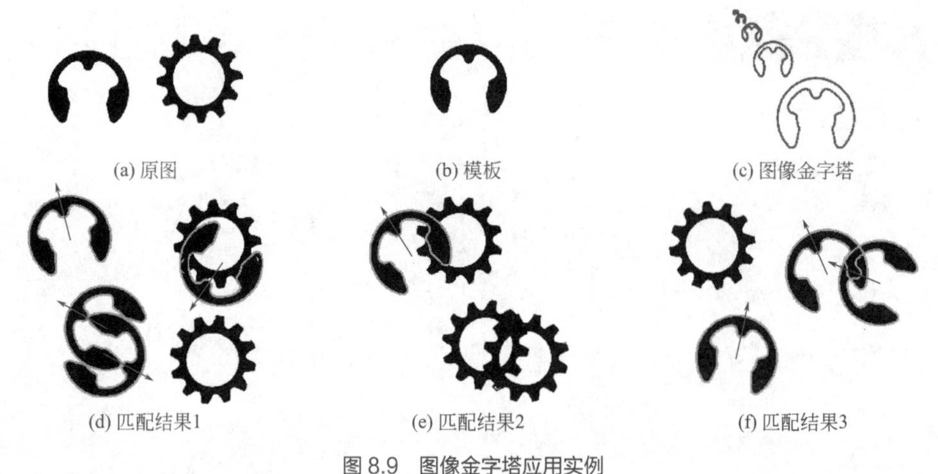

(a) 原图　(b) 模板　(c) 图像金字塔

(d) 匹配结果1　(e) 匹配结果2　(f) 匹配结果3

图 8.9　图像金字塔应用实例

8.5 Matching 助手

使用 HALCON 匹配助手，可以很方便地选择模板图像，设置匹配参数，并测试匹配结果。HALCON 匹配助手支持下面几种匹配方式。

① 基于形状的匹配。

② 基于相关性的匹配。

③ 基于描述符的匹配。

④ 基于形变的匹配。

使用 HALCON 匹配助手的过程如下：

① 运行 HALCON 软件之后，打开“助手”→“打开新的 Matching”，打开后窗口如图 8.10 所示。可以看出在匹配助手的菜单栏中有可供选择的匹配方法，如图 8.11 所示。

② 创建模板，从匹配助手界面可知，可以从图像中创建模板，也可以加载之前保存的模板。在“模板资源”中可以选择从图像中创建，即从“文件”中选择图像所在的路径。如果需要实时拍摄参考图像，也可以选择“采集助手”选项连接相机，并使用拍摄的图像创建模板。然后从“模板感兴趣区域”中选择合适的选择工具，如圆形、椭圆形、矩形、多边形等，在图像中画出选区。选好后，右击确认，如图 8.12 所示。接下来在“参数”选项卡中可以设置各项参数，如图 8.13 所示。

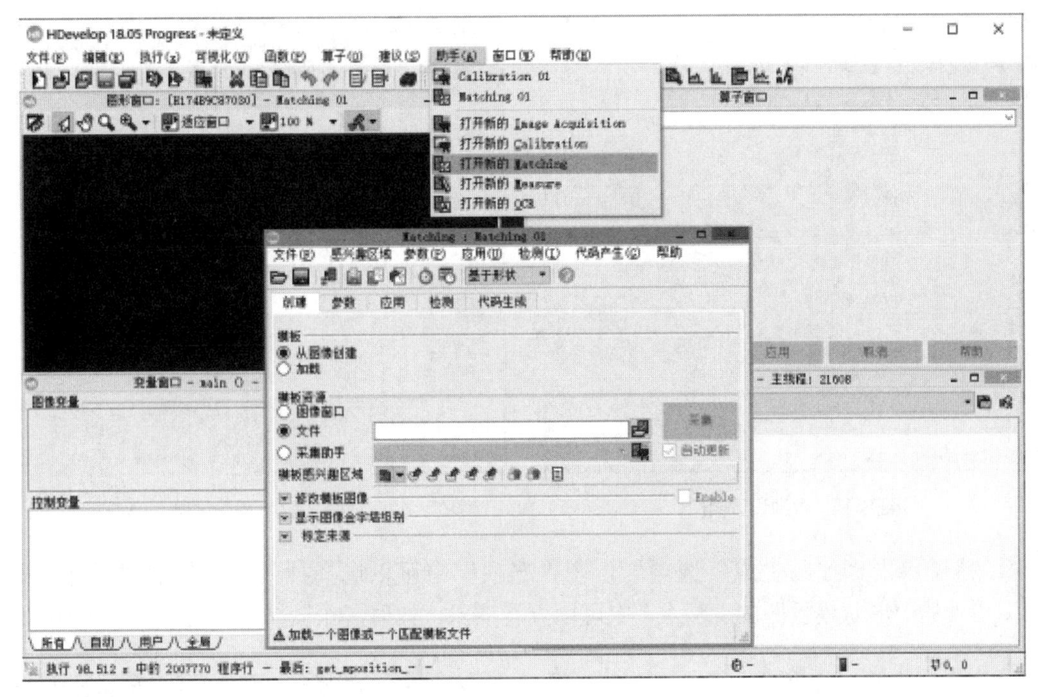

图 8.10　Matching 窗口

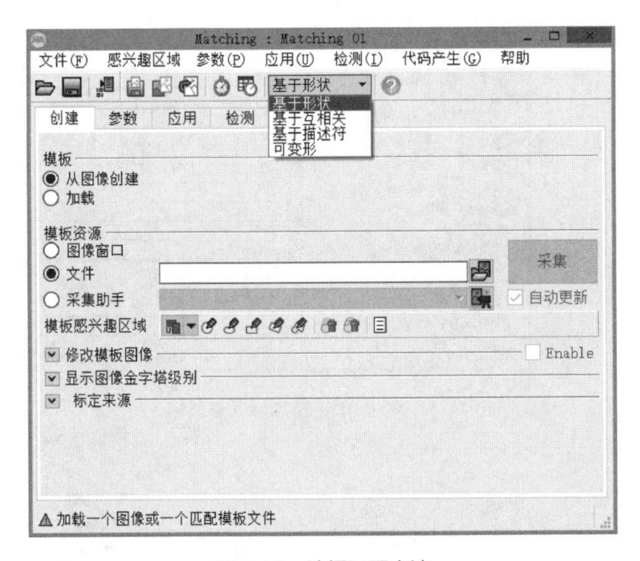

图 8.11　选择匹配方法

图 8.12　模板感兴趣区域

③ 检测模板，创建好模板后，在“应用”选项卡中选择“图像文件”选项，加载检测图像，或者选择“图像采集助手”选项，连接相机进行实时拍摄采集。然后设置匹配参数，如匹配的最小分数、匹配的最大分数、最大重叠值、最大金字塔级别和是否精确到亚像素精度。设置完成后，在“检测”选项卡中单击“执行”按钮，将显示匹配的结果，如识别到的目标图像、识别率、分值、时间、位姿边界等，如图 8.14 所示。

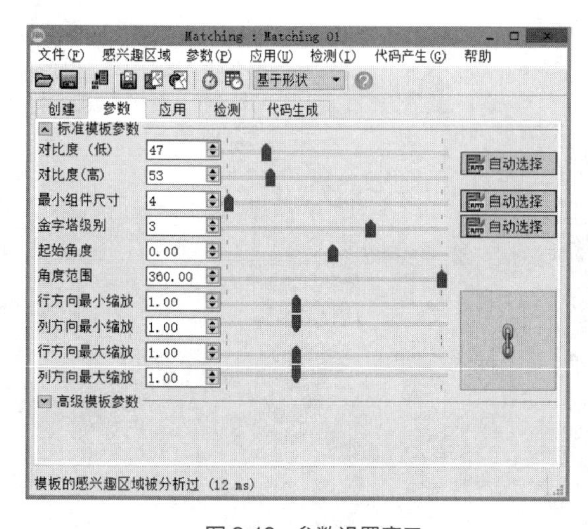

图 8.13 参数设置窗口

图 8.14 匹配结果

④ 然后点击“代码生成”选项卡，在“选项”中可以选择插入代码的要求，如图 8.15 所示。在“基于形状模板匹配变量名”中可以查看插入代码时各个变量的名称，如图 8.16 所示。

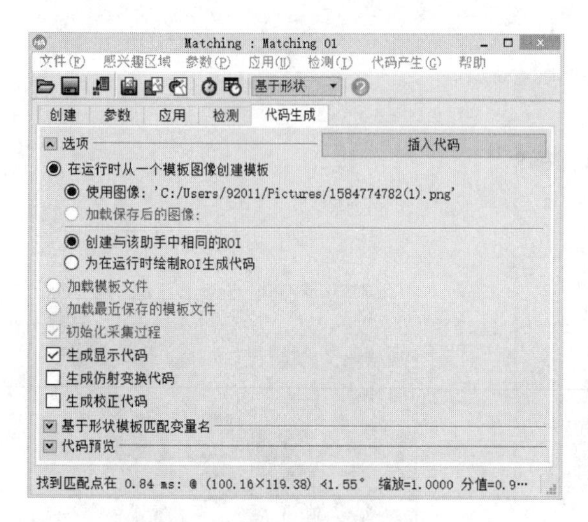

图 8.15 代码生成

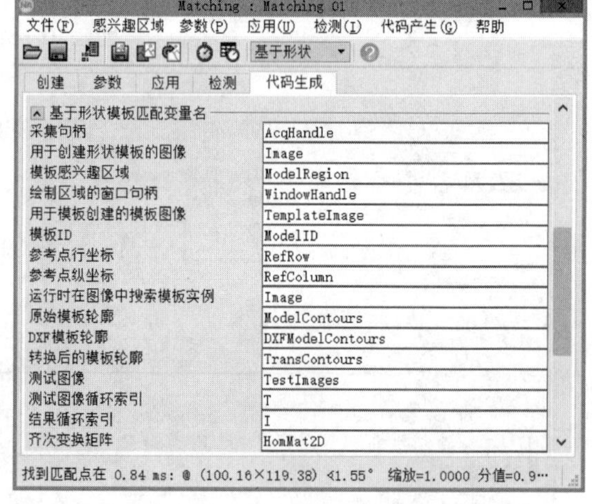

图 8.16 各代码变量名称

小结

本章介绍了图像匹配的概念及主要方法，常见的是基于灰度的匹配和基于特征的匹配，图像匹配是图像处理过程中的重要环节。

本章详细介绍了两种图像匹配方法的算法原理及基于 HALCON 的相应例子，并且介绍了图像金字塔的作用及常用类型，之后详细介绍了 HALCON 软件中匹配助手的使用方法，方便读者学习和使用 HALCON。

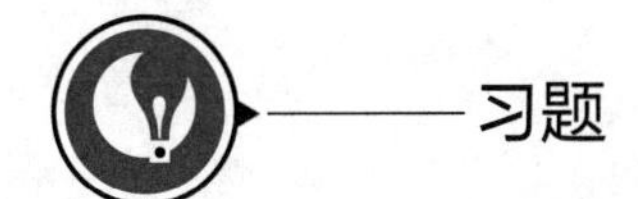

习题

8.1 图像匹配的目的是什么？常用的方法有哪些？

8.2 在纸上写一些字母，然后对其拍照，试着编写 HALCON 程序将其中的字母识别出来。

8.3 编写 HALCON 程序找出图中所有的数字 3 和 5。

0	1	2	8	9	2	6	3	1
4	6	8	1	1	3	5	4	8
5	1	2	1	5	4	6	2	4
3	1	3	1	2	3	4	2	4

第 9 章

相机标定

在机器视觉领域中，相机标定与机器视觉检测的精度密切相关，所谓相机标定就是在给定的相机模型中，计算出相机的内部参数和外部参数。

目前，常用摄像机的标定方法可分为三大类：传统标定法、自标定法以及张正友标定法。传统标定法标定精度较高，但在非线性摄像机模型下计算十分复杂，标定速度较低，通常适用于精度要求较高的线性系统；自标定法不需要借助参考物，操作简单且计算速度较快，但是其标定精度及鲁棒性能较低，只适用于实时性要求较高且精度要求较低的系统；张正友标定法介于二者之间，具有操作简单、标定精度高、鲁棒性好等优点，使用较为广泛。

9.1 标定的目的和意义

相机的成像过程实质上是坐标系的转换。首先空间中的点由“世界坐标系”转换到“相机坐标系”，然后再将其投影到成像平面（图像物理坐标系），最后再将成像平面上的数据转换到图像像素坐标系。但是由于透镜制造精度以及组装工艺的偏差会出现不同程度的畸变，导致原始图像失真。

镜头的畸变分为径向畸变和切向畸变两类。径向畸变主要是由镜头形状缺陷造成的，它又分为枕形畸变和桶形畸变，如图 9.1 所示。

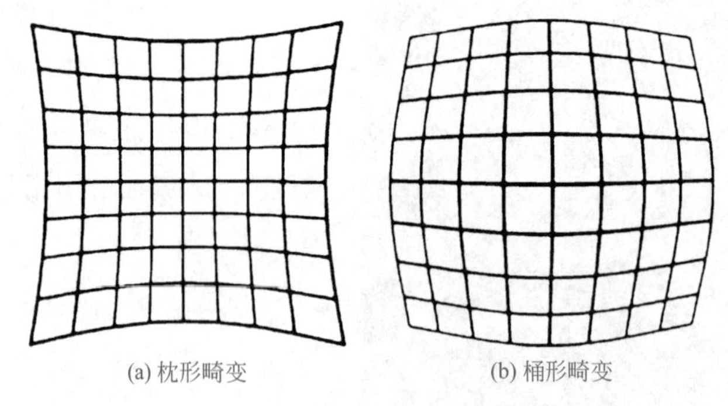

图 9.1　径向畸变

对一般低精度要求的场合，只考虑径向畸变就可以，因为切向畸变的影响远小于径向畸变。

因此如果要进行图像畸变校正就需要通过标定获取相机内部参数。同时，为了将图像坐标系中的像素距离与世界坐标系中的坐标距离对应起来，就需要了解相机的外部参数信息，换算其在世界坐标系中的实际距离。相机标定就是获取摄像机内部参数和外部参数的过程。

9.2 标定的参数

相机标定参数可分为内部参数和外部参数：

（1）内部参数

通过标定得到的相机内部参数描述了所使用的相机的特性，一般只与相机自身的内部结构有关，而与相机位置参数无关。内部参数一般包括相机的焦距、畸变系数、像素间距、中心点坐标、图像的宽和高等。这些参数虽然可以从制造商提供的说明书中查到，但其精确性不一定满足要求，因此只能作为参考，在实际应用中还需要对其进行标定，经过标定可以对这些参数的误差进行修正。不同的相机，其内部参数也不相同，这取决于相机和镜头的类型，以及选择的畸变类型。一般来说，不同相机的畸变系数差别会比较大，其他的内部参数大多可以从相机传感器或镜头的说明书中获得，采集图像的宽和高应当是明确的值。

（2）外部参数

相机的外部参数描述相机坐标系与世界坐标系的关系，即相机在世界坐标系中的三维位置，如相机的 X 轴坐标、Y 轴坐标、Z 轴坐标，以及相机的朝向（如围绕 X 轴、Y 轴、Z 轴旋转的角度）等。

9.3 HALCON 标定流程

（1）相机参数确定

对于面阵相机来说，有两种畸变模型可选，即 division 模式和 polynomial 模式。其中 division 使用一个 Kappa 系数表示径向畸变，适用于精度要求一般、采集图像数量不多的情况。polynomial 模式使用 3 个参数 K1、K2、K3 表示径向畸变，另外两个参数 P1、P2 表示切向畸变。polynomial 模式可以准确地对畸变失真进行建模，精度会比较高，花费的时间也会更长。这两种模式可以在相机参数初始化时进行选择。例如，面阵相机的 division 模式中有以下 8 个参数：

```
startCamPar:=[Focus,Kappa,Sx,Sy,Cx,Cy,ImageWidth,,ImageHeight]
```

Focus：相机的焦距 , 如果是远心相机，则焦距为 0。

Kappa：畸变系数，初始值可以设为 0。

Sx、Sy：对应相机的缩放系数。如果是针孔相机，对应的是相邻像元的水平和垂直间距；如果是远心相机，对应的是像素在世界坐标系中的宽和高。这两个值的初始值取决于相机芯片的尺寸，可以从相机说明书中获取。

Cx、Cy：图像的原点坐标，初始值可以认为是图像的中心点，即坐标分别为图像宽度和高度的一半。

ImageWidth、ImageHeight：采集的图像的宽和高。

面阵相机的 polynomial 模式中有以下 12 个参数，比 division 模式多了几个畸变系数。K1、K2、K3、P1、P2 初始值可以设为 0。算子如下式所示：

```
startCamPar:=[Focus,K1,K2,K3,P1,P2,Sx,Sy,Cx,Cy,ImageWidth,
ImageHeight]
```

通常情况下使用 division 模式，如果对参数要求比较高，则可以使用 polynomial 模式。

（2）准备标定板

图 9.2 所示为常见标定板的示意图，在后面的标定助手介绍和标定例程中用到的也是这种标定板。下面我们将介绍

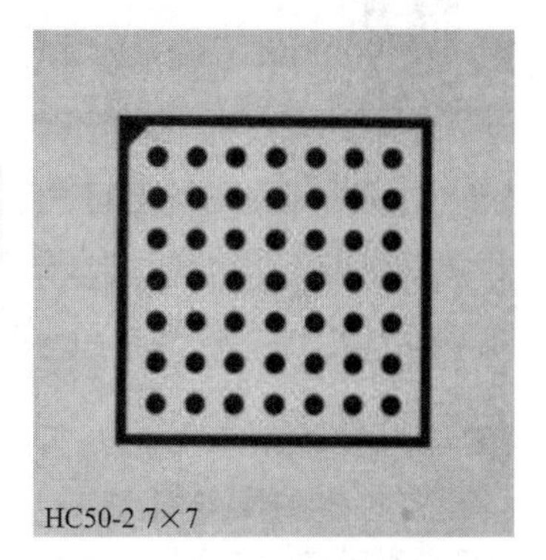

图 9.2　标定板

几种常用规格的标定板的详细参数，如表9.1所示。

表9.1 HALCON常用标定板参数 mm

型号	外边框长度	内边框长度	半径	中心距	阵列
30×30	30×30	28.125×28.125	0.9375	3.75	7×7
40×40	40×40	37.5×37.5	0.125	5	7×7
50×50	50×50	46.875×46.875	1.5625	6.25	7×7
60×60	60×60	56.25×56.25	1.875	7.5	7×7

（3）使用HALCON标定助手进行标定

① 选择“助手”→“打开新的Calibration”选项，即可打开标定助手界面，如图9.3所示，在该界面可以设定描述文件、标定板厚度、摄像机类型、单个像元的宽和高等。

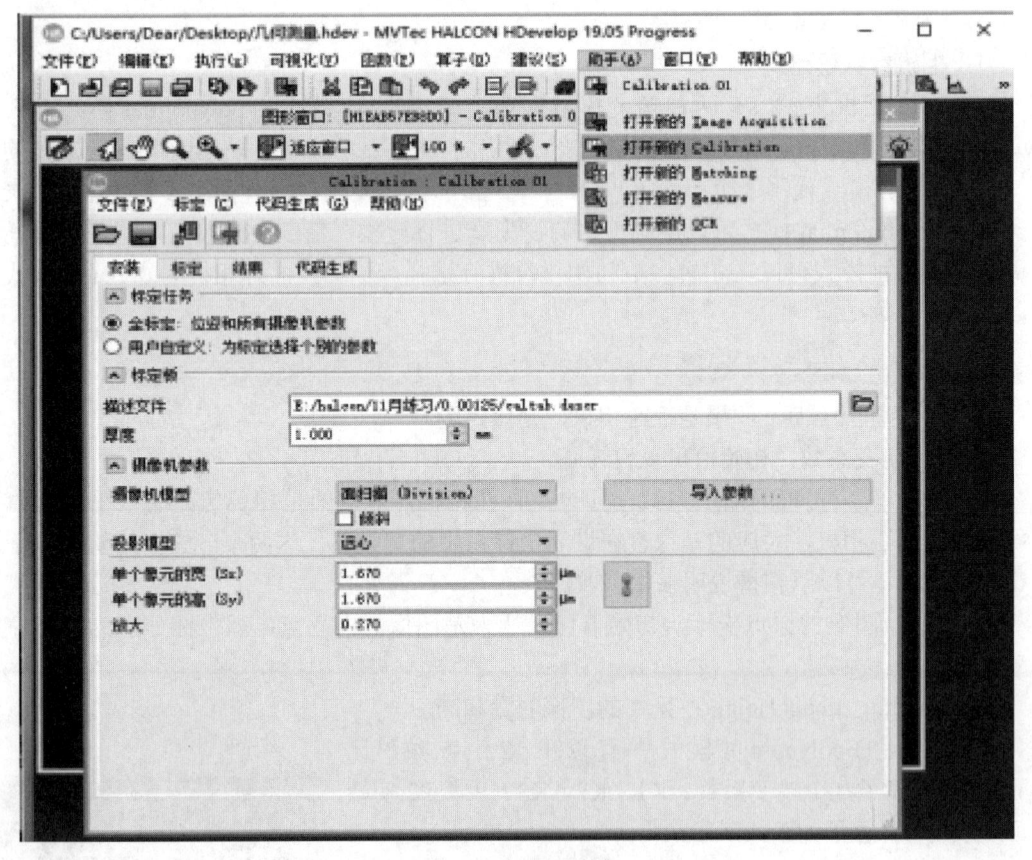

图9.3 标定助手界面

② 加载图像，可以选中“图像文件”单选按钮，导入标定的图像，即导入采集的标定板中各个角度的图像，如图9.4所示。也可以选中“图像采集助手”单选按钮，选择实时采集标定板图像。同时需要将其中一幅图像设置为参考位姿。导入标定图像后，观察图像状态栏，状态栏提示“确定”，则可以进行下一步。

③ 采集图像合格后，点击“标定”按钮，在“结果”选项卡中将显示标定的参数信息，如图9.5所示。

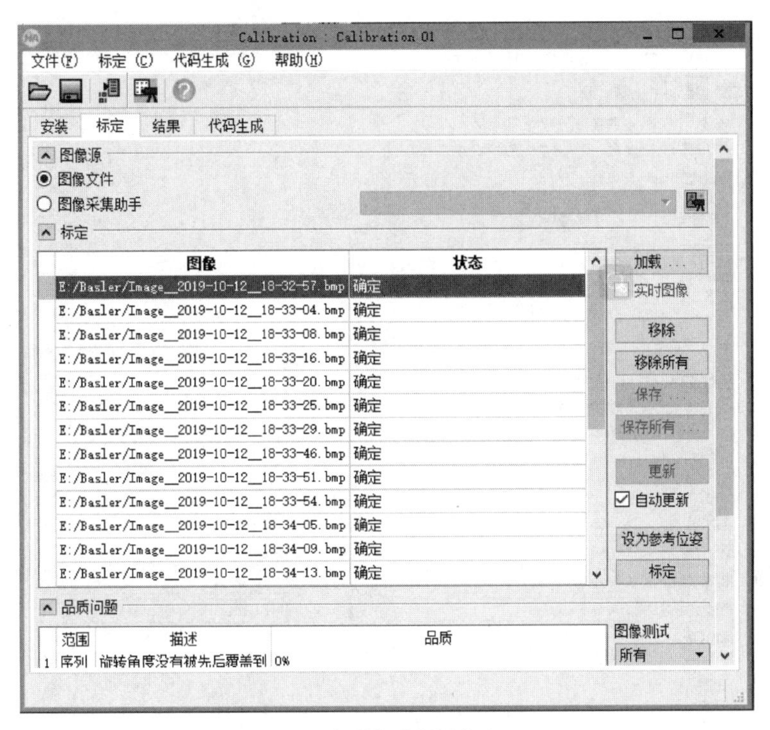

图 9.4 加载标定板图像窗口

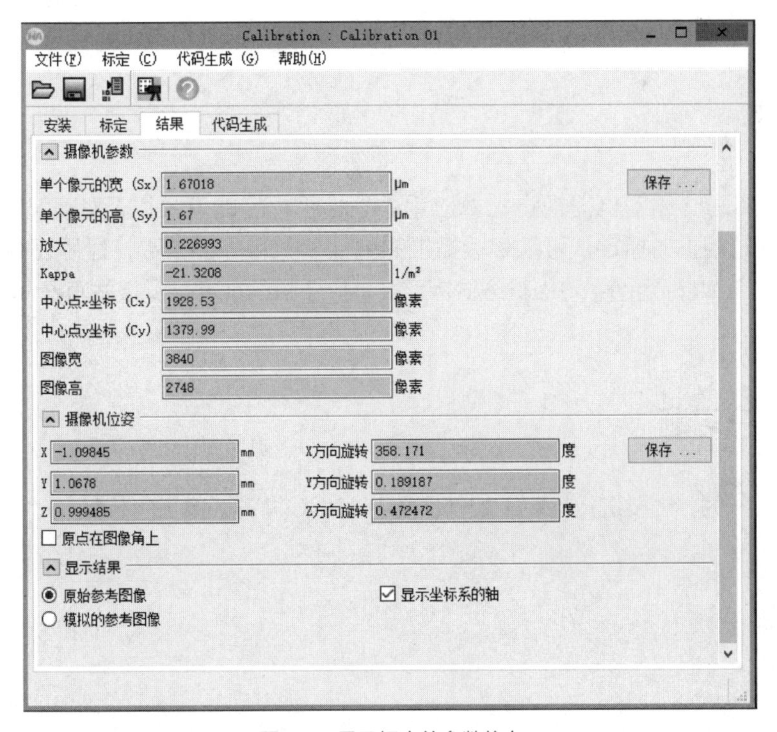

图 9.5 显示标定的参数信息

④ 标定完成后，如果要将这些参数应用于程序中，可以单击“代码生成”选项卡中的“插入代码”按钮，即可将代码插入到程序中，如图 9.6 所示。插入的代码即是相机的内部参数和外部参数。

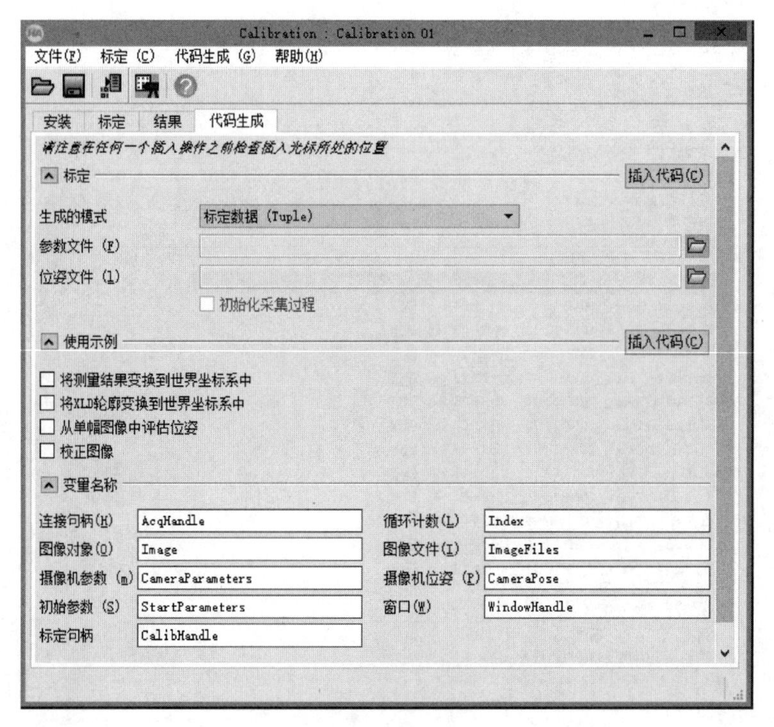

图 9.6　插入代码

小结

本章介绍了机器视觉技术应用中，相机标定的意义以及如何对相机进行标定，通过对相机的标定，可以获取相机的内部参数和外部参数，最后还介绍了如何使用 HALCON 标定助手对相机进行标定。标定于机器视觉检测技术有着非常重要的意义。

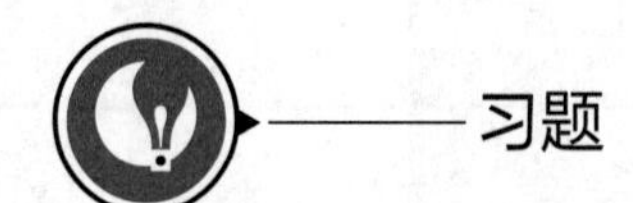

习题

为什么要进行标定？如何使用 HALCON 对图像进行标定？

第 10 章 3D 视觉基础

随着图像处理技术和视觉计算技术在工业自动化生产中的快速发展，基于机器视觉引导的测量技术已经在当今的工业生产中占据了举足轻重的位置。进入 21 世纪以来，2D 视觉测量方法已经远远不能满足工业生产的需求，对于一些高精度同时具有特殊的量测位置的产品也让传统的视觉检测方法显得束手无策，因此基于 3D 视觉的测量技术受到研究者的广泛关注，同时得到了快速发展。机器视觉算法的效果严重依赖于输入图像的质量，表面缺陷检测、深度检测、共面性检测、曲面度检测等均是 3D 视觉技术的优势。针对这些检测方式 2D 相机想要取得一幅质量好的图像非常困难，3D 激光测量技术的出现弥补了传统视觉量测技术的缺陷，为空间 3D 信息的获取提供了全新的技术手段，为信息数字化发展提供了必要的生存条件。本章将介绍立体视觉的相关基础知识。

10.1 三维空间坐标

理解三维空间坐标是立体视觉的基础，这里要介绍的三维空间坐标，就是点在世界坐标系中的三维位置。

（1）三维坐标系

二维空间的点，如图像平面上的点P的坐标由(u,v)两个值组成。三维空间中的点坐标由3个值组成，即(x_w,y_w,z_w)，这3个值也可以表示为一个三维向量。例如，世界坐标系中的点p_w，其坐标表示成向量如下所示：

$$\boldsymbol{p}_w=(x_w,y_w,z_w)^{\mathrm{T}} \tag{10.1}$$

描述点的坐标系常涉及以下几种，如图10.1所示。

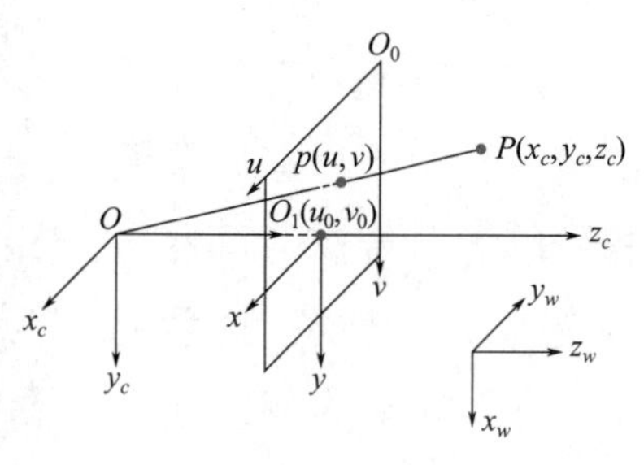

图 10.1　参考坐标系

图像像素坐标系：表示场景中三维点在图像平面中的位置，其坐标系的原点一般在图像的左上角。u轴为行方向，沿着原点向右递增；v轴为列方向，从原点开始向下递增。

图像物理坐标系：图像像素坐标系只是表征像素的位置，但像素并没有实际的物理意义。因此，需建立具有物理单位（如mm）的平面坐标系。其坐标原点在图像平面的中心(u_0,v_0)，X轴和Y轴分别平行于图像像素坐标系的坐标轴，坐标用(x,y)来表示。

相机坐标系：相机坐标系的原点位于相机光心，其X轴与Y轴方向平行于图像坐标系的X轴、Y轴。相机的光轴为Z轴，坐标系满足右手法则。光轴与成像平面的交点称为图像主点。场景点在相机坐标(x_c,y_c,z_c)下的三维坐标，即将场景点表示成以观察者为中心的数据形式，可以用(x_c,y_c,z_c)表示。

世界坐标系：即真实世界中的坐标，也称为绝对坐标系，其原点也是以相机光心为原点的，场景点的三维坐标用(x_w,y_w,z_w)表示。标定的意义就在于，通过图像上一个点的坐标(x_i,y_i)推算出该点在世界坐标系中的坐标(x_w,y_w,z_w)。

（2）刚体变换

从相机坐标系变换到世界坐标系为刚体变换，只有平移和旋转两种变换方式。一般来说，使用$\boldsymbol{T}$向量表示平移，$\boldsymbol{R}$向量表示旋转。

点的平移变换，就是在点的坐标向量上加上平移向量。坐标系统的平移变换就是在其原有的位置坐标向量的基础上加上平移向量。如果有多个坐标轴的平移变化，可以依次在每个轴的坐标向量上加上平移向量，平移的顺序不影响变换的结果。例如，点p_1的坐标为(x_p,y_p,z_p)，平移向量为(x_t,y_t,z_t)，则平移后的点p_2的坐标为$(x_p+x_t,y_p+y_t,z_p+z_t)$。

点的旋转就是使用其坐标向量乘以一个旋转矩阵。如果要旋转一个坐标系统，那么矩阵的列向量对应于原始坐标系中旋转坐标系的轴向量。例如，将点p_1进行旋转，旋转矩阵为$\boldsymbol{R}$，则旋转后的点p_R坐标为$P_R=R\cdot p_1$。

10.2 双目立体视觉

双目立体视觉的开创性工作始于 20 世纪的 60 年代中期。美国 MIT 的 Roberts 通过从数字图像中提取立方体、楔形体和棱柱体等简单规则多面体的三维结构，并对物体的形状和空间关系进行描述，把过去的简单二维图像分析推广到了复杂的三维场景，标志着立体视觉技术的诞生。双目立体视觉是立体视觉的一种重要形式，具有效率高、精度合适、系统结构简单、成本低等优点，非常适合于制造现场的在线、非接触产品检测和质量控制。

人之所以能够感受到立体视觉，是因为人的左右眼之间有 6 ～ 7cm 的间隔，因此，左眼与右眼看到的影像会有细微的差别，所以我们很容易判断物体的远近以及多个物体的前后关系。双目立体视觉的基本原理与人眼观察世界的方式类似，双目立体视觉获取图像是通过不同位置的两台摄像机或者一台摄像机经过平移或旋转拍摄同一幅场景，来获取立体图像对。

假定两个相机平行放置并且相机的内部参数相同，图 10.2 为双目视觉示意图，由图可见，世界坐标系中被测目标上任意一点 $P(x_w,y_w,z_w)$，在左相机坐标系中像面上的投影点为 $p(u_L,v_L)$，在右相机坐标系中像面上的投影点为 $p(u_R,v_R)$。若仅用有一个相机的单目视觉系统观察，只能获知点 $P(x_w,y_w,z_w)$ 可能位于左相机光心 O_L 与点 $p(u_L,v_L)$ 所构成的射线上，或位于右相机光心 O_R 与点 $p(u_R,v_R)$ 所构成的射线上。但是若同时用有两个相机的双目视觉系统观察，并且如果能确定像点 (u_L,v_L) 和 (u_R,v_R) 对应于同一空间特征点 $P(x_w,y_w,z_w)$，就可以通过两个像点与相机光心所构成的两直线的交点计算出点 $P(x_w,y_w,z_w)$ 的确切位置。注意，由于相机成倒立图像，图 10.2 中将正立相面置于相机前方焦距处，以方便讨论。

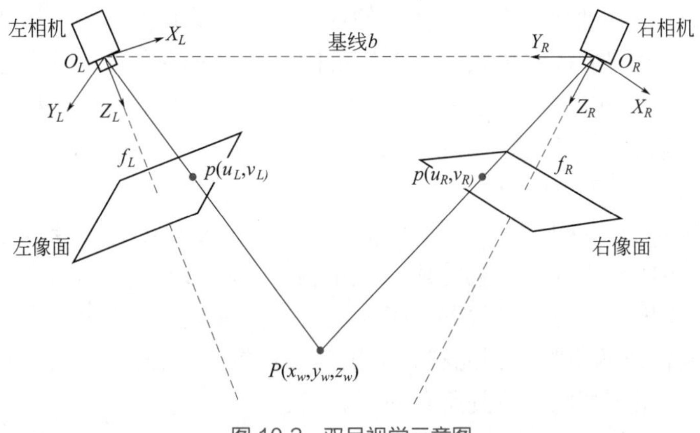

图 10.2　双目视觉示意图

由于两相机类型相同，因此所成图像在同一平面上，从而空间点在两个图像坐标系中 Y 方向的坐标相同，即 $v_L=v_R$，进一步根据几何关系可得到：

$$\begin{cases} u_L = f\dfrac{x_w}{z_w} \\ u_R = f\dfrac{x_w - B}{z_w} \\ v_L = v_R = f\dfrac{y_w}{z_w} \end{cases} \tag{10.2}$$

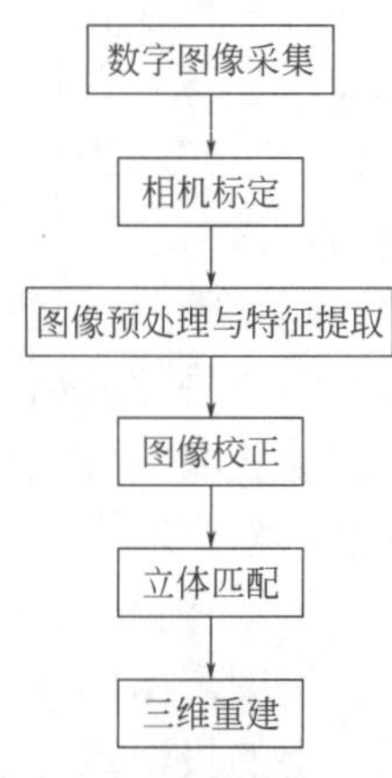

图 10.3　双目立体视觉系统

其中f为相机焦距（左右相机焦距相同）。注意，在计算像点在右相机所形成图像的位置时，先通过坐标平移将$P_w(x_w, y_w, z_w)$点变换到右相机坐标系中，再进行计算。只要相机像面上的任意一点能在右相机像面上找到相同的匹配点，就可以根据视差确定该点的三维坐标。更进一步，只要被检测目标像面上的所有点都可在另一个相机中找到同源点，就可以确定被测目标的三维坐标。

一个完整的双目立体视觉系统通常可分为数字图像采集、相机标定、图像预处理与特征提取、图像校正、立体匹配、三维重建六大部分，如图 10.3 所示。

（1）数字图像采集

图像的采集是图像处理的前提和立体视觉的物质基础。数字图像采集中常用的硬件设备有扫描仪、数码相机、工业 CCD 相机和采集卡。立体图像是对同一景物从不同视点捕获的多幅图像，其获取的方式很多，主要取决于应用的场合和目的。对于双目立体视觉系统来说，有许多方法可以用来采集立体图像，而且获取这些图像的视点既可以在一条直线上，也可以在一个平面上。

（2）相机标定

对双目立体视觉而言，对它们的标定是实现立体视觉基本而又关键的一步。通常先采用单目相机的标定方法，分别得到两个摄像机的内、外参数，再通过同一世界坐标中的一组定标点来建立两个相机之间的位置关系。双目相机标定时需要注意以下几个方面。

① 相机安装的位置应考虑与被测物体的距离。两个相机之间的基线间距越大，可测距离就会越远。在搭建系统之前应使用几何原理计算相机之间的相对位置，以及距离和允许的测量误差，以设置合适的基线距离。

② 相机位置确定后，应将两个相机进行固定。除了相对位置需要固定以外，两个相机还应当处于完全一致的水平面上，同时避免发生相对旋转与前后位置偏差。在标定及实际测量过程中，应保证相机平台的水平位置、相机之间的相对位置及相机焦距不再发生变化。

③ 将标定板放置在两个相机都能够完全拍到的位置上。在给标定板变动位姿时应注意，无论如何移动，两个相机都应能看到所有的标记点。

④ 两个相机的光照环境应尽可能一致。如果因为光线的干扰造成两个相机画面一明一暗，可能会影响匹配的效果，因此应注意调节光线。

（3）图像预处理与特征提取

获得图像后，需对获取的图像进行预处理。因为在图像获取过程中，存在一系列的噪声源，通过此处理可显著改进图像质量，使图像中特征点更加突出。然后进行特征点的提取，对立体像对中需要提取的特征点应满足以下要求：①与传感器类型及抽取特征所用技术等相适应；②具有足够的鲁棒性和一致性。

（4）图像校正

标定结束后，可以使用双目相机拍摄被测物体，获取立体图像对。此时注意不要改变相机的内部参数或者移动相机，以免使通过标定获得的相机内部参数和外部参数失效。

双目相机拍摄的图像也会有单目相机图像可能出现的畸变，此外还可能会由于双目立体视觉平台固定的细微偏差，造成两张图像水平不一致。这种情况非常常见，不过可以通过对图像进行畸形校正、旋转平移和行对齐等调整过程，使两张图中对应的特征点处于同一位置上。

在 HALCON 中可以使用 gen_binocular_rectification_map 和 map_image 算子实现立体图像对的校正。其中，gen_binocular_rectification_map 算子用于生成一个映射关系，该算子需要传入通过标定得到的相机内部参数和双目相机的相对位置关系（外部参数），然后输出两个图像的映射图 MapL 和 MapR 并将输出结果传递给 map_image 算子。

由此可以获得相机校正后的图像对。校正后，两张图中对应同一个特征点的像素应当处于同一水平位置，确切地说，就是在图像坐标系中的行坐标相同。这是为下一步的立体匹配和提取视差做准备，因为立体匹配是取参考图像中点所在的行，在另一张图中的同一行搜索对应的像素。因此，校正图像是匹配成功的前提。如果标定效果不够好，也将体现在校正图像上。如果校正后的图像不够水平，或者有缺失、视野扩大等其他明显异常，则可以考虑重新对双目相机进行标定。

（5）立体匹配

为了获得测量对象的深度信息，需要先求出立体图像对的视差图，这就需要对校正后的图像对进行立体匹配。立体匹配是双目立体视觉中关键、困难的一步。与普通的图像配准不同，立体像对之间的差异是由摄像时观察点的不同引起的，而不是由其他如景物本身的变化、运动所引起的。

立体匹配的原理是，通过找出一张图（如左视点图）的特征点，并且在对应的另一张图（如右视点图）中搜索该点，从而获得该点的对应坐标和灰度。

在 HALCON 中可以使用 binocular_disparity 算子进行立体匹配并生成视差图。binocular_disparity 原型如下：

```
    binocular_disparity(ImageRect1, ImageRect2 : Disparity, Score : Method, MaskWidth,
MaskHeight, TextureThresh, MinDisparity, MaxDisparity, NumLevels, ScoreThresh,
Filter, SubDisparity : )
```

ImageRectl、ImageRect2：分别表示输入的校正后的立体图像对中的左图和右图。其中 ImageRect1 作为参考图像，ImageRcct2 作为检测图像。两张图都应是单通道灰度图像。

Disparity：表示输出的视差图像。视差图像中坐标为(x, y)的点的灰度值，对应于参考图像中坐标为(x, y)的点的灰度值与检测图像中对应该坐标点的灰度值之差。

Score：表示输出的匹配分值图像，包含参考图像上每个点的匹配最佳结果。

Method：表示匹配所用的方法，这里指的是参考图像和检测图像中对应的矩形框的匹配方式。其有 3 个可选项，分别是对应像素差的绝对值的 SAD 方法、对应像素差的平方和的 SSD 方法以及基于图像相关性的 NCC 方法。前两者是直接对比搜索窗内的像素灰度值，由于算法简单，速度也会比较快；而 NCC 方法则考虑了搜索窗内的像素灰度均值和方差。所以，当左右两张图像的光照和对比度有偏差时，建议选择 NCC 方法。该参数的默认值也是 NCC。

MaskWidth、MaskHeight：分别表示搜索窗的宽和高。为了确保其中心点完全居中，搜索窗的宽和高取奇数。该搜索窗会在指定的行内滑动，将覆盖范围内的像素与参考图像中的目标点进行匹配，匹配成功的点将标记在视差图像中。窗口尺寸越大，视差图像会越平滑，但也可能会模糊一些细节；窗口尺寸越小，视差图像可能会有较多的噪声，但是图像的细节会更清晰，其默认值为 11。

TextureThresh：表示搜索窗内灰度值的最小统计分布，这对于纹理比较少的局部区域有用，能增加匹配结果的可靠性，由于匹配过程依赖于图像纹理，因此在缺少纹理变化的区域可能会没有视差，该阈值默认为 0。

MinDisparity、MaxDisparity：分别表示视差值的最小与最大范围。这个范围如果没有完全覆盖两张图的实际视差范围，可能会导致视差图像不完整；相反，如果这个范围设置得太大，也可能会使匹配时间增加或者导致匹配出错。所以，这个视差范围应谨慎设置。在不确定视差最大最小值时，可以使用一个简单的方法进行估算，即将校正后的左图和右图打开放在一起，观察图像，判断距离相机最近的点 N 的大致位置，粗略测出该点的纵坐标，并在两张图中的这个位置找到对应的点 N_1、N_2。同理，观察图像中距离相机最远的点 F，粗略测量该点的纵坐标，并在两张图中的这个位置找到对应的点 F_1、F_2。最小视差可用 N_1、N_2 的灰度差表示，最大视差可用 F_1、F_2 的视差表示，默认值为 −30 和 30。MinDisparity、MaxDisparity 两个参数仅作用于四像金字塔的最高层。对于图像中纹理变化差异比较大的情况，匹配时间会随层级数增长，如果层级设定得太大，也可能会导致上层图像的纹理缺失，其默认值为 1。

NumLevels：表示图像金字塔的层级。

ScoreThresh：表示匹配分数的阈值，即视差图像中仅包含匹配分值超过该阈值的点，值得注意的是，选择不同的匹配方法，阈值的取值范围也不同。如果选择 SAD 方法，对应的视差值是灰度值直接相减的结果，因此 ScoreThresh 的取值范围是 [0, 255]；如果选择 SSD 方法，ScoreThresh 的取值范围是 [0, 65025]；如果选择 NCC 方法，ScoreThresh 的取值范围是 [−1, 1]，默认情况下选择的是 NCC 方法，因此 ScoreThresh 的默认值为 0.5。

Filter：表示滤波器，可以选择 left_right_check，进行一个从右图到左图的反向检查，或者省略这一步，直接选择 none。

SubDisparity：用于设置视差图中子像素的精度，可以选择 interpolation 表示插值，或者省略这一步，直接选择 none。

binocular_disparity 算子运行结果如图 10.4 所示，其中图（a）和图（b）分别为左右立体图像对，图（c）为生成的视差图像，图（d）为匹配分数图像。

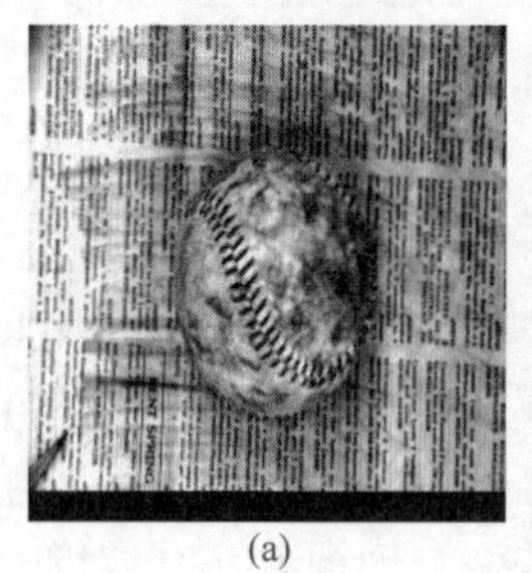
(a)

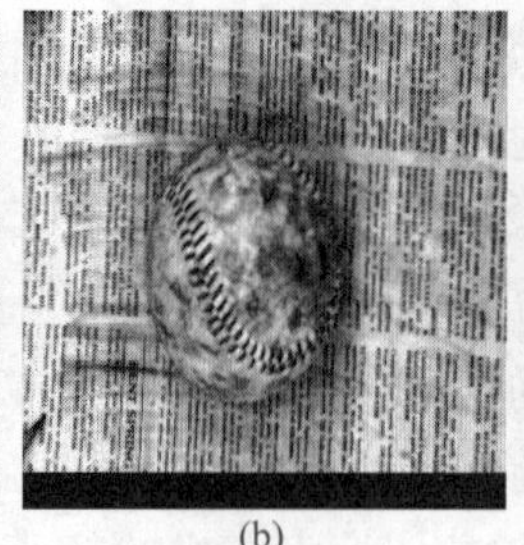
(b)

(c)

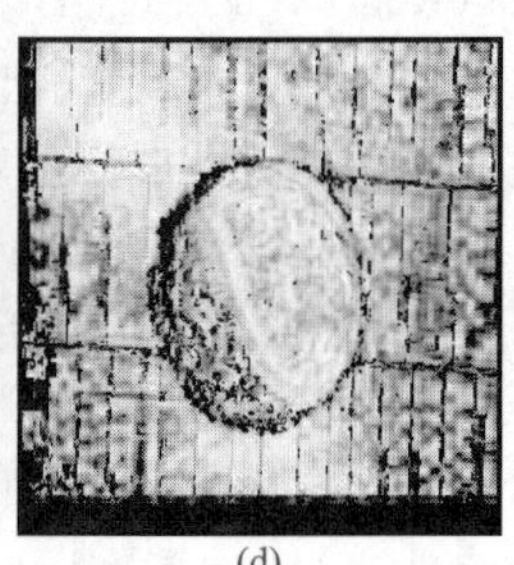
(d)

图 10.4　binocular_disparity 算子运行结果图

程序如下：

```
* 读取双目图像
read_image(Image1, 'data/stereo-left')
read image(Image2, 'data/stereo-right')
* 进行立体匹配并返回视差图和匹配分数图
binocular_disparity (LImage, RImage, DisparityNCC, Score, 'ncc', 11, 11, 0, -45,
10, 3, 0.3, 'left_right_check', 'interpolation')
```

（6）三维重建

三维重建的目的是由二维景物图像重构出景物的空间结构。在得到视差图像后，如果要进行三维重建，可以使用一些算子计算其三维坐标。例如，使用 disparity_to_point_3d 算子可以计算选定的视差图中的点的三维坐标，也可以使用 disparity_ image_to_xyz 算子将整张视差图像转换为 3D 点图。该算子的原型如下所示：

```
disparity_image_to_xyz(Disparity : X, Y, Z : CamParamRect1, CamParamRect2,
RelPoseRect : )
```

Disparity：输入视差图像，即经双目立体视觉系统校正后的视差图。根据图像的像素信息，计算每个点的 *X*、*Y*、*Z* 坐标，并输出 3 张图。

X、Y、Z：计算后输出的3张图，3张图的灰度分别表示视差图中对应位置的点在*X*、*Y*、*Z* 轴的坐标。

CamParamRectl、CamParamRect2：输入参数，分别表示两个相机的内部参数。

RelPoseRect：为外部参数，但这里的外部参数不同于单目相机标定的外部参数，它表示第 2 个相机相对于第 1 个相机的位姿变化。相机的参数可以通过双目相机标定的方法获得。

如果想要将获得的三维信息可视化，可以使用 visualize_3D_space 算子或 disparity_image_to_xyz 算子输出的 *X*、*Y*、*Z* 轴的坐标灰度图。具体参数应查询文档，绘制与显示过程可能会非常耗时。

10.3 激光三角测量

三角测量法是一种位移测量方法，其最大优点是非接触性测量。通过三维激光扫描获取的图像纹理丰富、分辨率高、具有更好的深度和范围信息，能更好地满足微小产品的视觉检测需求，故在工业应用和基础科学研究中被广泛使用，对微小产品平面度测量技术的研究就显得尤为重要，成为近年来机器视觉研究领域中的热点。本节中我们将对激光三角测量原理、激光三角传感器进行介绍。

10.3.1 技术原理

激光三角法的原理是激光器发出激光照射到被测表面，激光在被测物表面形成反射，返回到成像器，从而计算出物体的高度。由于入射光和反射光构成一个三角形，所以这种方法被称为三角测量法。如果激光线投射到物体表面的高度不同，则发光线条不会是一条直线，而是一条表现物体表面高度轮廓的线。通过这条轮廓线，就可以得到物体表面的高度差。图10.5为激光三角测量示意图。

视差图中的每一行存储一条轮廓线的值，这里相机必须是固定的，这样每一行扫描到的轮廓线才能和视差图像中对应的行平行。而被测物体应当是运动的，这样才能获得完整的轮廓线。如果系统未经过校准，则不会返回点在世界坐标系的三维坐标，但是仍然可以得到视差图像，以及测量结果的置信分数。注意，这里的视差图像有所不同，双目视觉中的视差图像体现了左右图中对应的像素的灰度值差，而片光测量结果的视差图中保存的是被检测到的轮廓线的子像素。

利用发射角度的不同，激光三角法按入射光线与被测零件表面法线方向所成的角度分为直射式和斜射式。

（1）直射式

直射式三角法测量等效光路如图10.6所示。激光器发出的光线，经会聚透镜聚焦后垂直入射到被测物体表面上，物体移动或表面变化导致入射光点沿入射光轴移动。接收透镜接收来自入射光点处的散射光，并将其成像在光点位置探测器（如PSD、CCD）敏感面上。但由于传感器激光光束与被测面垂直，因此只有一个准确的调焦位置，其余位置的像都处于不同程度的离焦状态。

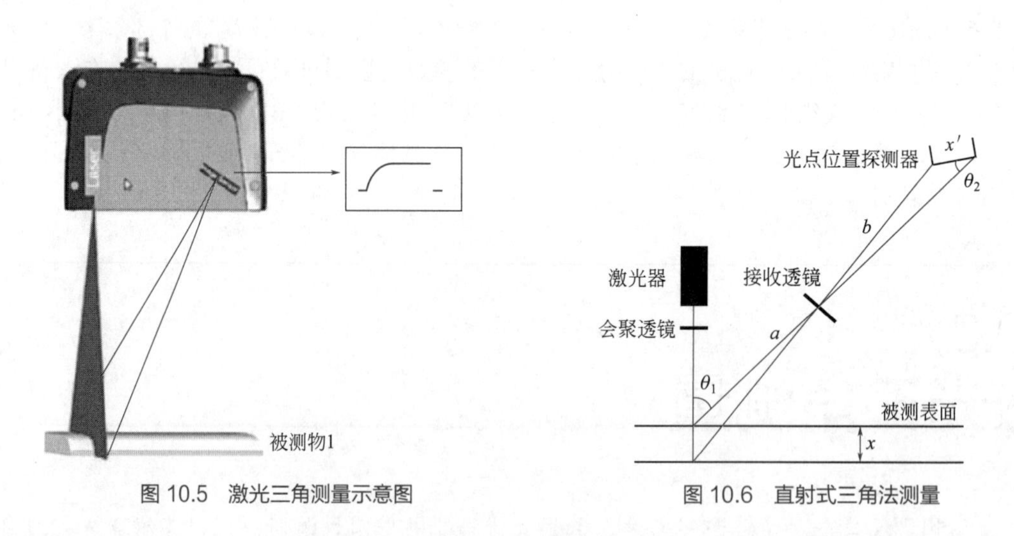

图10.5　激光三角测量示意图

图10.6　直射式三角法测量

若光点在成像面上的位移为x'，利用相似三角形各边之间的比例关系，按式（10.3）可求出被测面的位移：

$$x = \frac{ax'\sin\theta_2}{b\sin\theta_1 - x'\sin(\theta_1+\theta_2)} \tag{10.3}$$

式中，a为激光束光轴和接收光轴的交点到接收透镜前主面的距离；b为接收透镜后主面到成像面中心点的距离；θ_1为激光束光轴与接收透镜光轴之间的夹角；θ_2为探测器与接收透镜光轴之间的夹角。

（2）斜射式

图10.7为斜射式三角法测量原理图。激光器发出的光与被测面的法线方向成一定角度入

射到被测面上，同样用接收透镜接收光点在被测面的散射光或反射光。

若光点的像在探测器敏感面上移动x'，利用相似三角形的比例关系，则物体表面沿法线方向的移动距离为：

$$x=\frac{ax'\sin\theta_3\cos\theta_1}{b\sin(\theta_1+\theta_2)-x'\sin(\theta_1+\theta_2+\theta_3)} \tag{10.4}$$

式中，θ_1为激光束光轴与被测面法线之间的夹角；θ_2为成像透镜光轴与被测面法线之间的夹角；θ_3为探测器光轴与成像透镜光轴之间的夹角。

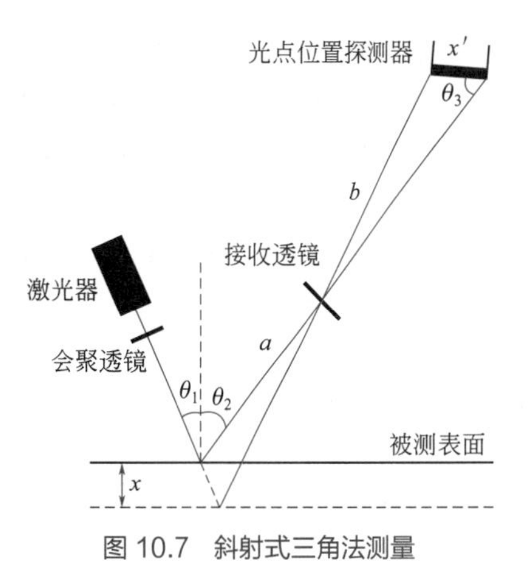

图 10.7　斜射式三角法测量

（3）两种三角位移传感器特性的比较

基于三角测量法的传感器称为激光三角位移传感器，具体可分为直射式激光三角位移传感器和斜射式激光三角位移传感器。这两种传感器都可以对被测面进行高精度、高速度的非接触测量，但比较起来有以下几点区别：

① 斜射式可接收来自被测物体的正反射光，比较适合测量表面接近镜面的物体。直射式由于其接收散射光的特点，适合于测量散射性能好的表面。

② 直射式光斑较小，光强集中，不会因被测面不垂直而扩大光斑，而且一般体积较小。斜射式传感器分辨率高于直射式，但它的测量范围较小，体积较大。斜入射直接收式传感器的体积和直入射式相当，并且分辨率高于直射式，因此较为常用。

应该根据实际情况，如被测面的粗糙度、工作距离、测量范围、安装位置、精度要求等来决定选择哪种类型。

10.3.2　激光三角传感器硬件参数

激光三角传感器组成部分包括摄像机、激光器等，在本节中，我们将对激光三角传感器的参数进行介绍，在表 10.1 中列举了激光三角传感器的基本参数。

表 10.1　激光三角传感器参数

视野范围 /mm	近 | 中 | 远 10.5|11|11.5	水平分辨率（Y）/μm	5.8 ～ 6.8
测量范围 /mm	5	Z 线性度	0.015%（0.015μm/mm）
最佳工作距离 /mm	23.5	Z 重复精度 /μm	0.1
垂直分辨率（Z）/μm	0.37 ～ 0.45		

① 视野范围：又称视场，是指在某一工作距离时传感器激光线方向能扫到的最大宽度。3D 传感器的 FOV 包含了远视场、中视场和近视场。

② 测量范围：指传感器近视场到远视场之间的距离，其类似于 2D 相机的景深。需要注意，测量范围不等于扫描范围。

③ 工作距离：指传感器下表面（玻璃面）到被测物上表面的距离。

④ 分辨率：传感器能识别到的最小尺寸。

⑤ 垂直分辨率：Z 轴方向能被测量出的最小高度。

⑥ 水平分辨率：Y 轴方向能测出的最小宽度。

⑦ 线性度：偏差值（参考值与测量值的差值）与测量范围的比值。通过线性度我们可以算出当前传感器的准确度。

⑧ 重复精度：又称重复性，指将被测料件重复扫描 4100 次的最大偏差值。各参数如图 10.8 所示。

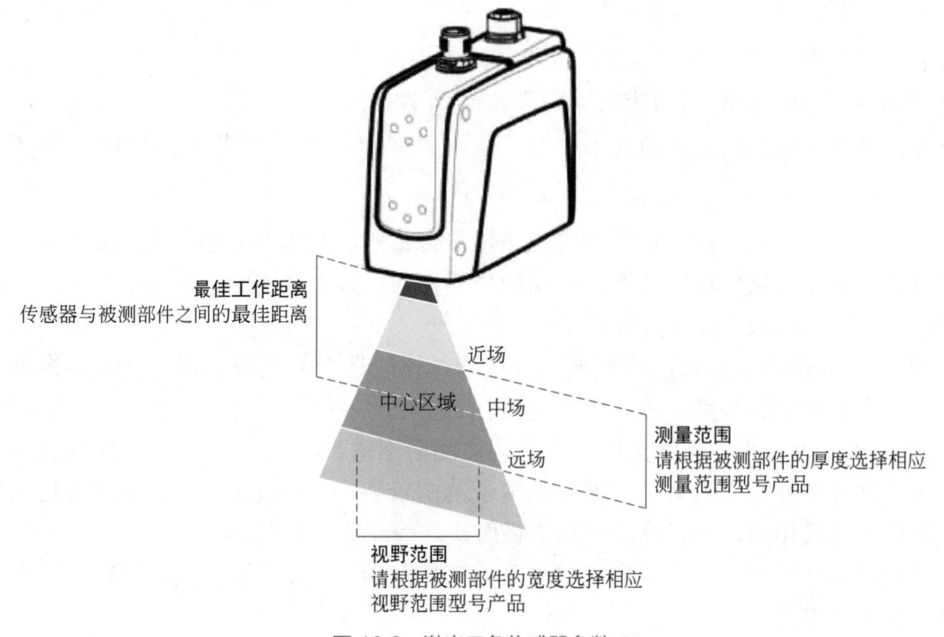

图 10.8　激光三角传感器参数

10.3.3　使用 HALCON 标准标定板标定

标定的过程分为如下几步：

① 标定相机。

② 确定世界坐标系中的光平面方向。

③ 标定物体的相对位移。

其中，相机的标定参考前文中的标定方法，标定后返相机的内部参数以及相机的位姿参数。为了确定光平面的方向，需要至少 3 个关键点。其中 P_1、P_2 这两个点是世界坐标系中 Z 坐标为 0 的点，另一个点 P_3 是 Z 坐标不为 0 的点。因此，可以使用 HALCON 标准标定板做 3 次标定图像采集。前两次把标定板放在 Z 坐标为 0 的平面上，第 3 次放在不平行于 Z 轴，却与光平面倾斜相交的位置上。

在标定时需注意，标定的光平面与实际测量时发射的光平面应是同一平面，而且标定板摆放时要避免垂直于光平面，以防止光的散射使拍摄到的线条变宽。在 HALCON 的样例程序 calibrate_sheet_of_light_calplate.hdev 中详细介绍了如何对激光三角测量系统进行标定，这里简单对样例程序进行注解。

首先，设置相机内部参数的初始值，同时设置标定板的厚度。例如：

```
    Start Parameters := [0.0125,0.0,0.0,0.0,0.0,0.0,0.000006,0.000006,376.0\120.0,752,
240]
    CalTabDescription: ='caltab 30mm.descr'
    CalTabThickness: =. 00063
```

然后，读取相机的标定图像。这些图像不是针对光平面的，而是出于标定相机的目的拍摄的。假设标定图像的数量为 20 张，依次读取并获取特征点。

```
    NumCalibImages: =20
    for Index: = 1 to NumCalibImages by 1
    read image (Image, 'sheet_of_light/connection_rod_calib'+Index$'. 2')
    find calib object (Image,CalibDataID,0,0,Index,[ ],[ ])
    endfor
```

获得这些图像后，使用 calibrate_cameras 算子进行相机标定，得到相机的内部参数与外部参数。要注意的是，这里选择的位姿参考图像决定了相机的位姿，也决定了测量中使用的世界坐标系原点。

```
    calibrate_cameras(CalibDataID,Errors)
    get_calib_data (CalibDataID,'camera',0, 'params',CameraParameters)
```

为了确定光平面在世界坐标系中的位置，需要用到两张标定图像。在这两张标定图像中，标定板处于不同的高度。其中一张用于定义世界坐标系，而另一张的位姿用于定义一个临时坐标系，这两张图中的原点位置要根据标定板的厚度做一点偏移。

```
    Index: =19
    get_calib_data (CalibDataID,'calib obj pose',[0,Index],'pose',CalTabPose)
    set_origin_pose (CalTabPose,0.0,0.0,CalTabThickness,CameraPose)
    Index: =20
    get_calib_data (CalibDataID,'calib_obj _pose',[o,Index],'pose',CalTabPose)
    set_origin _pose (CalTabPose,0.0,0.0,CalTabThickness,TmpCameraPose)
```

这两张图同时采集光平面的激光线的图像，并且在这两张图中，激光线明显地投射在标定板上。有了之前标定得到的位姿，使用 compute_3d _coordinates_of_light_line 算子计算构成激光线的点的三维坐标。获得的点云由世界坐标系下光平面中的 Z 坐标为 0 的点（P_1，P_2），以及临时坐标系中 Z 坐标为 0 的点（P_3）组成。

```
    read_image_(ProfileImagel,'sheet_of_light/connection_rod_lightline 019.png')
    compute_3d_coordinates_of_light_line(ProfileImagel,MinThreshold,CameraParameters,
[],CameraPose, X19, Y19, Z19)
    read_image(ProfileImage2,'sheet_of_light/connection_rod_lightline 020.png')
    compute_3d_coordinates_of_light_line(ProfileImage2,MinThreshold,CameraParameters,
TmpCameraPose,CameraPose, X20, Y20, Z20)
```

然后，使用 fit_3d_plane_xyz 算子根据点云拟合出一个平面，这就是要求的光平面。使用 get_light_plane_pose 算子获得光平面的位姿：

```
    procedure fit_3d_plane_xyz (X,Y,Z,Ox,Oy,Oz,Nx,Ny,Nz,MeanResidual)
    get_light_plane_pose (Ox,Oy,Oz,Nx,Ny,Nz,LightPlanePose)
```

接下来，标定对象的相对线性位移。这时需要两张位移幅度不同的图像，出于标定精度的考虑，最好不要使用两张连续移动的图像，而是使用已知移动步长的两张图。

```
read_image (CaltabImagePos1, 'sheet_of_light/caltab_at position_1.png')
read_image (CaltabImagePos20, 'sheet_of_light/caltab_at_position_2.png')
StepNumber: =19
```

已知步长为 19，读取两张有位移的图像之后，即可获取标定板的位姿。

```
find_calib_object(CaltabImagePos1,CalibDataID,0, 0, NumCalibImages+1, [],[])
get_calib_data_observ_points (CalibDataID, 0, 0, NumCalibImages+1, Row1,Column1,
Index1, CameraPosePos1)
find_calib_object(CaltabImagePos20,CalibDataID,0,0,NumCalibImages+2, [],[])
get_calib_data_observ_points (CalibDataID, 0, 0, NumCalibImages+2, Row1,Column1,
Index1, CameraPosePos20)
```

计算出移动了 19 步的位移变量。注意，这里假设没有发生任何旋转，因此所有的旋转向量都设为 0。

```
pose_to_hom_mat3d (CameraPosePos1, HomMat3DPos1ToCamera)
pose_to_hom_mat3d (CameraPosePos20, HomMat3DPos20ToCamera)
pose_to_hom_mat3d (CameraPose,HomMat3DWorldToCamera)
hom_mat3d_invert(HomMat3DWorldToCamera,HomMat3DCameraToWorld)
hom_mat3d_compose(HomMat3DCameraToWorld,HomMat3DPos1ToCamera, HomMat3DPos1ToWorld)
hom_mat3d_compose(HomMat3DCameraToWorld,HomMat3DPos20ToCamera, HomMat3DPos20ToWorld)
affine_trans_point_3d (HomMat3DPos1ToWorld,0,0,0,StartX,StartY,StartZ)
affine_trans_point_3d (HomMat3DPos20ToWorld,0, 0, 0,Endx, EndY, EndZ)
MovementPoseNSteps: =[Endx-StartX, EndY-StartY, EndZ-StartZ,0,0, 0, 0]
```

最后用所有步数的移动向量除以步数，就得到了单步位移向量：

```
MovementPose: =MovementPoseNSteps/StepNumber
```

10.3.4 使用激光三角技术进行测量

测量的主要步骤如下：

① 对测量系统（包括激光平面、相机）进行标定。

② 使用 create_sheet_of_light 算子创建激光三角技术模型。

③ 采集每个轮廓线的图像。

④ 使用 measure_profile_sheet_of_light 算子测量每张图中的轮廓线。

⑤ 使用 get_sheet_of_light_result 算子获取测量的结果。如果需要访问结果中的 3D 模型，可以使用 get _sheet_of_light _result_object_model_3d 算子。

如果该测量系统没有经过标定，但获取了视差图，那么还需要知道 *X* 轴、*Y* 轴、*Z* 轴坐标或者 3D 模型，然后做一个标定。使用 set_sheet_of light_param 算子添加已知的相机参数。调用 apply_ sheet_of light _calibration 算子，然后通过 get_sheet_of light result 算子或者 get_sheet_of light_result_object_model_3d 算子获得结果中的 *X* 轴、*Y* 轴、*Z* 轴坐标或 3D 模型。详细的标定过程可参考 HALCON 样例 hdevelop\Applications\Measuring-3D\calibrate_Sheet_of_light_calplate.hdev。

⑥ 使用 clear_sheet_of_light_model 算子从内存中清除激光三角模型。

机器视觉的本质是通过图像获取三维世界的真实信息。在本章中我们介绍了两种获取图像三维信息的方法，分别是双目立体视觉、激光三角测量。双目视觉系统可分为数字图像采集、相机标定、图像预处理与特征提取、图像校正、立体匹配、三维重建六大部分。对双目系统来说，若被测目标像面上的所有点都可在另一相机中找到同源点，就可以确定被测目标的三维坐标。而激光三角测量通过激光器发出激光照射到被测表面，激光在被测物表面形成反射，返回到成像器这一过程计算出物体的高度。激光三角测量拥有高速度、高精度、多功能、多参数、小尺寸的特点。它将在机器视觉、自动加工、工业在线检测、产品质量控制、实物仿形、生物医学等领域具有重要的意义和广阔的应用前景。

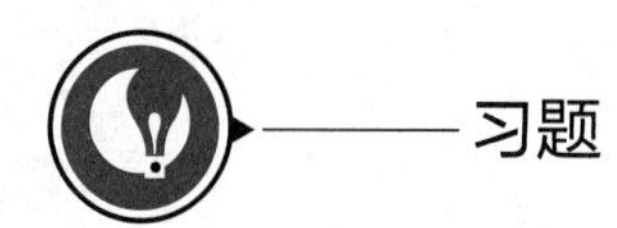

10.1 常用的坐标系有哪几种，分别是什么坐标系？简要说明各坐标系的代表含义。

10.2 双目立体视觉系统主要包括哪几部分？

10.3 么是激光三角测量技术？请简要说明其原理。

混合编程

HALCON 程序可以导出为 C/C++、C#、VB 等代码，然后进一步选择界面编程方式将 HALCON 的代码封装到程序中，该步为 HALCON 的混合编程，也可叫联合编程。界面编程常选择 QT 或 MFC，MFC 是 VC 平台传统的界面开发程序框架，工业应用中使用比较多，而 QT 是时下比较流行的跨平台的 C++ 图形用户界面应用程序框架，本章将介绍 HALCON 与 MFC 和 QT 混合编程的方式。

11.1 混合编程的方式

HALCON 的开发使用的是自带的编译环境 HDevelop，对于开发工作者来说是个很好的使用环境，但是使用 HALCON 开发的程序最终还是要交付给客户使用的，在 HDevelop 中调试完的程序并不能直接交付客户使用，还需要经过一层封装，将 HDevelop 中调试完的程序封装成一个界面应用软件，成为方便用户使用的软件程序。

11.2 HALCON 与 MFC 混合编程

本示例演示 MFC 如何使用 HALCON 的方法读取一张图片，HALCON 编程中最重要的两部分是图形窗口显示的图像和程序编辑器编辑的代码，本示例将展示 HALCON 中图像和代码封装到 MFC 中的过程，本示例的开发环境为 VS2017+HALCON12.0+Win10 64 位电脑系统。

（1）在 HALCON 中编写读取图片的代码，并导出为 C++ 代码

① 编写 HALCON 代码，代码如下：

```
* 读取图像
read_image (Image, 'C:/Users/Dear/Desktop/7.4.png')
* 获得图像尺寸
get_image_size (Image, Width, Height)
* 关闭图像窗口
dev_close_window ()
* 打开新的窗口，大小与图像尺寸相适应
dev_open_window (0, 0, Width, Height, 'black', WindowHandle)
* 设置图像显示为充满整个图像窗口
dev_set_part (0, 0, Width-1, Height-1)
* 显示图像
dev_display (Image)
```

运行效果如图 11.1 所示。

② 将 HALCON 代码导出为 C++ 代码。在菜单栏的“文件”项下选择“导出”，导出对话框里可以设置导出路径、导出格式、函数属性、编码格式等，我们选择一个存放的路径，然后选择导出格式为 C++，其他默认即可，最后点击“导出”，即可在我们设定的路径下找到需要的 C++ 代码，如图 11.2 所示。

③ 在导出的 C++ 代码里找到我们需要的部分。用文本编辑器打开导出的 C++ 代码文件，找到其中的 action() 函数，里面的代码即是我们需要的。如图 11.3 所示，代码中包含两部分的内容，一部分是 HALCON 的变量声明，另一部分是 HALCON 程序导出成 C++ 格式

的代码。HALCON 的变量类型有两种，一种是 HObject 类型，表示的是图像变量；另一种是 HTuple 类型，表示的是控制变量，除了图像之外的都属于控制变量，例如句柄、字符串、数组、浮点数等。

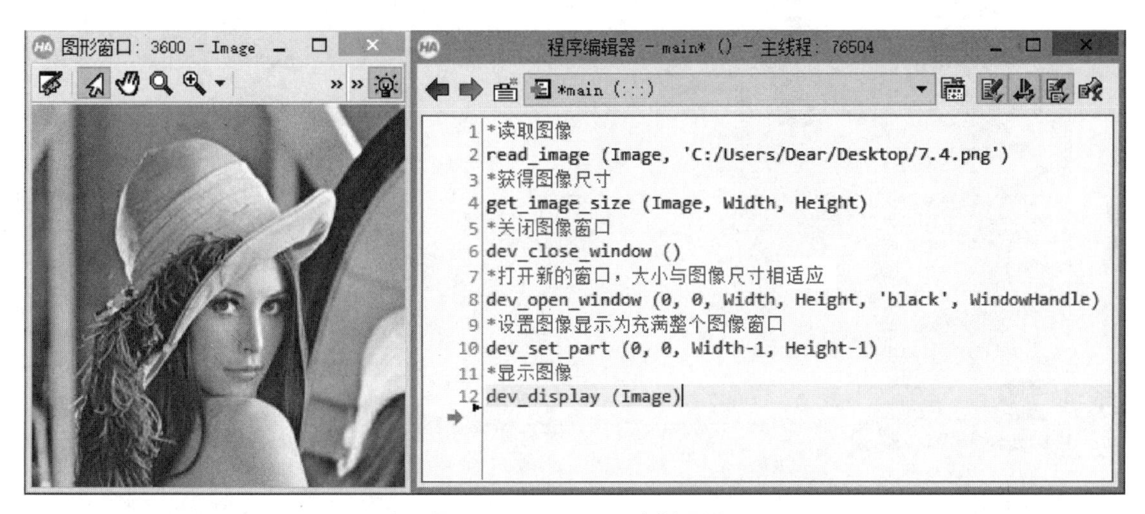

图 11.1　HALCON 示例效果图

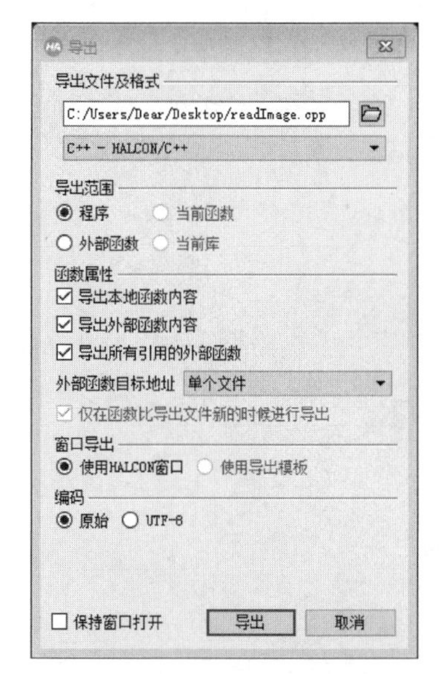

图 11.2　导出代码对话框

```
void action()
{

  // Local iconic variables
  HObject  ho_Image;

  // Local control variables
  HTuple  hv_Width, hv_Height, hv_WindowHandle;

  //读取图像
  ReadImage(&ho_Image, "C:/Users/Dear/Desktop/7.4.png");
  //获得图像尺寸
  GetImageSize(ho_Image, &hv_Width, &hv_Height);
  //关闭图像窗口
  if (HDevWindowStack::IsOpen())
    CloseWindow(HDevWindowStack::Pop());
  //打开新的窗口，大小与图像尺寸相适应
  SetWindowAttr("background_color","black");
  OpenWindow(0,0,hv_Width,hv_Height,0,"","",&hv_WindowHandle);
  HDevWindowStack::Push(hv_WindowHandle);
  //设置图像显示为充满整个图像窗口
  if (HDevWindowStack::IsOpen())
    SetPart(HDevWindowStack::GetActive(),0, 0, hv_Width-1, hv_Height-1);
  //显示图像
  if (HDevWindowStack::IsOpen())
    DispObj(ho_Image, HDevWindowStack::GetActive());
}
```

图 11.3　action() 函数

（2）建立 MFC 基于对话框项目

① 运行 VS2017，在菜单栏“文件”项下点击“新建”，选择“项目”，弹出新建项目对话框，如图 10.4 所示，选择“Visual C++”下的“MFC/ATL”（在 VS2017 中并没有默认安装 MFC，需要自己在安装 VS2017 时勾选上 MFC），然后选择“MFC 应用”，在下方填上名称和存放位置，最后点击确定。

② 新建项目点击确定后会出现“MFC 应用程序”的生成向导，如图 11.5 所示，在“应用程序类型”中选择“基于对话框”，其他默认即可，然后点击确定，即完成 MFC 项目的创建。

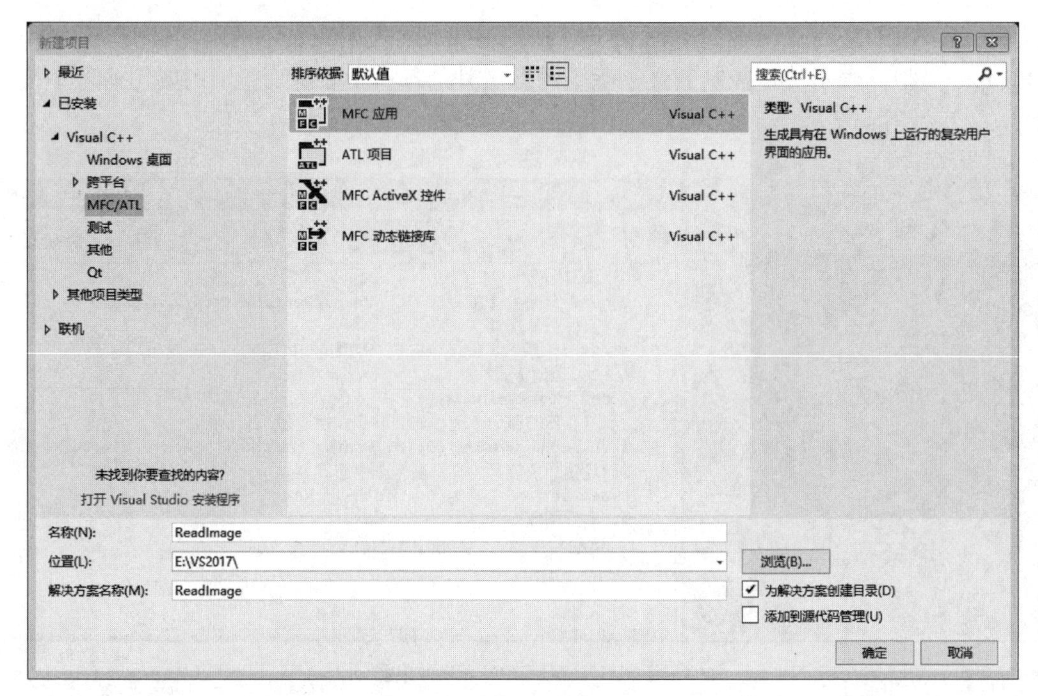

图 11.4 新建项目

图 11.5 MFC 生成向导

③ 设置项目配置平台。在“项目”→“属性”当中打开项目属性页，在配置处选择“Debug”，平台处选择“x64”（HALCON 是 64 位的，需要与之对应），如图 11.6 所示。如果没有“x64”选项，则在配置管理器里新建一个。

图 11.6 项目配置平台

④ 搭建 MFC 界面。在资源视图（可在“视图”→“其他窗口”→“资源视图”打开）中找到项目文件，选择 Dialog 下的后缀为“DIALOG”的主程序界面对话框，如图 11.7 所示，将上面默认的按钮和提示文本都删除。

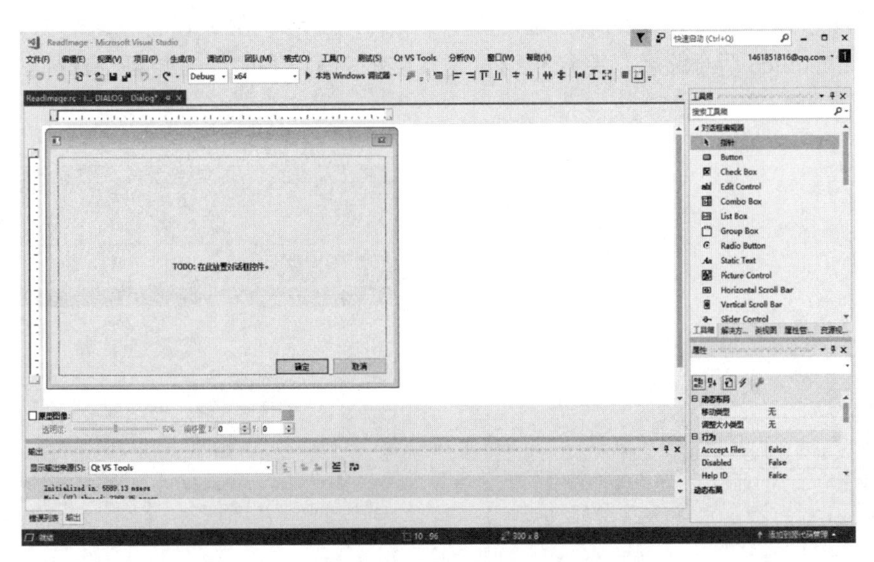

图 11.7 主程序界面对话框

设置本示例需要的界面，本示例需要一个按钮控件（Button），用于触发加载图片的代码，还需要一个图片控件（Picture Control），用来显示加载的图片。控件在工具箱处（可在“视图”→“工具箱”处打开）拖选过来，放到界面上，调整合适的布局大小，如图 11.8 所示。

点击添加的图片控件（Picture Control），在属性处修改 ID 为 IDC_IMAGE；点击添加的按钮控件（Button），在其属性处修改 ID 为 IDC_READ，修改 Caption（表示按钮名称）为“读取图片”。然后直接点击“本地 Windows 调试器”，即可完成生成和调试的过程（也可以先点击“生成”→“生成解决方案”，再点击“调试”→“开始调试”），调试生成的界面如

图 11.9 所示。

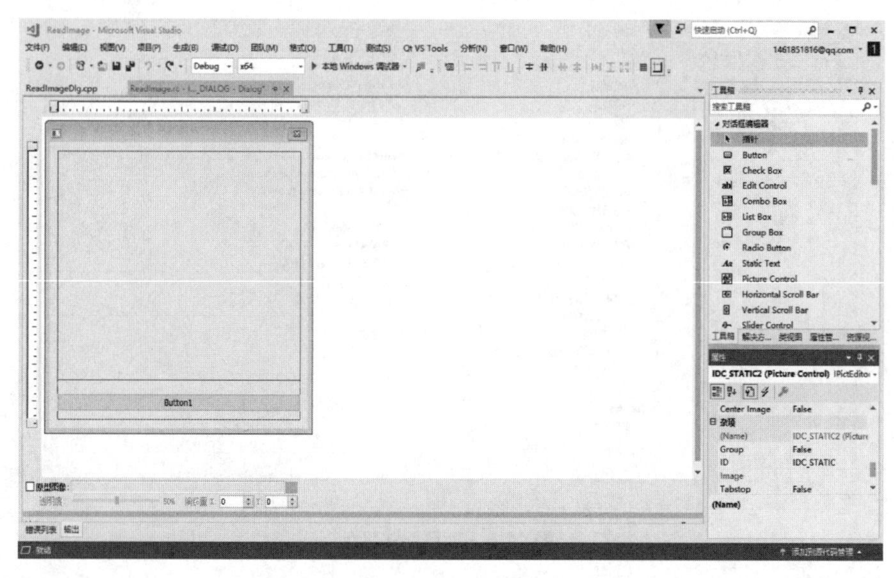

图 11.8　界面设置

（3）VS2017 中 HALCON 的环境配置

① 添加包含目录。在“项目”→“属性”中打开属性页，在“C/C++”项选择“常规”，选择附加包含目录，右框下拉选“编辑”，在弹出的“附加包含目录”对话框中添加 HALCON 的 include 两个路径，路径根据自己安装的 HALCON 的安装目录选择，如图 11.10 所示。

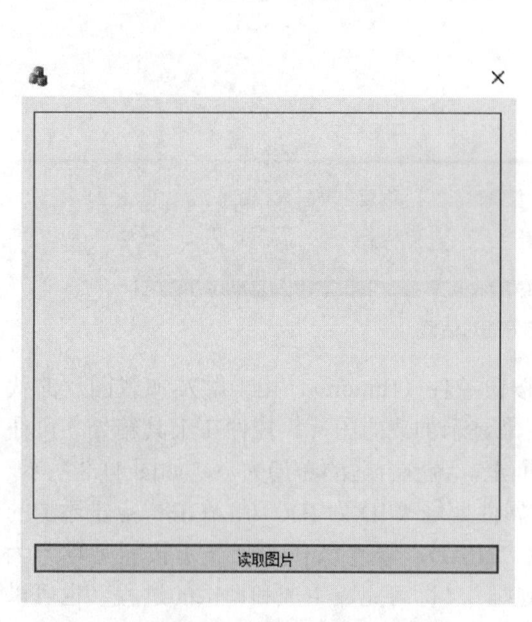

图 11.9　调试生成界面

图 11.10　附加包含目录

② 添加库目录。在“链接器”→“常规”项下，点击“附加库目录”，右框下拉选择“编辑”，在弹出的“附加库目录”对话框中添加 HALCON 的 lib 目录，如图 11.11 所示。

③ 添加附加依赖项。在“链接器”→“输入”项下，选择“附加依赖项”，右框下拉选择“编辑”，在弹出的“附加依赖项”里添加“halconcpp.lib”，如图 11.12 所示。

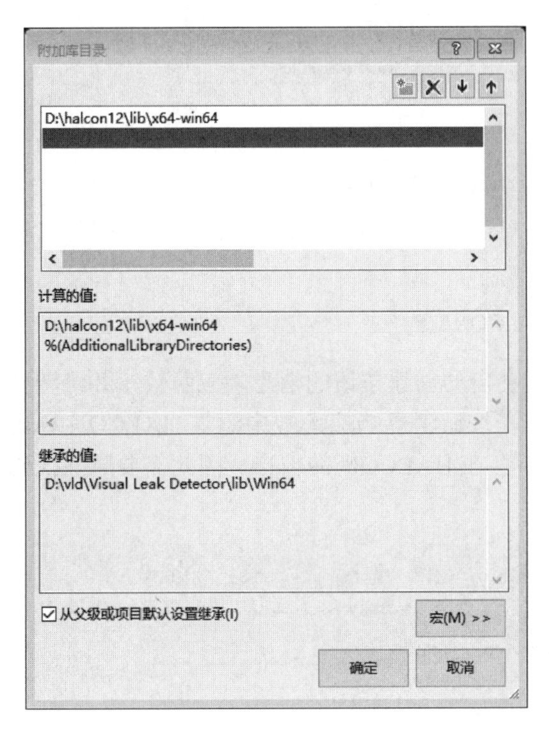

图 11.11　附加库目录

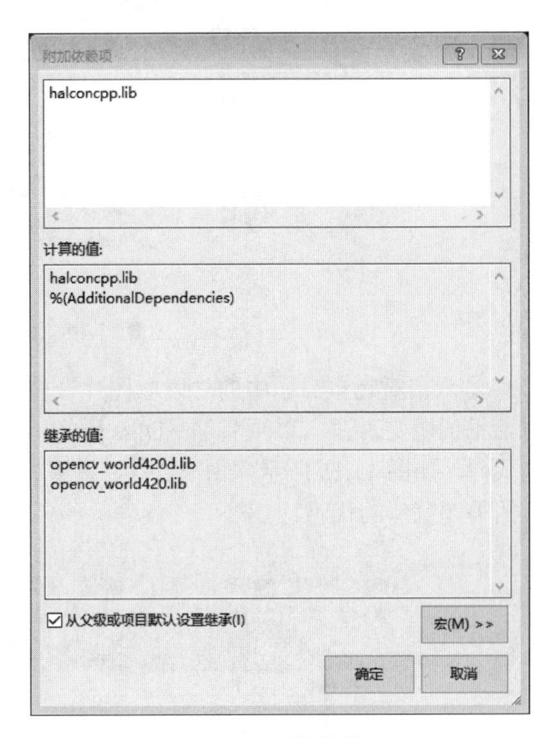

图 11.12　附加依赖项

④ 在对话框的头文件（以项目名 +Dlg.h 结尾）最上面处添加 HALCON 的头文件和命名空间，如图 11.13 所示。

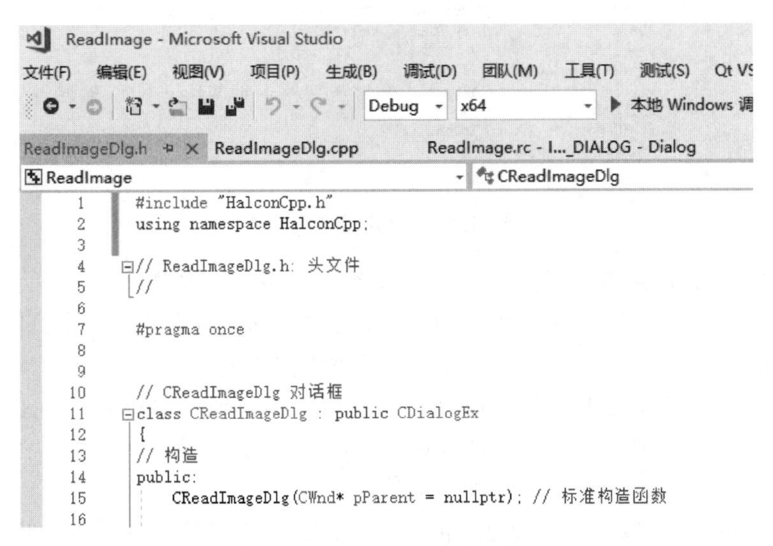

图 11.13　添加头文件和命名空间

（4）将 HALCON 导出的 C++ 代码添加到 VS 项目中

① 将 HALCON 的变量部分添加到对话框的头文件私有变量中，如图 11.14 所示。

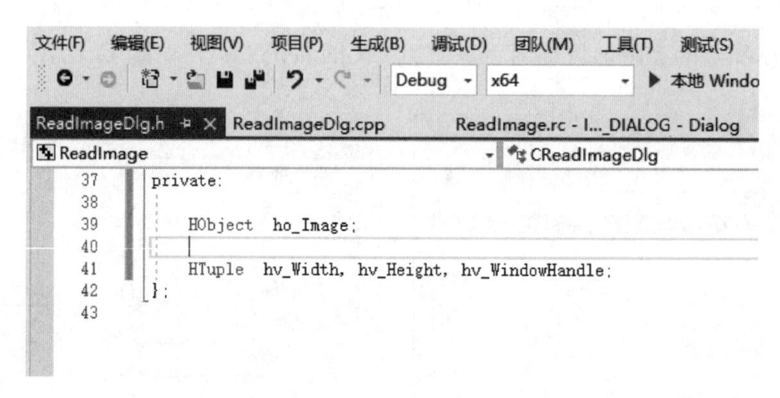

图 11.14 添加 HALCON 变量

② 双击对话框界面中的“读取图片”按钮，会自动创建按钮的消息响应函数，并跳转到对话框的源文件里（以项目名 +Dlg.cpp 结尾），在按钮消息响应函数中添加 HALCON 导出的代码，如图 11.15 所示，由于在 VS 里事先并不存在 HALCON 的窗口，因此需要删除代码里的关闭窗口的代码。

文件(F) 编辑(E) 视图(V) 项目(P) 生成(B) 调试(D) 团队(M) 工具(T) 测试(S) Qt VS Tools 分析(N)

Debug x64 本地 Windows 调试器

ReadImageDlg.h ReadImageDlg.cpp ReadImage.rc - I..._DIALOG - Dialog

ReadImage → CReadImageDlg

```
158
159 void CReadImageDlg::OnBnClickedRead()
160 {
161     //读取图像
162     ReadImage(&ho_Image, "C:/Users/Dear/Desktop/7.4.png");
163     //获得图像尺寸
164     GetImageSize(ho_Image, &hv_Width, &hv_Height);
165     //打开新的窗口，大小与图像尺寸相适应
166     SetWindowAttr("background_color", "black");
167     OpenWindow(0, 0, hv_Width, hv_Height, 0, "", "", &hv_WindowHandle);
168     HDevWindowStack::Push(hv_WindowHandle);
169     //设置图像显示为充满整个图像窗口
170     if (HDevWindowStack::IsOpen())
171         SetPart(HDevWindowStack::GetActive(), 0, 0, hv_Width - 1, hv_Height - 1);
172     //显示图像
173     if (HDevWindowStack::IsOpen())
174         DispObj(ho_Image, HDevWindowStack::GetActive());
175 }
```

图 11.15 添加按钮消息函数

③ 此时开始调试，点击“读取图片”按钮会发现如图 11.16 所示，打开了一个新的图像窗口显示图像，图像并没有显示到图像控件里，而我们需要的是将图片显示到图像控件之中。

④ 将 HALCON 的图像窗口嵌入到 MFC 的图像控件之中。

首先打开对话框的源文件（以项目名 +Dlg.cpp 结尾），找到 OnInitDialog() 函数，此为初始化函数，需要在读取图片之前就将 HALCON 窗口嵌入到图像控件之中，在 OnInitDialog() 函数 return TRUE 之前添加如图 11.17 所示的代码。

在 OnInitDialog() 里添加了打开窗口的代码，因此在按钮消息响应函数中就不需要再打开窗口了，将里面这部分代码删掉，删除后如图 11.18 所示。

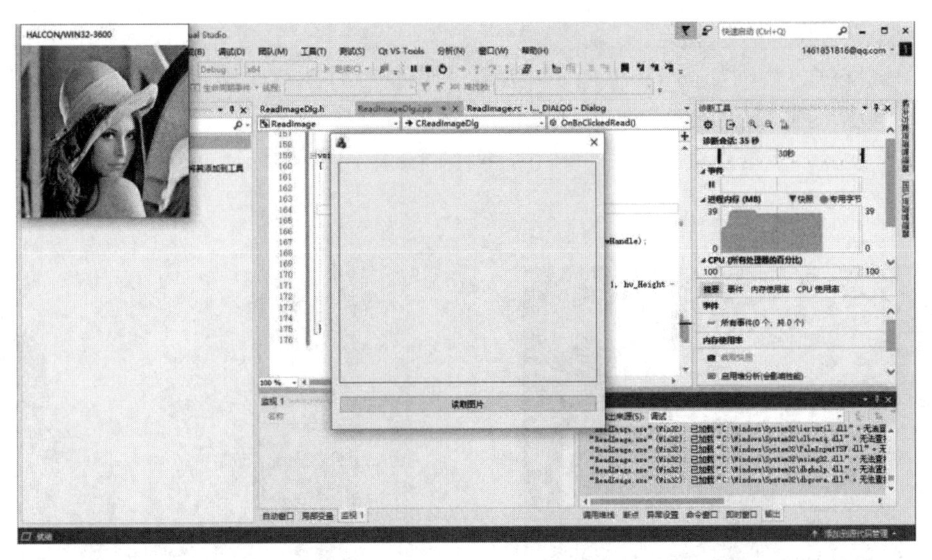

图 11.16　初始调试

```
文件(F)  编辑(E)  视图(V)  项目(P)  生成(B)  调试(D)  团队(M)  工具(T)  测试(S)  Qt VS Tools  分析(N)  窗口(W)  帮助(H)
Debug  x64  ▶ 本地 Windows 调试器
ReadImageDlg.h   ReadImageDlg.cpp*   ReadImage.rc - I..._DIALOG - Dialog
ReadImage   → CReadImageDlg   OnInitDialog()
89          bNameValid = strAboutMenu.LoadString(IDS_ABOUTBOX);
90          ASSERT(bNameValid);
91          if (!strAboutMenu.IsEmpty())
92          {
93              pSysMenu->AppendMenu(MF_SEPARATOR);
94              pSysMenu->AppendMenu(MF_STRING, IDM_ABOUTBOX, strAboutMenu);
95          }
96      }
97
98      // 设置此对话框的图标。  当应用程序主窗口不是对话框时，框架将自动
99      //  执行此操作
100     SetIcon(m_hIcon, TRUE);          // 设置大图标
101     SetIcon(m_hIcon, FALSE);         // 设置小图标
102
103     // TODO: 在此添加额外的初始化代码
104     HWND  hwnd;
105     CRect  rect;
106     GetDlgItem(IDC_IMAGE)->GetWindowRect(&rect);     //获得图像控件的矩形大小
107     hwnd = GetDlgItem(IDC_IMAGE)->m_hWnd;            //获得图像控件的指针变量
108     Hlong lWWindowID = (Hlong)hwnd;                  //指针变量转换为HALCON能接收的类型
109     OpenWindow(0, 0, rect.Width(), rect.Height(), lWWindowID, "", "", &hv_WindowHandle);    //打开图像窗口
110     HDevWindowStack::Push(hv_WindowHandle);          //激活窗口
111
112     return TRUE;  // 除非将焦点设置到控件，否则返回 TRUE
```

图 11.17　OnInitDialog() 添加代码

图 11.18　修改后按钮函数

（5）测试结果

① 调试程序，启动如图 11.19 所示，原来的图像控件由一个边界框变成了黑色的窗口，表示 HALCON 的窗口已经嵌入到了 MFC 的图像控件之中。

② 测试读取，点击“读取图片”按钮，其结果如图 11.20 所示。

图 11.19　最后调试界面

图 11.20　读取图片效果

HALCON 与 MFC 的基本混合编程方式演示结束，更多混合编程交互方式期待读者自行去挖掘。

11.3 HALCON 与 QT 混合编程

本节使用上一节的读取图片的案例，实现 HALCON 与 QT 的混合编程，因此跳过 HALCON 代码的编辑和导出（需要的请参考上一节 HALCON 与 MFC 混合编程的方式），直接从建立 QT 工程开始。本示例的编程环境为 Qt5.14.0+MSVC2017+Win10 64 位。

（1）建立 QT 项目

① 启动 Qt Creator，在菜单栏“文件”项选择“新建文件或项目”，在弹出的模板对话框的“项目”项选择“Application”，然后选中“Qt Widgets Application”，最后点击“Choose…”开始创建，如图 11.21 所示。

② 在创建 Qt Widgets Application 向导中首先设置项目名称和路径，然后点“下一步”，如图 11.22 所示。

③“Build System”项默认直接点“下一步”，在“Details”项里“Base class”项下拉选择“QWidget”，如图 11.23 所示。这里“QMainWindow”表示含有菜单栏、工具栏和状态栏的窗口，而“QWidget”单纯只有一个显示窗口，“QDialog”表示对话框窗口，然后点“下一步”。

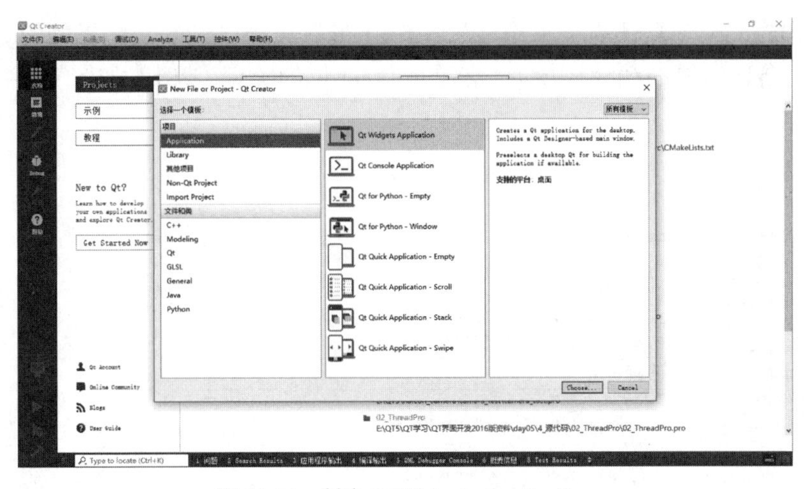

图 11.21　创建 Qt Widgets Application

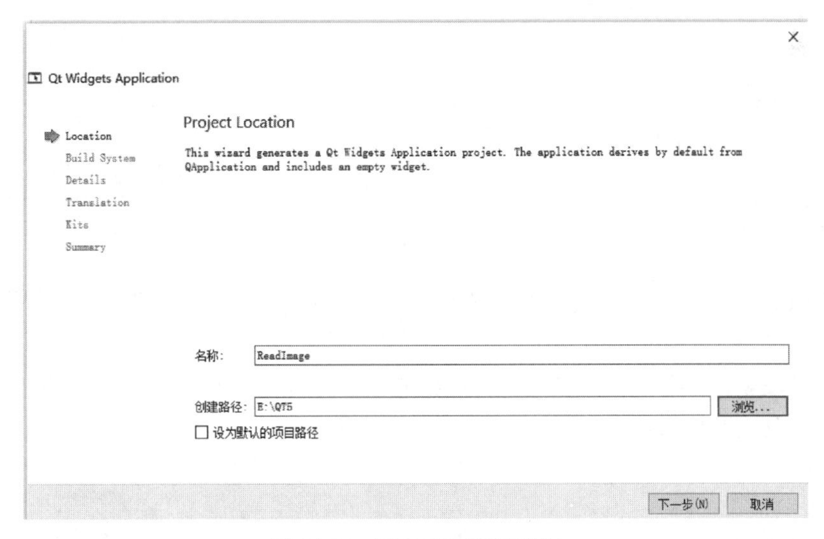

图 11.22　设置项目名称和路径

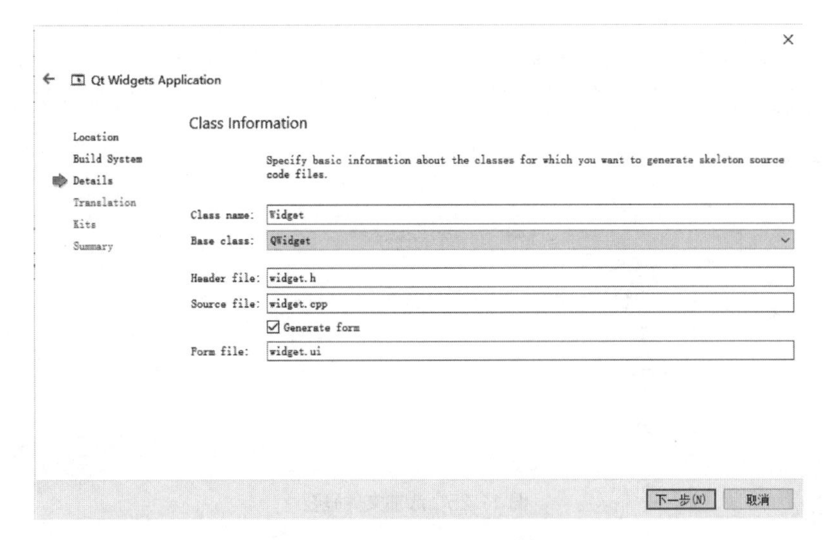

图 11.23　项目 Details 选择

④“Translation”项默认点“下一步”，在“Kits”选择已经安装配置好的QT环境（请读者自行安装自己需要的编译环境），这里选择64位的MSVC2017，如图11.24所示，然后点“下一步”。

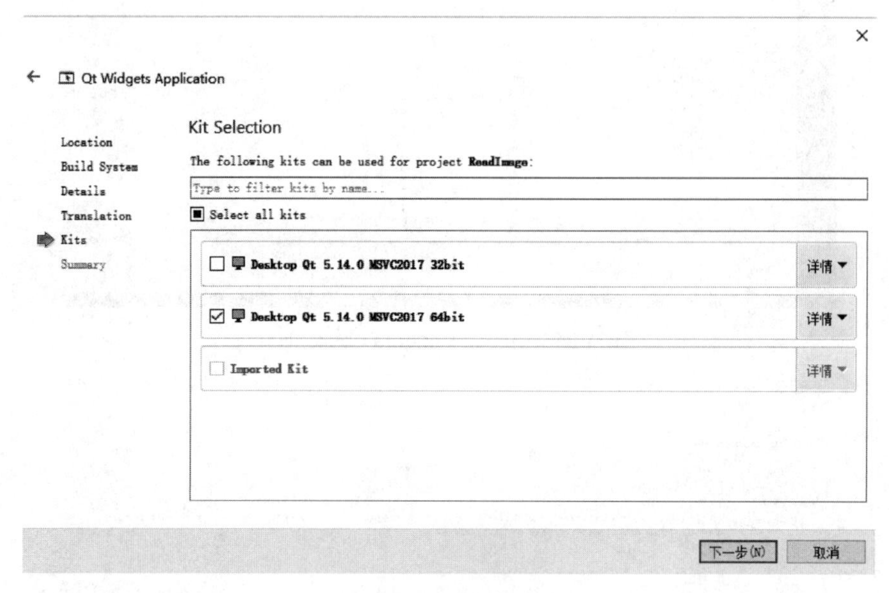

图 11.24　项目 Kits 选择

⑤ 在“Summary”项可以预览创建项目所生成的所有文件，如图10.25所示，main.cpp表示主程序的循环，ReadImage.pro表示创建的工程文件，widget.cpp表示创建的源文件，widget.h表示创建的头文件，widget.ui表示创建的UI文件（图形界面设计文件），最后点击“完成”即可创建QT项目。

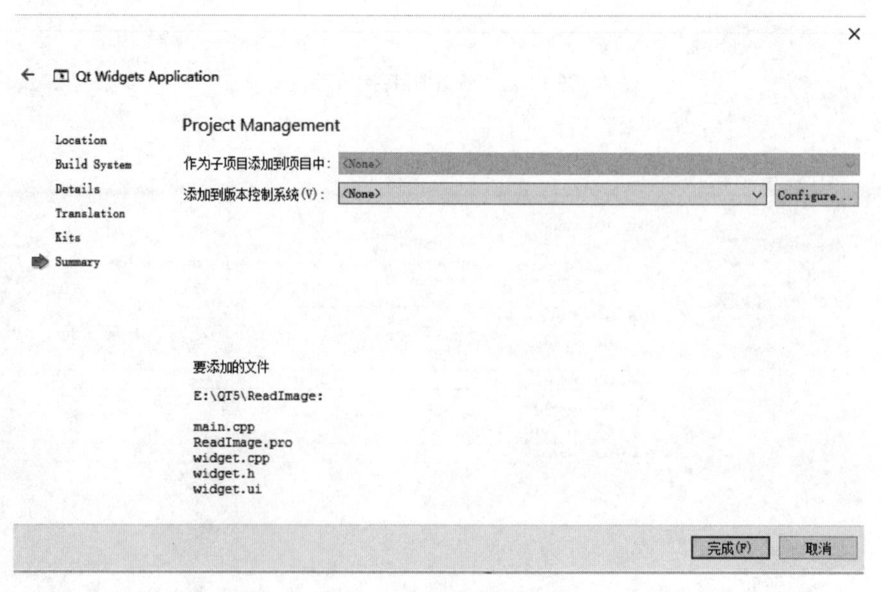

图 11.25　添加文件概要

⑥ 创建完成后的QT界面如图11.26所示。

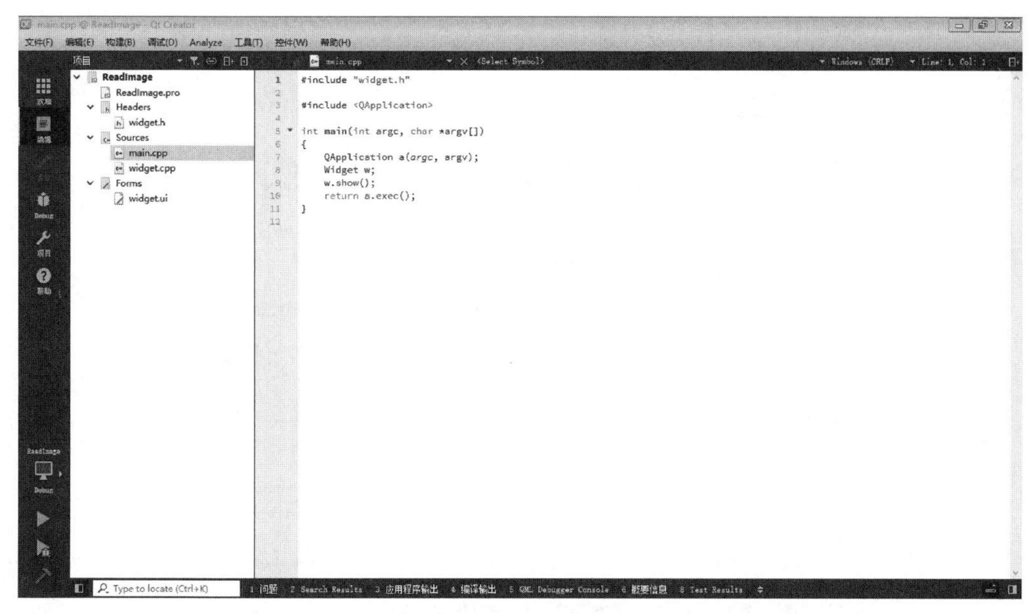

图 11.26　创建完成 QT 界面

（2）QT 中 HALCON 的环境配置

① 打开 QT 工程文件（ReadImage.pro），在文件最后添加 HALCON 的配置代码，代码如下：

```
macx {
    QMAKE_CXXFLAGS += -F/Library/Frameworks
    QMAKE_LFLAGS += -F/Library/Frameworks
    LIBS += -framework HALCONCpp
}else {
    #defines
    win32:DEFINES += WIN32
    #includes
    INCLUDEPATH += "$$(HALCONROOT)/include"
    INCLUDEPATH += "$$(HALCONROOT)/include/halconcpp"
    #libs
    QMAKE_LIBDIR += "$$(HALCONROOT)/lib/$$(HALCONARCH)"
    unix:LIBS += -lhalconcpp -lhalcon -lXext -lX11 -ldl -lpthread
    win32:LIBS+=
"$$(HALCONROOT)/lib/$$(HALCONARCH)/halconcpp.lib" \
"$$(HALCONROOT)/lib/$$(HALCONARCH)/halcon.lib"
}
```

其中 macx 包含的内容表示 HALCON 在 MAC 系统下的配置要求，如果使用的是 MAC 系统，则只需要添加这一部分的内容；else 包含的内容表示 HALCON 在 Windows 系统或 Unix 系统下的配置要求，使用这个时需要留意，HALCON 的系统环境变量需要配置好，一般 HALCON 在安装时会自动添加系统环境变量，如果没有，在“此电脑”→“属性”→“高级系统设置”→“高级”→“环境变量”的“系统变量”中手动添加，添加 HALCONROOT 为安装目录路径，添加 HALCONARCH 为 lib 文件的路径，如图 11.27 所示。

② 添加 HALCON 的头文件。在项目的头文件（widget.h）中添加 HALCON 的头文件，同时添加 HALCON 的命名空间，如图 11.28 所示。

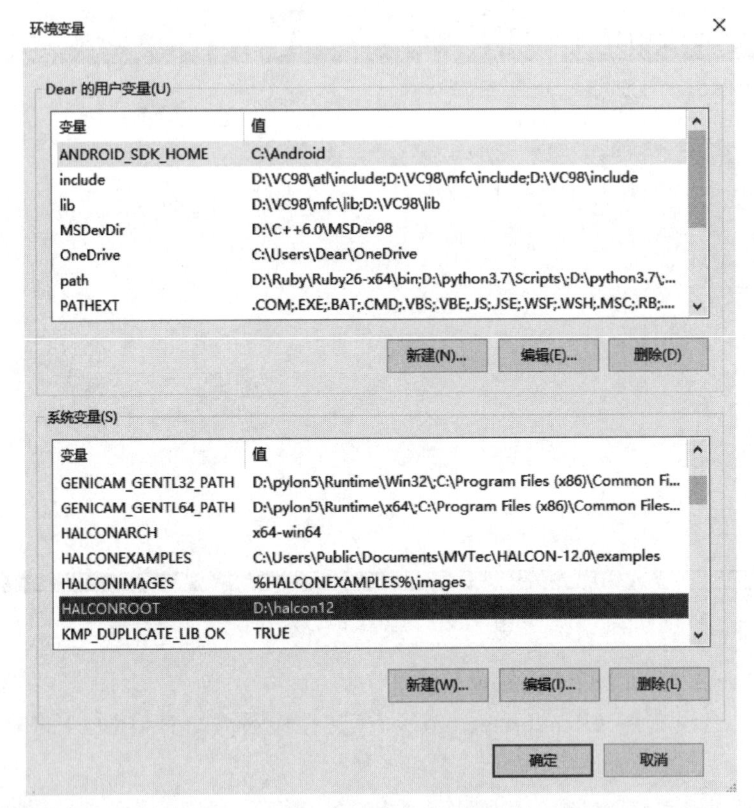

图 11.27　系统变量设置

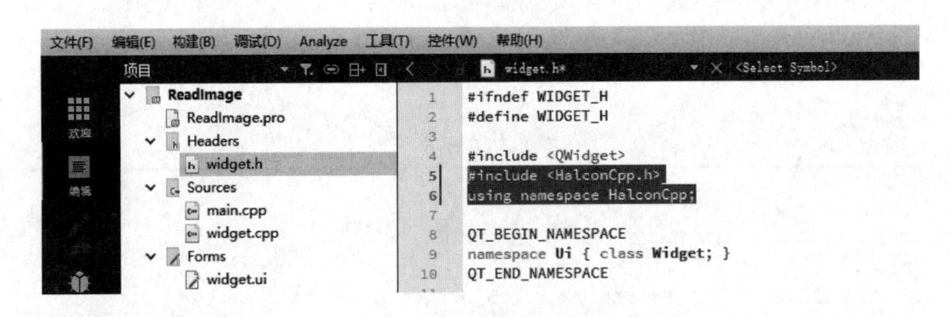

图 11.28　添加 HALCON 头文件和命名空间

（3）QT 的 UI 设计

设置与 MFC 同样的界面效果，MFC 效果可见前一节。

① 双击项目的 UI 文件（widget.ui），跳转到 UI 设计界面，左边是控件选择区域，中间是界面设计区域，右边是添加的对象和属性等，如图 11.29 所示。

② 在界面设计区域添加一个按钮控件（Push Button）和一个显示控件（Label，是透明的），修改一下名称，预览效果如图 11.30 所示。

（4）将 HALCON 导出的 C++ 代码添加到 QT 项目里去

① 将 HALCON 的变量部分添加到项目头文件（widget.h）私有变量中，如图 11.31 所示。

② 在 UI 设计界面，右击按钮“读取图片”，选择“转到槽”，然后选择一个触发信号（如“clicked”点击信号），将自动创建按钮“读取图片”的槽函数，槽函数位于源文件（widget.

cpp）内，将 HALCON 导出的代码添加到创建的槽函数里面，如图 11.32 所示。

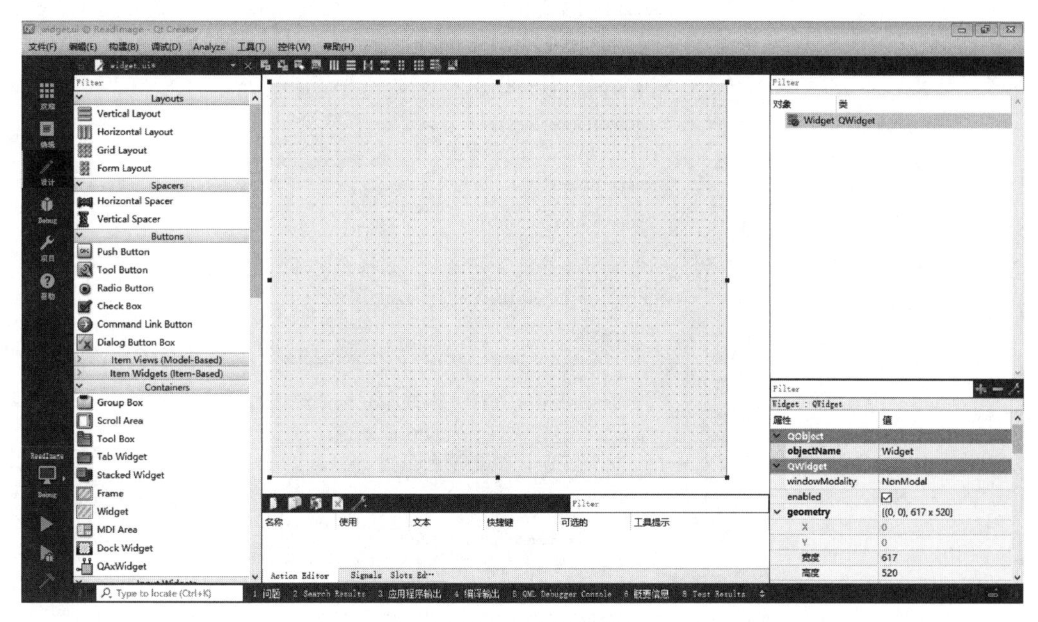

图 11.29　UI 设计界面

图 11.30　UI 设计预览效果

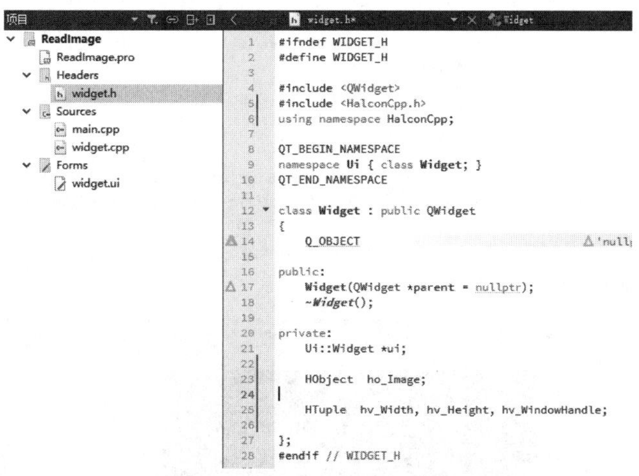

图 11.31　添加 HALCON 变量

③ 将 HALCON 的图形窗口嵌入到控件“显示图片”（Label）中。首先在头文件（widget.h）中添加变量 Hlong widid，用于获取“显示图片”控件的窗口 ID；在源文件（widget.cpp）的构造函数中添加打开 HALCON 图形窗口的代码，添加在代码 ui->setupUi(this) 之后，如图 10.33 所示。

④ 代码按上述要求添加完之后运行程序，启动效果如图 11.34 所示，点击“读取图片”按钮，即可实现 HALCON 读取图像的效果，如图 11.35 所示。

以上是 HALCON 与 QT 的基本混合编程方式，更多混合编程交互方式期待读者自行去挖掘。

```
#include "widget.h"
#include "ui_widget.h"

Widget::Widget(QWidget *parent)
    : QWidget(parent)
    , ui(new Ui::Widget)
{
    ui->setupUi(this);
}

Widget::~Widget()
{
    delete ui;
}


void Widget::on_pushButton_clicked()
{
    //读取图像
    ReadImage(&ho_Image, "C:/Users/Dear/Desktop/7.4.png");
    //获得图像尺寸
    GetImageSize(ho_Image, &hv_Width, &hv_Height);

    HDevWindowStack::Push(hv_WindowHandle);
    //设置图像显示为充满整个图像窗口
    if (HDevWindowStack::IsOpen())
      SetPart(HDevWindowStack::GetActive(),0, 0, hv_Width-1, hv_Height-1);
    //显示图像
    if (HDevWindowStack::IsOpen())
      DispObj(ho_Image, HDevWindowStack::GetActive());
}
```

图 11.32　按钮槽函数中添加 HALCON 代码

```
#include "widget.h"
#include "ui_widget.h"

Widget::Widget(QWidget *parent)
    : QWidget(parent)
    , ui(new Ui::Widget)
{
    ui->setupUi(this);

    widid = static_cast<Hlong>(ui->label->winId());
    OpenWindow(0, 0, ui->label->width(),ui->label->height(),widid,"visible","",&hv_WindowHandle);
}
```

图 11.33　创建 HALCON 窗口

图 11.34　启动效果

图 11.35　读取效果

小结

本章主要介绍 HALCON 混合编程的基本步骤，HALCON 对图像处理之后，还需要借助其他编程软件混合编程以实现可供使用者操作的界面，主要介绍了使用广泛的 MFC 和 QT 联调。

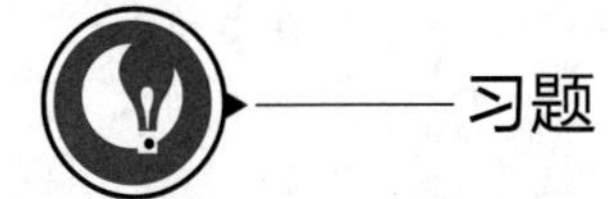

习题

11.1 建立 HALCON 与 MFC 的联调界面，实现图片的读取。

11.2 建立 HALCON 与 QT 的联调界面，实现图片的读取。

第 12 章 案例分析

为了强调机器视觉的工程应用，本章主要介绍 5 个项目案例的开发过程，包括车牌识别系统、卡号识别系统、缺陷检测系统、几何测量系统以及齿轮 3D 平面度检测系统。根据具体的使用场景选择合适的图像处理算法和检测步骤，再具体剖析这 5 个项目案例涉及硬件系统、检测算法、具体实现的详细过程，来展示机器视觉算法如何综合应用，以及算法在解决典型机器视觉应用问题时的强大威力。

12.1 车牌识别

基于 HALCON 的车牌识别是指通过识别车辆车牌来认证车辆身份的技术，它是智能交通系统的技术基础，是计算机视觉、图像处理技术与模式识别技术的融合，是智能交通系统中重要的研究课题。基于 HALCON 的车牌识别技术是集人工智能、图像处理、数据融合、计算机视觉、模式识别等技术为一体的复杂系统，要求识别精度高、处理时间短。

12.1.1 实施过程

车牌识别步骤如图 12.1 所示，主要分为图像采集、图像预处理、BLOB 分析、字符识别、输出结果这五个部分。

图 12.1 车牌识别步骤

（1）图像采集

图 12.2 车牌图像

在目前市场实际车牌识别系统中，是借助于工业相机，在工业光源的照明条件下，通过外触发工业相机，直接拍照采集获取彩色的车牌图像。在本次案例中，为了方便，在 HALCON 软件中可使用算子 read_image 从本地硬盘加载已采集好的车牌图像，如图 12.2 所示。

（2）图像预处理

在实际的车牌识别系统中，往往有很多因素影响采集到的图像质量，如光源强度的波动、环境空气中的颗粒、工业相机的拍摄延迟、系统机械结构的震动和传输信号的干扰等，通常获取到的原始数字图像质量不是非常高，夹杂着多种多样的噪声，严重的甚至遮挡目标信息造成缺陷，所以必须在字符区域的提取、字符分割和字符识别之前对原始图像进行一系列的图像预处理操作，以改善车牌图像的视觉效果，并且可以加大车牌区域和背景区域的区分度。

常见图像的预处理方式有转换为灰度图像、RGB 图像、HSV 图像、灰度阈值和去噪声等。因为彩色信息在之后的图像处理以及字符识别过程中是无用信息，因此图像处理第一步就需要对图像彩色信息进行剔除。结合 RGB 三原色以及牌照的颜色特征，将彩色图像直接转换为 RGB 三通道图像，通过观察三通道的图像，选择 R 通道的图像作为后续算法处理的对象。因为其车牌字符与牌照底色的差别更为明显，区分度更大，可以凸显图像字符区域的特征信息，使后续算法的识别和判断效果更加稳定和精确。程序如下：

```
decompose3 (Car, Red, Green, Blue)
```

程序执行结果如图 12.3 所示。

（3）BLOB 分析

图 12.3　R 通道图像

BLOB 分析是对图像中具有相同像素的连通域进行分析的一种算法。它不仅可以提供图像中斑点的形状、位置、数量和方向，在提供斑点间拓扑结构等方面也具有很大的优势。BLOB 分析的主要内容包括：图像分割、连通性分析、BLOB 工具。针对实时预处理的 R 通道灰度图像，运用固定阈值分割将其分割为目标像素和背景像素。典型的目标像素被赋值为 1，背景像素被赋值为 0。然后对其进行连通性分析，将其中的车牌字符图像区域聚合为目标像素或者斑点的连接体，形成 BLOB 单元，再对 BLOB 单元进行图像特征分析，选取合适的参数，除去不相干区域，将单纯的图像灰度信息快速地转化为图像的形状信息，比如图像的质心、面积、周长以及其他图像信息，通过 HALCON 算子的多级分类器的过滤，可得到初步的车牌区域。最后，运用 BLOB 工具将字符区域从背景中分离出来。在这个过程中，因为 BLOB 并不是分析图像的单个像素，而是对图像的“行”进行操作。图像的每一行都用游程长度编码来表示相邻的目标范围。因此，这种方法比传统的基于像素的算法的处理速度更快，操作性能更好，处理结果如图 12.4 所示。核心程序为：

```
connection (Regions, ConnectedRegions)
select_shape(ConnectedRegions, SelectedRegions,
['area','height'], 'and',[458.72,22.48], [15321.1,386.7])
fill_up_shape(SelectedRegions, RegionFillUp, 'area', 1, 100)
```

图 12.4　BLOB 分析结果图

程序执行结果如图 12.4 所示。

（4）字符识别

经过 BLOB 分析算法完成字符的分割，提取特征之后，即可进行字符的识别。无论是基于统计特征识别还是基于结构特征识别，都需要一个特征数据库或者比对数据库对车牌字符进行比对识别。数据库的内容应当包括所有想要识别的车牌字符字集。目前，车牌识别系统是将提取出的车牌特征给分类器，让分类器对其进行分类，具体识别出相对应的文字信息。分类器的设计方法一般有：模板匹配法、判别函数法、神经网络分类法、基于规则推理法等。

在这里，就可以用到 HALCON 自身所带的强大的 OCR 分类器。HALCON 软件本身提供了很多预训练的 OCR 分类器，这些预训练的 OCR 分类器可以读取各种各样的字体，这也是用 HALCON 软件作为车牌识别系统核心处理模块的优势所在。首先需要将字符按照相对位置排序，方便识别，核心程序为：

```
sort_region(SelectedRegions, SortedRegions, 'upper_left', 'true', 'column')
read_ocr_class_mlp (' Industrial_0-9A-Z_Rej.omc', OCRHandle)
do_ocr_multi_class_mlp(SortedRegions,RedInvert,OCRHandle,Class, Confidence)
```

程序执行结果如图 12.5 所示。

（5）输出结果

对 BLOB 分析之后的图像进行处理，识别车牌字符，包括数字和字母。在这里，尤其需要注意对分类器的分类结果进行优化，因为 OCR 的识别准确率是无法达到百分之百的，因此 OCR 模块中必须要有除错及更正功能。可以将结果输出为想要的格式保存，也可以将其输出到其他应用程序中。程序如下：

```
area_center (SortedRegions, Area, Row, Column)
for i := 0 to 5 by 1
disp_message (3600, Class{i}, 'window', 140, Column[i], 'black', 'true')
endfor
```

最终识别结果如图 12.6 所示。

图 12.5　按相对位置排序好的字符

图 12.6　车牌识别结果

12.1.2　小结

本节车牌识别系统只是对于国内小型汽车牌照进行最简单的编程研究，以此来说明 HALCON 在车牌图像处理系统中处理速度快、简单、方便的优势。由于一些实验条件的限制，对于汽车牌照的识别研究还有很多后期的工作要完成，需要结合现实条件做进一步的完善：①需要多采集车牌牌照样本图像进行测试；②需要识别牌照中的第一个汉字字符。

12.2 卡号识别

卡号识别要实现的功能是对特定的卡类型进行识别，并识别出卡号。本次设计的卡号识别以社保卡为例，如图 12.7 所示。

图 12.7　社保卡

社保卡是一种带银联标志的卡片，其上的卡号间距比较明显，比较容易被识别出来，需要做的处理就是建立一个社保卡特有的模板，比如卡片中的“广州市社会保障（市民）卡”对应的模板，识别出这种模板之后再在卡片上提取出卡号，最后用 OCR 识别的方法识别出卡号。

12.2.1 算法步骤

卡号识别系统的算法步骤主要分为六个：创建卡号类型模板、读取卡号图片、模板匹配、提取卡号区域、分割卡号字符、识别显示。流程图如图 11.8 所示。

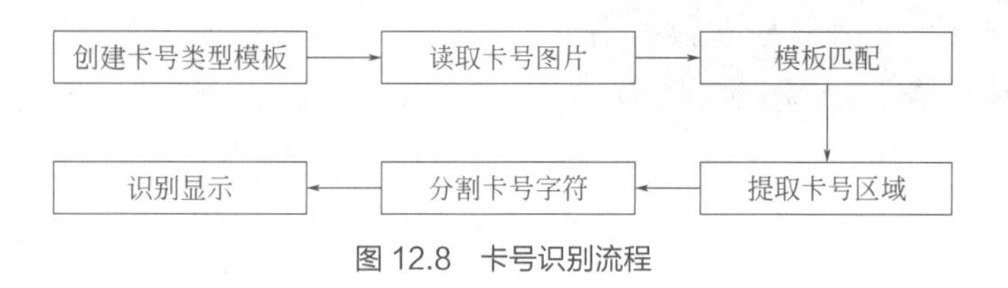

图 12.8 卡号识别流程

（1）创建卡号类型模板

根据社保卡独有的特征，使用 gen_rectangle1 选取各自的 ROI 区域，并用 reduce_domain 截取 ROI 区域，然后使用 create_shape_model 算子创建基于形状的模板。

（2）读取卡号图片

创建模板之后使用 read_image 算子读取已有的卡的图片，等待下一步操作。

（3）模板匹配

使用 find_shape_model 算子对读取的卡片进行模板匹配，分辨出是否为对应的社保卡。

（4）提取卡号区域

模板匹配成功后根据卡号的类型，其卡号位置相对于模板位置都是固定的，因此使用仿射变换对匹配成功的图片做适当转正，vector_angle_to_rigid 生成变换矩阵，affine_trans_image 应用变换。转正后的图片可在固定位置获取卡号的区域，用 gen_rectangle1 选取卡号位置，用 reduce_domain 截取卡号区域。

（5）分割卡号字符

对于社保卡，其卡号的字符间距明显，可使用 BLOB 分析方法，直接按阈值分割即能分离出独立的字符，使用 threshold 算子阈值提取卡号区域，然后 connection 将卡号字符分离成独立的字符，最后 select_shape 提取出卡号；也可使用 ROI 区域的方法，在卡号的对应位置使用 gen_rectangle1 选取卡号区域，然后用 reduce_domain 提取出卡号区域，再进一步用 threshold 进行阈值分割，用 connection 将卡号字符分离成独立的字符。

（6）识别显示

分割好的字符首先需要用 sort_region 进行排序，接着用 read_ocr_class_mlp 加载合适的 OCR 识别分类器，然后使用 do_ocr_multi_class_mlp 对字符进行识别，识别的结果可以用 disp_message 显示在图片上面，整个卡号识别的流程就基本完成了。

12.2.2 实验结果

卡号识别系统的软件设计比较简洁，使用 MFC 设计一个读取卡片的对话框，将读取的卡片显示在程序的图片控件之中，设置一个“卡号识别”按钮，来封装卡号识别系统的检测

代码，最后将识别的结果显示于编辑框之中，检测效果如图 12.9 和图 12.10 所示。

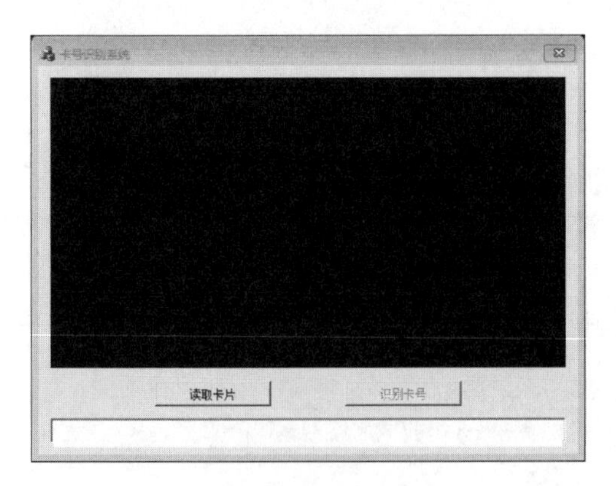

图 12.9　初始化效果

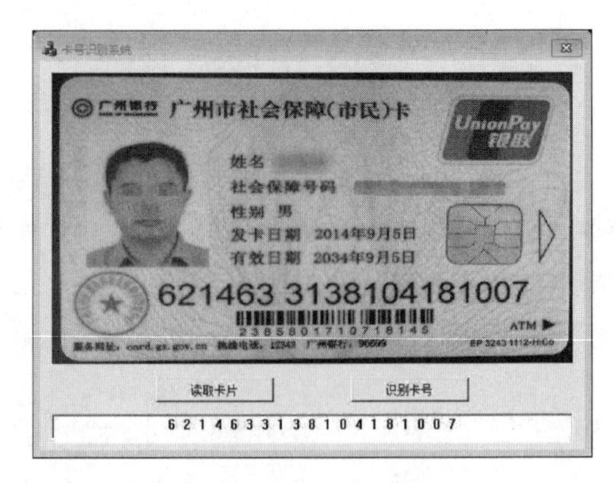

图 12.10　识别结果

12.2.3　小结

卡号识别本质上是 OCR 识别，这也是在机器视觉当中用得非常多的技术，不同的 OCR 识别任务其识别的过程都是大致一样的，目标都是提取出需要识别的 OCR 部分，可以使用 BLOB 分析或者 ROI 区域提取 OCR 区域，方法非常灵活，最后加载训练文件识别即可。

12.3 缺陷检测

缺陷检测是当前制造业生产线实现自动化的关键技术，缺陷检测核心技术的严重缺失是制约国内制造业产业升级的痛点之一。目前常用的人工分拣方法存在视觉疲劳、检测速度慢、主观误差甚至人工无法检测等问题。在缺陷检测行业，与人类视觉相比，机器视觉具有精确度高、速度快、稳定性高、信息方便集成和留存等明显优势。

当前缺陷检测中存在不同产品必须重新编程开发，甚至相同产品不同规格、不同系列产品也必须重新编程开发和调试的痛点，本例针对这个情况，开发了一种创新性的、可重构的、开放性的且具备通用视觉检测功能的智能缺陷检测系统。以手机适配器为例进行缺陷检测系统设计，研发了缺陷区域面积像素值自定义功能，优化了缺陷检测算法。

12.3.1　系统设计

智能缺陷检测系统由硬件和软件两大部分组成。硬件部分由工业网口相机、工业镜头、相机支架、光源控制器、光源组成。对于缺陷检测而言，选用合适的相机非常重要。如果有噪声、模糊等图像质量问题会明显影响检测结果，因此需要相机有高分辨率的保真度，才能准确地检测出物件的不完整等情况。对于实时检测而言，速度也是非常关键的，相机速度要能跟上检测目标的移动速度。

在本次项目中，工业相机采用德国 BASLER（巴斯勒）的 CMOS 相机，其图像采集整体最大分辨率为 2000 万像素，其特点包括：高速成像、高灵敏度、高颜色保真度、线材最长可达 100m。相机镜头选取定焦距 HIKVISION（海康威视）镜头 f=28mm，镜头高度应适应产品大小。光源选择了 OPT（奥普特）的碗形光，利用碗形光的垂直光线对激光打标的表面的反光进行处理效果最佳。而选取光源控制器的主要目的是给光源供电，控制光源的亮度并控制光源照明状态（亮 / 灭），还可以通过给控制器触发信号来实现光源的频闪，进而大大延长光源的寿命。

12.3.2 算法步骤

智能缺陷检测结合了快速傅里叶变换、高斯滤波、亚像素边缘阈值分割、数学形态学运算、频域处理和最小二乘法的检测方法等检测算法。流程图如图 12.11 所示。

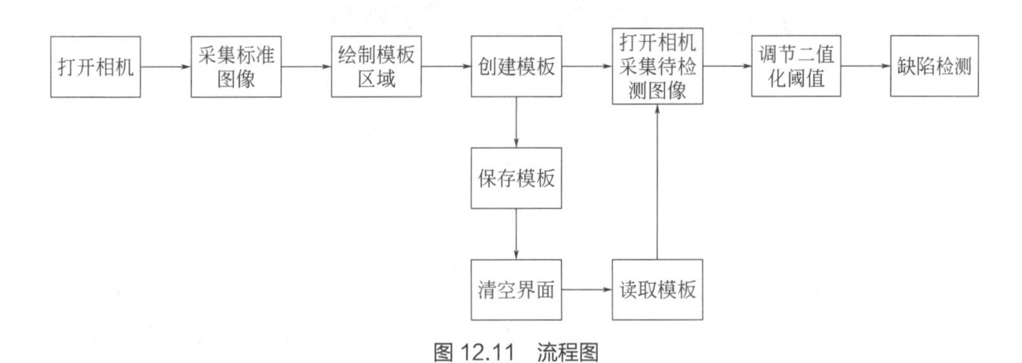

图 12.11 流程图

（1）打开相机，获得标准图像

缺陷检测第一步需要进行图像的获取，可以通过离线检测与实时检测两种方式输入检测图像。既可以从文件路径中读取已经采集好的图像，也可以现场用相机进行采集。在工业检测行业中，往往需要实现在线实时检测功能。在本例中，采用的是实时检测的方式采集图片，用 open_framegrabber 算子连接相机，用 grab_image_start 算子以及 grab_image_async 算子获取图像。

（2）绘制模板区域

将采集到的模板图像截取出 ROI 区域创建模板，利用 gen_rectangle1 算子生成矩形并用 reduce_domain 算子生成矩形图像，用 create_shape_model 算子来创建模板。

（3）循环采集图像，与模板进行匹配

用 while 循环算子采集图像，使用 find_shape_model 匹配算子进行形状模板匹配，检验产品与模板之间的差异。

12.3.3 软件实现

软件系统通过预留缺陷面积最小值参数、二值化最小值调整、灰度值补偿参数，满足不同产品的检测需求，通过预留像素差最小值设置，实现不同产品、不同精度、不同检测速度的优化设置功能，以满足自定义检测要求。软件界面设计如图 12.12 所示。

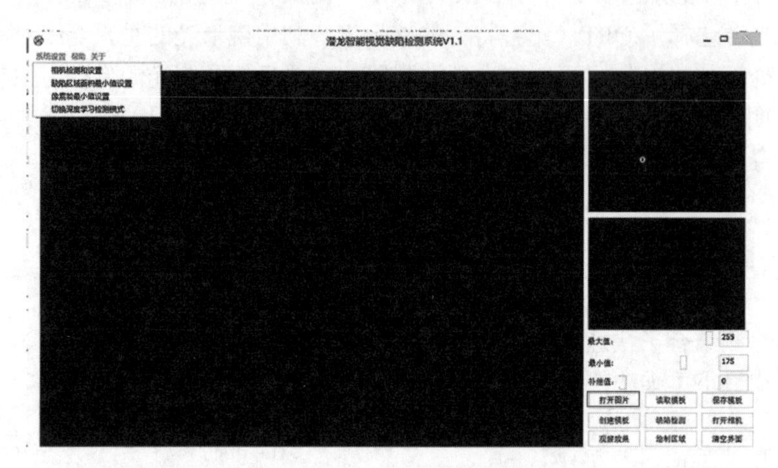

图 12.12 软件界面设计

图 12.13 二值化最大值和最小值设置

然后点击“读取模板”按钮，选择与待检测目标产品一致的模板，模板会出现在模板显示区域。通过调节二值化阈值的最大值和最小值来获取待检测区域，如图 12.13 所示。

通过点击“系统设置”中的“缺陷面积最小值设置”按钮自定义产品缺陷检测面积的最小值，如果待检测产品超过该值即判断为缺陷。最后点击“缺陷检测”按钮，其判断结果会显示在结果显示区域中，若待检测产品检测区域无缺陷则显示绿色“OK”字符，若待检测产品检测区域有缺陷则显示红色“NG”字符。

12.3.4 实验结果

本文的智能缺陷系统运用于 3C 产品激光打标的缺陷检测，兼容主流工业相机进行质量缺陷检测，可根据客户实际精度要求进行像素差最小值设置、缺陷面积最小值设置，其极限识别精度达亚像素级别（0.01 像素）。经过实验测试，以不同手机适配器产品为例进行缺陷检测，实现系统对不同产品或者不同规格产品缺陷检测的共用性。

① 对 HUAWEI 激光打标电源适配器的缺陷检测，检测效果如图 12.14、图 12.15 所示。

② 对 VIVO 手机适配器激光打标产品的缺陷检测。在对该产品缺陷检测时，创建了黑色背景下白色打标字符和白色背景下黑色打标字符两种模板，系统分别读取两种模板对产品进行缺陷检测。读取黑色背景下白色打标字符模板对产品缺陷检测，检测效果如图 12.16 所示。

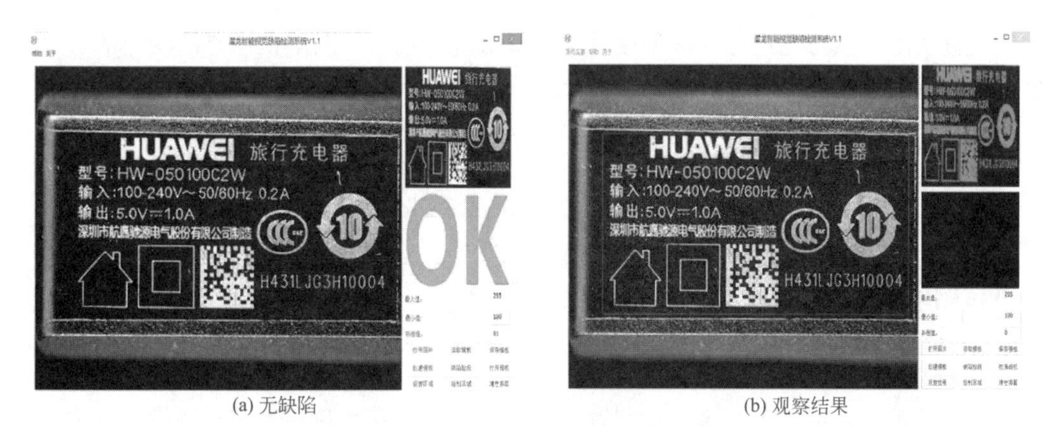

(a) 无缺陷　　(b) 观察结果

图 12.14　缺陷检测效果（1）

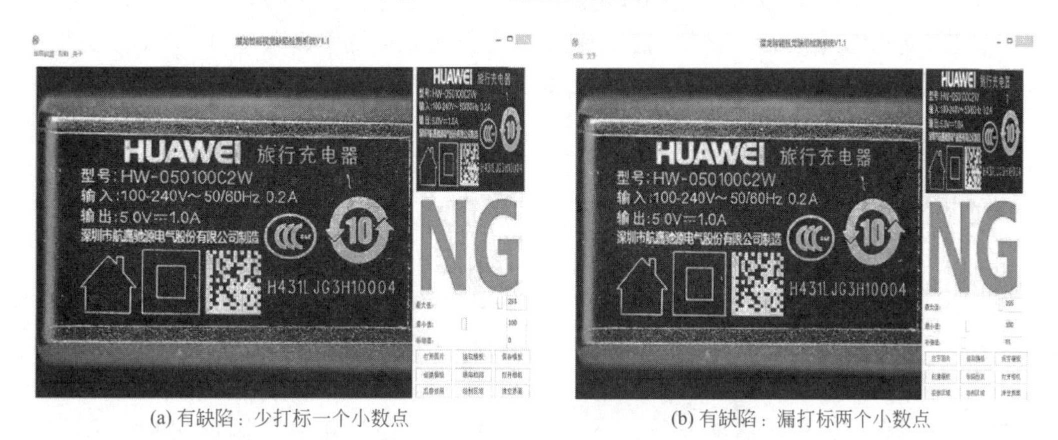

(a) 有缺陷：少打标一个小数点　　(b) 有缺陷：漏打标两个小数点

图 12.15　缺陷检测效果（2）

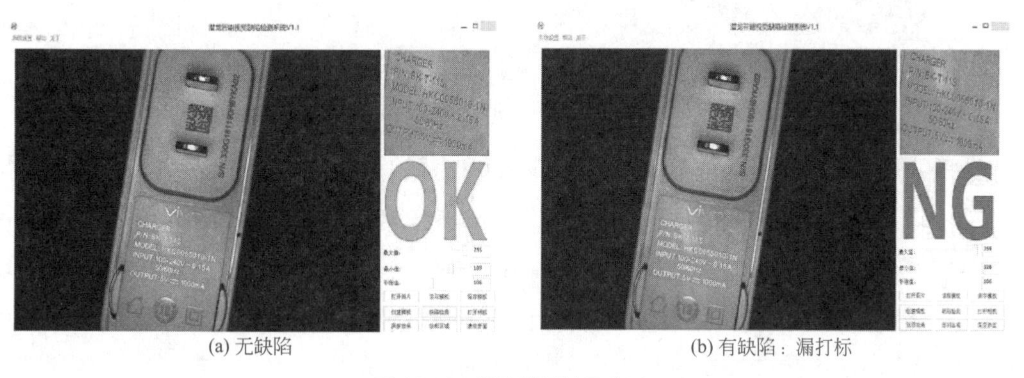

(a) 无缺陷　　(b) 有缺陷：漏打标

图 12.16　缺陷检测效果（3）

12.3.5　小结

智能系统经过测试，可以对不同产品或者不同规格产品的缺陷进行检测，且具有速度快、精度高、稳定性强等特点。

智能系统通过预留缺陷面积最小值参数、二值化最小值调整、灰度值补偿参数，满足不同产品的检测需求，通过预留像素差最小值设置，实现不同产品、不同精度、不同检测速度

的优化设置功能。该功能设置为原创性设计，具有源头创新、缺陷检测方法创新的特点，具有重大的革新意义和广泛的应用价值，也是当前专业缺陷检测软件的首创功能。

12.4 几何测量

在生产过程中，用人工测量方式测量几何公差，存在着测量精度差、测量误差大、测量速度慢等缺点，生产效率受到很大的制约。而几何尺寸测量系统的设计，具有测量准确、精度高、实用性好、安全可靠、无辐射、非接触式测量等人工测量及其他测量方法无法比拟的优点，从而提高了生产效率和产品质量，降低了劳动强度。

12.4.1 系统设计

图 12.17 几何测量零件

本次几何测量中，我们选用的测量零件尺寸为 9mm×13.4mm，测量零件的测量要求为精度达到 0.01mm，如图 12.17 所示。

（1）硬件结构选型

由于是测量精度，因此可以选用黑白相机，在选择相机视野大小时，为了保证整个零件都在视野范围内，相机的视野范围应比实际铁片尺寸略大，这里假定视野大小为 20mm×15mm，所以相机最低分辨率为：

$$(20\div0.01)\times(15\div0.01)=2000\times1500=300(\text{万像素})$$

考虑到像素误差及系统稳定性，一般选用 3 ～ 4 倍或以上像素，实际相机最低分辨率：

$$300\times3=900(\text{万像素})$$

按分辨率最低要求，同时结合市场实际情况，选取合适的工业相机，本案例选型的相机参数如表 12.1 所示，靶面尺寸为 $1/2.3''$，即 6.4mm×4.6mm。

测量项目选用远心镜头和背光源，因为背光源能很好地突出物体的轮廓，对于需要提取物体轮廓用于测量的项目十分合适，而远心镜头的畸变率较低，适合精度要求高的测量项目，远心镜头选取主要看放大倍率，计算如下：

$$6.4\div20=0.32(\times)$$

则远心镜头放大倍率可以选取在 0.32× 左右，也要根据市场实际情况选取，镜头和其他的硬件选取见表 12.2。

（2）硬件结构安装与连接

首先固定相机，远心镜头 C 口接到相机上，垂直于工作台，背光源安放于镜头的正下方，背光源表面放一块 3cm 厚的全透明玻璃，工件放置于玻璃表面测量。固定好后，将相机与电源线和传输线一起接好，电源线接 240V 电路，传输线网口接 PC 机；背光源接光源控制器，光源控制器接线接 240V 电路。

表 12.1　相机参数

型号参数	MV-CE100-31GM	帧率	11.2fps
	1000 万像素 1/2.3″ CMOS 千兆以太网工业面阵相机	动态范围	65dB
		信噪比	34d B
传感器类型	CMOS，卷帘快门	增益 /dB	0~15.3
传感器类型	Aptina MT9J003	曝光时间	26μs～1s
像元尺寸 /μm	1.67×1.67	快门模式	支持自动曝光、手动曝光、一键曝光模式
靶面尺寸	1/ 2.3″	黑白 / 彩色	黑白
分辨率	3840×2748	像素格式	MoNo8/10/10p/12/12p

表 12.2　系统硬件选取结果

序号	名称	参数
1	远心镜头	放大倍率 0.27×，物距 120mm，景深 6.5mm
2	背光源	白光，24V 工业方头
3	光源控制器	24V，双通道，工业方头
4	相机电源线	两针脚电源适配器
5	相机传输线	网口传输线
6	电源控制器电源线	三针脚电源线

接通电源未接 PC 机时，相机指示灯为红色，接上 PC 机后指示灯为蓝色，正常工作指示灯为蓝色。实验装置如图 12.18 所示。

12.4.2　算法步骤

几何测量系统主要分为六个步骤：相机标定、畸变校正、模板匹配、提取轮廓、拟合直线、计算距离。流程图如图 12.19 所示。

（1）相机标定

首先调用 open_framegrabber 算子来连接并初始化工业相机，然后用 grab_image_start 算子命令打开相机，进行异步采集；接着用 HALCON 标定助手对相机进行标定，目的是将图像坐标系中的像素距离与世界坐标系中的坐标距离对应起来，以进行距离的计算。

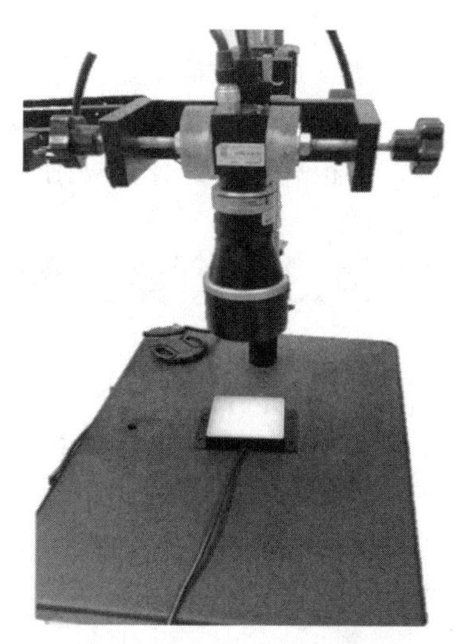

图 12.18　几何测量实验装置图

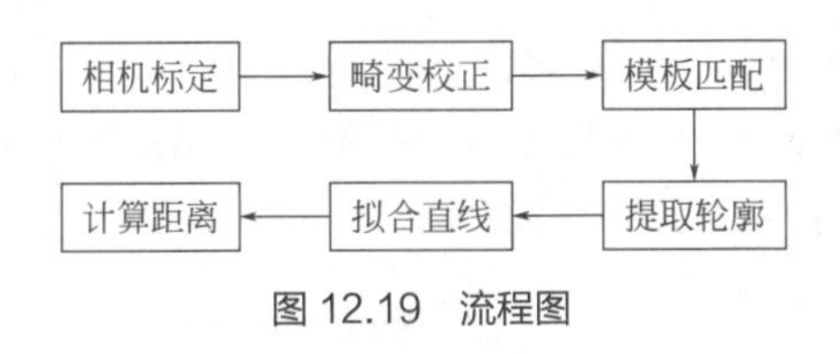

图 12.19　流程图

（2）畸变校正

单目相机拍摄零件过程中会产生一定程度的畸变，由于标定过程已经获得相机的内部参数和外部参数，因此可以使用这些信息进行校正，在本例中通过算子 chage_radial_distortion_cam_par 从有畸变的内参中求出无畸变的内参，接着用 gen_radial_distortion_map 算子求出有畸变的内参和无畸变的内参之间的映射关系，最后使用 map_image 算子完成图像的校正。

完成前面两步后开始读取模板（事先采集好），读取模板图像采用 read_image 算子，利用 map_image 校正模板图像，输出矫正后的图像。为了获取图像与匹配模板之间的角度偏移关系，需要对模板图像进行区域转正，区域转正采用 orientation_region 算子得到图像区域的方向，然后用 vector_angle_to_rigid 、affine_trans_image 对图像区域进行仿射变换，并提取转正之后图像的模板区域，用算子 create_shape_model 创建基于形状的模板。

（3）模板匹配

利用 while 循环读取图像，使用 find_shape_model 算子进行模板匹配，对采集到的图像进行转正、去噪声等预处理，并用 smallest_rectangle1 截取模板最小矩形区域，得到其坐标位置，方便选取测量位置的 ROI 区域。

（4）提取轮廓

运用 edges_sub_pix 算子提取亚像素轮廓，得到轮廓边缘后，因为有噪声、物体本身断裂等可能会导致很多边缘是断裂的，断开的部分会被当作独立的部分，这时可以使用 union_collinear_contours_xld 算子将同一直线上断裂的线进行连接。最后根据特征选择 xld，提取需要的轮廓，抑制不必要的轮廓，方便后续处理。

（5）拟合直线

在实际检测中，需要计算零件边线之间的几何尺寸，还需要将提取的轮廓线进行拟合，以得到规则的直线轮廓，使用 fit_line_contour_xld 算子进行直线拟合，最终也得到拟合直线的起始坐标。

（6）计算距离

利用拟合之后的直线的起始坐标，使用 image_points_to_world_plane 算子转换为世界坐标，再根据尺寸的计算规则运用 distance_pl 算子计算实际距离。

12.4.3　测量实验结果

（1）软件初始化

本案例使用 MFC 制作了一个几何测量软件，初次启动软件的界面如图 12.20 所示。初始化打开界面时，相机尚未连接，图像采集框和结果显示框为黑色背景、测量按钮为灰色，表示不可用状态。菜单栏有“模板”“公差”两个子项；测量位置有五个号位和一个垂直度，初始化状态不显示值。

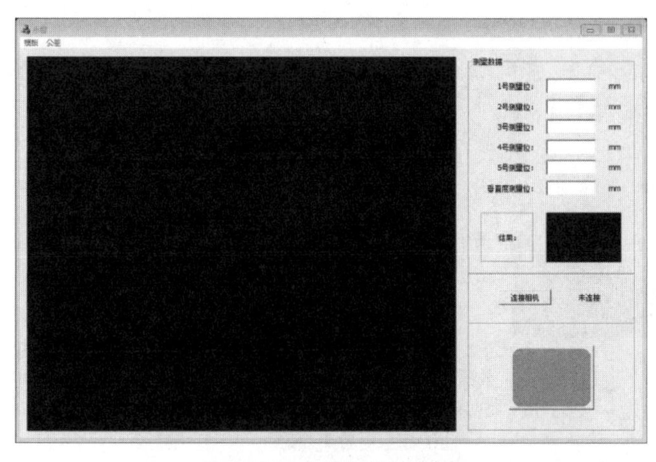

图 12.20　软件初始化界面图

图 12.21　模板一

①“模板”子项　“模板”子项显示的是一张模板图片，点击“模板一”即可显示出图片，如图 12.21 所示，测量时的打光效果以“模板一”显示的图片效果为准，为保证测量结果的准确度，必须使相机采集的图片效果无限接近模板效果。调整打光效果的方式是通过调节光源控制器的旋钮，来调节背光源的亮度，以使相机采集的图片亮度等效果与模板基本一致。

②“公差”子项　“公差”项显示测量数据的合格范围，初始化状态显示默认公差，基础尺寸固定，可调节其公差，在编辑框输入公差值，按“设定”按钮即可重新设定公差，按“默认值”按钮可恢复公差为默认值。注意：软件关闭后设定的公差不会保存，下次启动还是默认值，如图 12.22 所示。

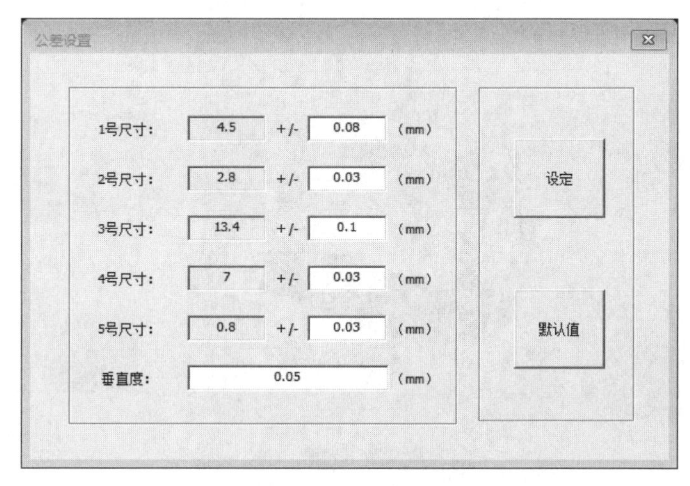

图 12.22　公差设置

（2）软件测试

① 相机连接　点击“连接相机”按钮，即可连接到相机，相机连接后按钮变为“关闭相机”，旁边显示“已连接”状态，同时图像采集窗口将显示出相机采集到的图片，如图 12.23 所示。

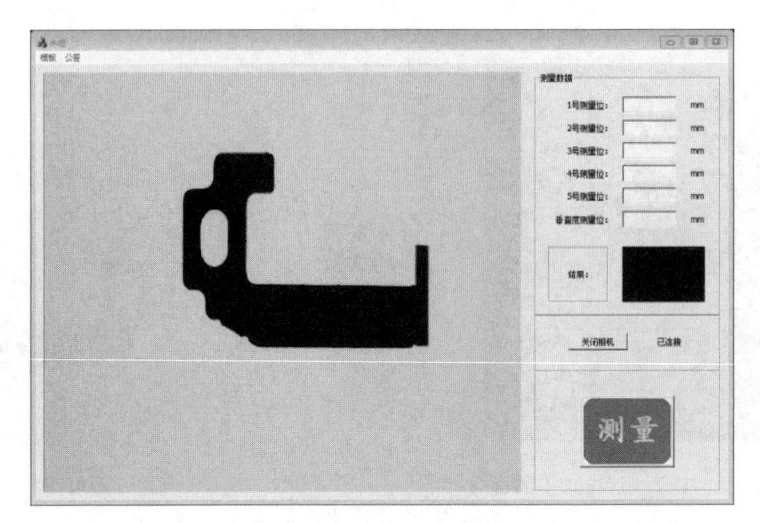

图 12.23　相机连接

② 测量　相机连接好后，点击“测量”按钮，即可测量出结果，如果测量的数据都在公差范围内，显示框显示绿色的数据，结果显示框将显示“OK”效果图，如图 12.24 所示；如果测量的数据有不在公差范围内的，显示框显示红色的数据，结果显示框将显示“NG”效果图，如图 12.25 所示；如果没有匹配到模板，或者有杂物在工件测量的边缘上影响测量，结果显示框将显示“NULL”效果图，同时清空显示数据，如图 12.26 所示。

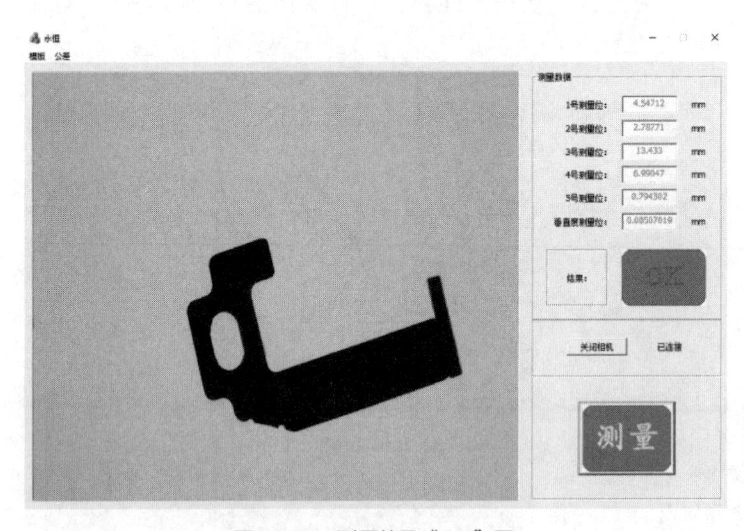

图 12.24　测量效果“OK”图

12.4.4　小结

经测试，本轮测量样品 485 个，全部通过测试。测量工件上若有毛刺、小杂物等会影响测量效果的准确性或直接测量结果显示“NULL”，所以要保持测量工作台的干净整洁。实验结果证明，几何测量系统测量准确、精度高，从而提高了生产效率和产品质量，降低了劳动强度。

图 12.25　测量效果“NG”图

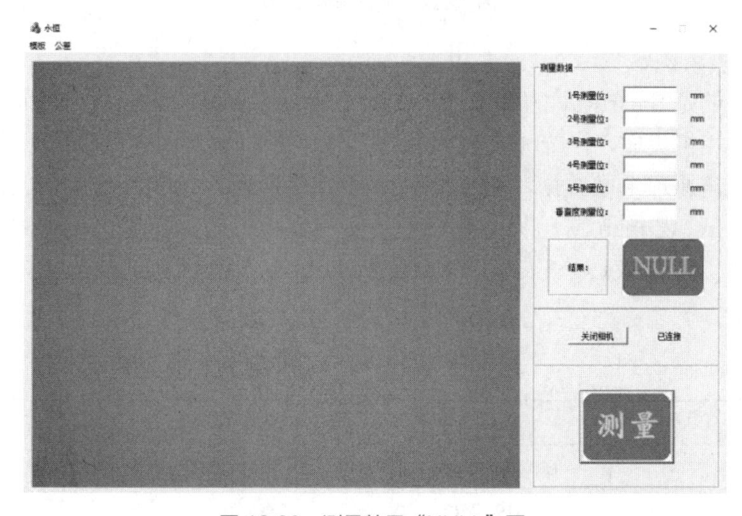

图 12.26　测量效果“NULL”图

12.5 齿轮 3D 平面度检测

12.5.1　系统设计

本项目设计 3D 视觉系统，用于测量齿轮的表面平面度。3D 视觉与 2D 视觉最大的不同之处在于 2D 视觉是基于图像做处理，而 3D 视觉是基于点云作处理。检测的齿轮如图 12.27 所示。

图 12.27 平面度检测齿轮

（1）3D 相机系统

此项目选用的是 SmartRay 的基于激光三角原理的 3D 相机 ECCO 95.200，此 3D 相机由激光装置和工业相机集成，激光垂直发射扫描，工业相机倾斜固定的角度采集激光扫过的地方，根据激光三角原理生成数据，相机参数如表 12.3 所示。此 3D 相机可以采集到几种类型的数据，包括点云、Z-map 图（灰度值表示采集点到相机的距离）、光强度图、激光线厚度图，而且此相机支持 HALCON 采集，采集点云的方式是将采集的 Z-map 图用点云重建的方式生成点云。

表 12.3 ECCO 95.200 参数

<table>
<tr><th>项目</th><th>参数</th><th colspan="2">项目</th><th>参数</th></tr>
<tr><td>型号</td><td>ECCO 95.200</td><td colspan="2">Z 线性度</td><td>0.015%（0.015μm/mm）</td></tr>
<tr><td>视野范围（近 | 中 | 远）/mm</td><td>125|190|250</td><td colspan="2">Z 重复精度 /μm</td><td>3.3</td></tr>
<tr><td>测量范围 /mm</td><td>250</td><td colspan="2">质量 /g</td><td>约 490</td></tr>
<tr><td>最佳工作距离 /mm</td><td>325</td><td rowspan="3">部件编号</td><td>激光级别 2M</td><td>3.006.154</td></tr>
<tr><td>垂直分辨率（Z）/μm</td><td>12 ～ 50</td><td>激光级别 3R</td><td>3.008.154</td></tr>
<tr><td>水平分辨率（Y）/μm</td><td>66 ～ 138</td><td>激光级别 3B</td><td>3.007.154</td></tr>
</table>

（2）采集运动控制系统

由于 SmartRay 的基于激光三角原理的 3D 相机采集数据是需要通过激光扫描的方式获取，可以通过移动相机扫描，也可以通过移动齿轮扫描，本项目是通过移动齿轮的方式采集数据，因此需要能带动齿轮移动的运动系统，所以选择了滚珠丝杠导轨来搭载齿轮运动，运动系统配件见表 12.4，其实验场景如图 12.28 所示。

12.5.2 算法步骤

此项目检测算法分为五步，分别为采集 Z-map 图、Z-map 图预处理、点云重建、平面拟合、计算平面度。流程图如图 12.29 所示。

表 12.4　运动系统配件

序号	名称	参数	数量
1	滚珠丝杠直线导轨滑台	有效行程 300mm，丝杠精度 0.03mm，最大速度 100mm/s，导程 10mm	1
2	57 步进电机	两相步进电机，步距角 1.8°，工作电流 3A，转矩 0.9N・m，负载最快	1
3	DM542 驱动器	两相步进电机驱动器，2 ～ 128 细分，输入频率 0 ～ 200kHz	1
4	KH-01 控制器	步进 / 伺服电机控制器，单轴，最高输出频率 40kHz	1
5	开关电源	24V，5A	1

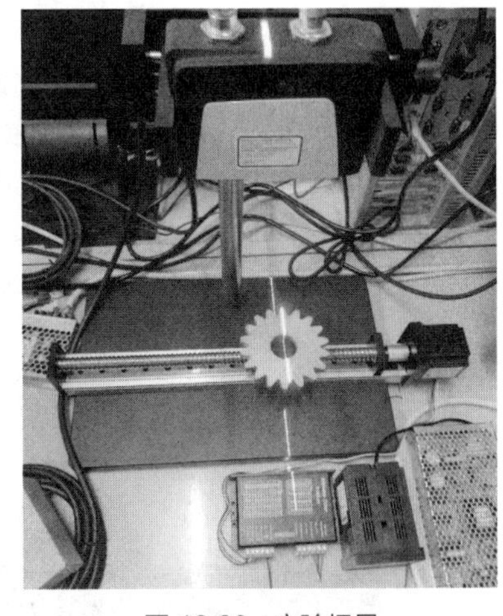

图 12.28　实验场景

图 12.29　齿轮平面度检测流程

（1）采集 Z-map 图

SmartRay 的 3D 相机是支持 HALCON 采集的，使用 open_framegrabber 算子连接 3D 相机，然后用 set_framegrabber_param(: : AcqHandle, Param, Value :) 设置相机采集的参数，设置采集 Z-map 图。

（2）Z-map 图预处理

采集的 Z-map 图有一部分数据并不是齿轮平面的数据，这里可以用形态学腐蚀、缩放、求交集等方法提取出齿轮的平面部分，方便后续处理。

（3）点云重建

这里使用 xyz_to_object_model_3d(X, Y, Z : : : ObjectModel3D) 算子来重建点云数据。X 表示重建点云数据的 X 平面，根据采集的速度创建 X 平面的分辨率；Y 表示重建点云数据的 Y 平面，根据 3D 相机坐标轴 Y 方向的分辨率创建 Y 平面；Z 表示重建点云数据的 Z 平面，根据 Z-map 创建。创建这 3 个平面后就可以重建齿轮的点云数据。

（4）平面拟合

点云重建之后，生成点云的三维模型，由于在预处理的时候已经提取出了齿轮的平面部分，因此可以直接将点云三维模型拟合成平面，使用最小二乘法来拟合，拟合算子为 fit_primitives_object_model_3d(: : ObjectModel3D, ParamName, ParamValue : ObjectModel3DOut)，设置拟合类型和算法分别为平面和最小二乘法，最后使用 get_object_model_3d_params(: : ObjectModel3D, ParamName : ParamValue) 算子获取拟合后的平面参数，得到拟合平面的法向量。

（5）计算平面度

获取点云所有点的坐标数据，计算各点坐标到拟合之后的平面的距离，假设拟合平面的方程为 $Ax+By+Cz+D=0$，空间任意一点 (x,y,z) 到面的距离公式为：

$$d=\frac{|Ax+By+Cz+D|}{\sqrt{A^2+B^2+C^2}}$$

计算出所有的点到拟合平面的距离后，将计算结果排序，提取出其中最大值和最小值，最大值和最小值的绝对值之和为计算出的齿轮的平面度。

12.5.3 实验结果

（1）软件设计

软件使用 MFC 进行设计，其初始化界面如图 12.30 所示。

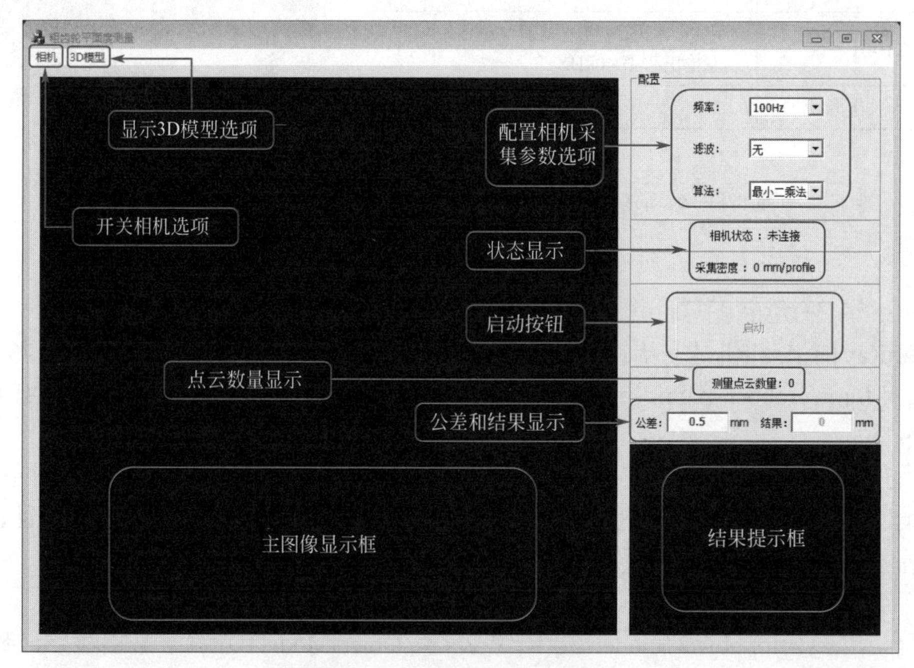

图 12.30　齿轮平面度检测软件

① 初始化打开界面时，3D 相机未连接，“启动”按钮为灰色按钮，处于不可用状态。

② 菜单栏有“相机”和“3D 模型”两个选项，“相机”项下有“连接 3D 相机”和“关闭 3D 相机”两个子项；“3D 模型”项下有“原始模型”和“测量模型”两个子项，初始化时仅有“连接 3D 相机”可用。

③ 配置区域有 3 个下拉框选项，分别是频率、滤波和算法，默认状态频率为 100Hz，滤波为无，算法为最小二乘法。

④ 状态显示部分有 3 部分，分别是相机状态显示、采集密度显示和点云数量显示。

⑤ 初始化公差为 0.5mm，可重新设定，输入数字按回车即可重新设定，初始化结果显示 0mm。

⑥ 大的黑色显示框为图像采集显示界面，小的黑色框为结果显示界面。

（2）软件测试

软件使用分为三步，第一步连接相机，第二步配置参数，第三步启动测量，测量完之后还可以显示三维模型。

① 连接相机。

点击菜单栏“相机”项下的“连接 3D 相机”子项，即可连接到 3D 相机，连接完成后相机上部的绿色闪烁灯变为绿色常亮状态，如图 12.31 所示。启用“关闭 3D 相机”子项，同时启用“启动”按钮，相机状态显示处同步显示相机的连接过程和连接状态，如图 12.32 所示。

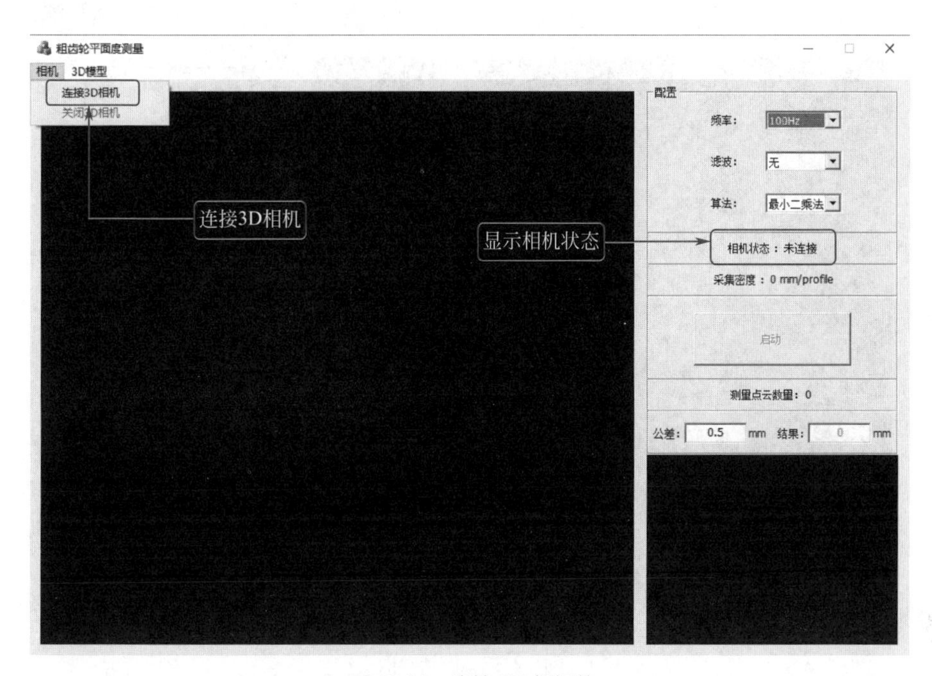

图 12.31 连接 3D 相机前

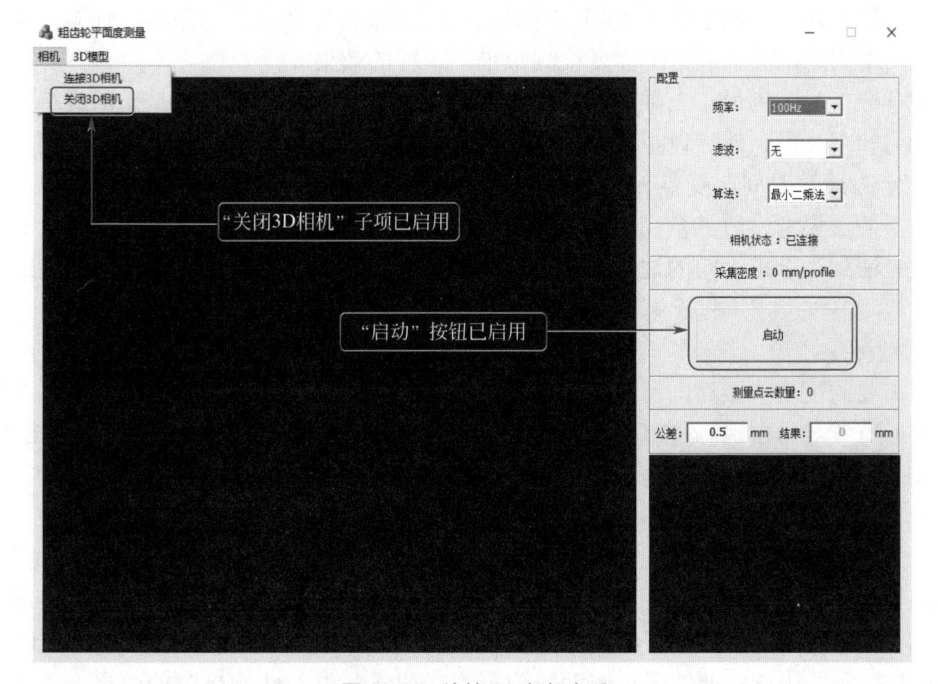

图 12.32 连接 3D 相机之后

② 配置参数。

本检测系统提供 3 个参数配置，分别是频率、滤波和算法，如图 12.33 所示。系统内置了 3D 相机采集时间是 12s，通过配置频率，可以调整对齿轮采集点云的密度，频率越高，采集的密度越大，点云也越多，系统提供可选的频率选项有 5Hz、10Hz、20Hz、40Hz、60Hz、80Hz 和 100Hz。

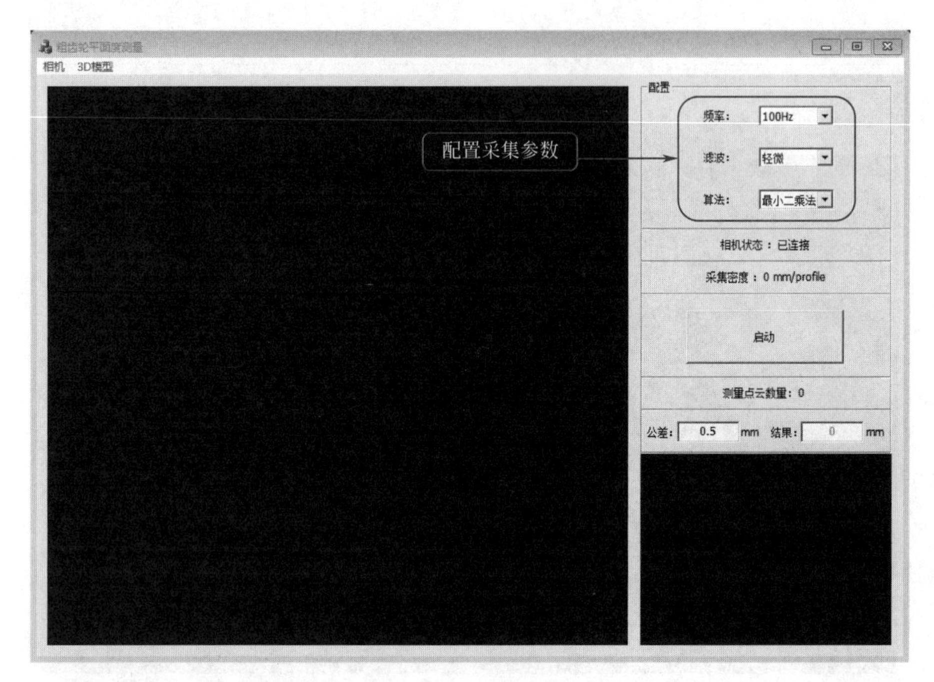

图 12.33 配置参数

滤波选项的功能分成了几个不同的等级，从无到最大分别是无、最小、轻微、中等、偏强和最大，不同的滤波选项给平面度检测带来不一样的效果。

算法项分 3 种，为最小二乘法、边界盒法和高度差法。最小二乘法是采用最小二乘法将点云拟合为一个平面，然后以拟合平面为基准面求出点云的平面度，此算法检测精度高，但是需要一定的计算时间，受点云的数量影响大；边界盒法是重建点云的三维模型，对三维模型取最小的边界盒，边界盒高度即为平面度，此方法检测速度快，几乎不受点云数量的影响；高度差法相当于求轴向的边界盒，因此要求检测零件的检测表面要与相机检测的 Z 坐标垂直，此检测方法要求太过于苛刻，不建议使用。

③ 启动测量。

选定需要的配置参数后即可点击“启动”按钮开始检测，检测过程使用传动系统配合检测，设定好直线导轨的运行速度，本系统设定滑台的运行速度为 10mm/s。开始点击“启动”后，当 3D 相机出现红色激光线时表示开始采集，此时要控制直线导轨运动，带动滑台上面的齿轮运动，通过激光线扫描和图像传感器获得齿轮点云数据。

开始采集后将禁用所有点击事件，同时“启动”按钮上将显示“采集中”，如图 12.34 所示。当采集完成后，采集到的图像将显示在主显示框上面，采集到的图像为二维图像。采集完成后会自动按配置的算法开始计算平面度，计算过程“启动”按钮上显示“计算中”，如图 12.35 所示，状态显示处采集密度和测量点云数量将显示此次检测的数据。当计算完成后将会在结果编辑框里显示本次检测的结果，如果检测结果大于设定的公差，则用红色字体显示，同时在结果显示框显示“NG”的检测结果；如果检测结果小于设定的公差，则用绿色字体显示结果，同时结果显示框显示“OK”的检测结果，如图 12.36 所示。

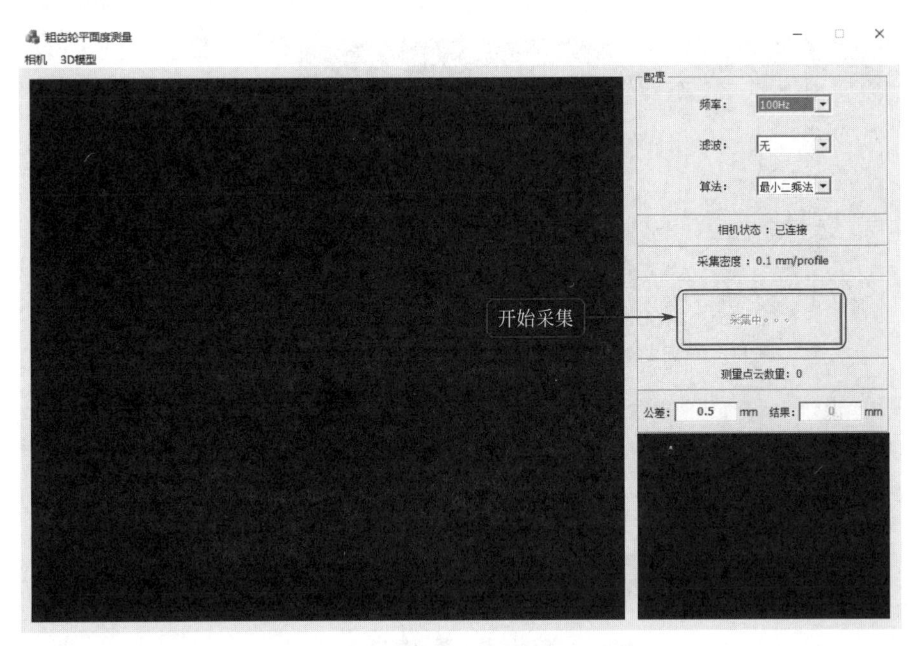

图 12.34 启动采集

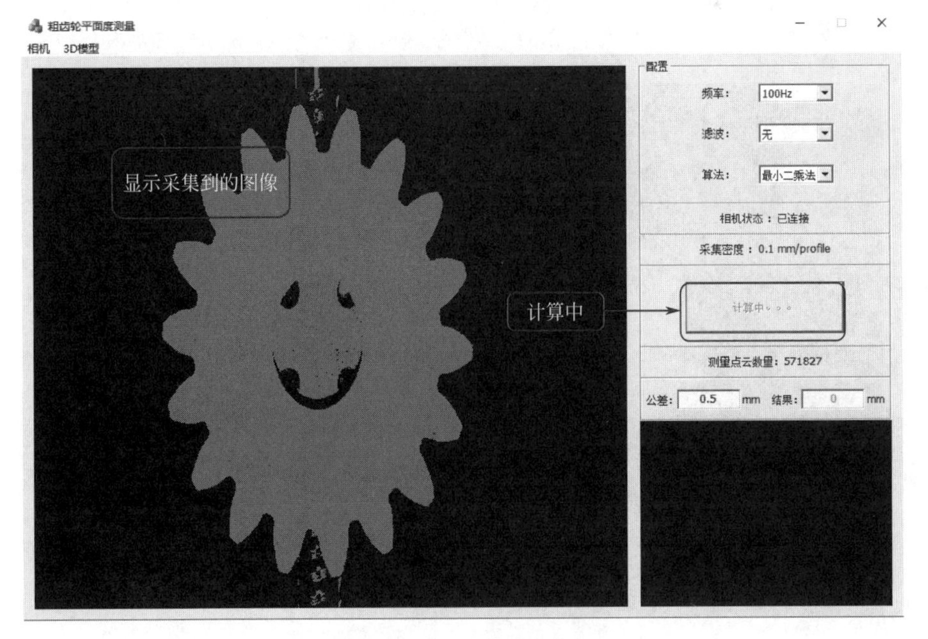

图 12.35 计算平面度

④ 3D 模型显示。

“启动”操作完成后，图像信息已经存储在系统里面，主显示框显示的是图像的二维效果，本检测系统还具有显示图像 3D 模型的功能，点击菜单栏“3D 模型”选项，将会出现“原始模型”和“测量模型”两个子项，“原始模型”表示采集到的图像未经处理的 3D 模型效果（图 12.37），“测量模型”表示经过处理的齿轮检测的表面 3D 模型效果（图 12.38）。

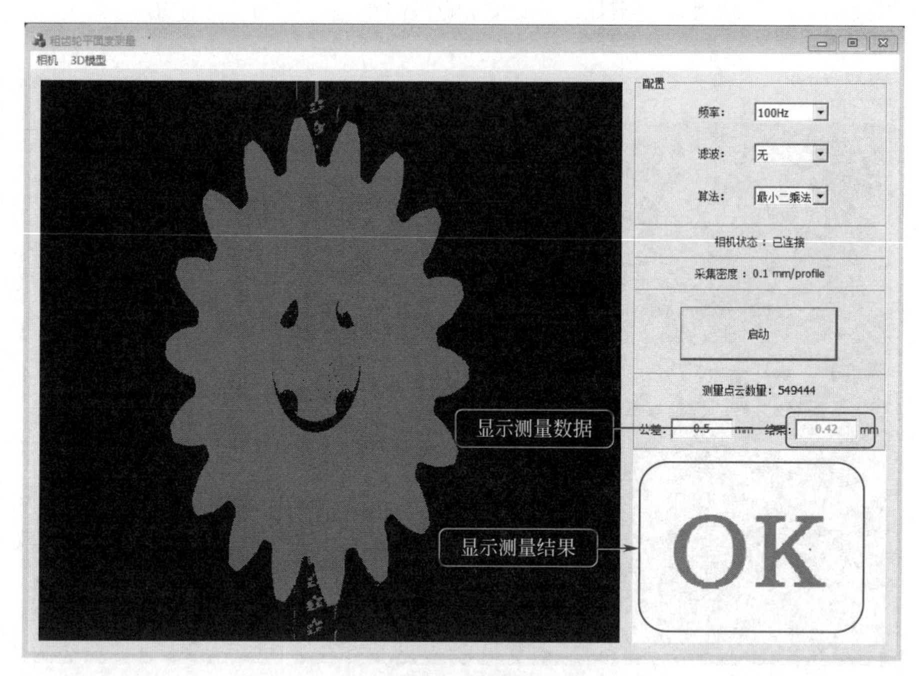

图 12.36　检测结果

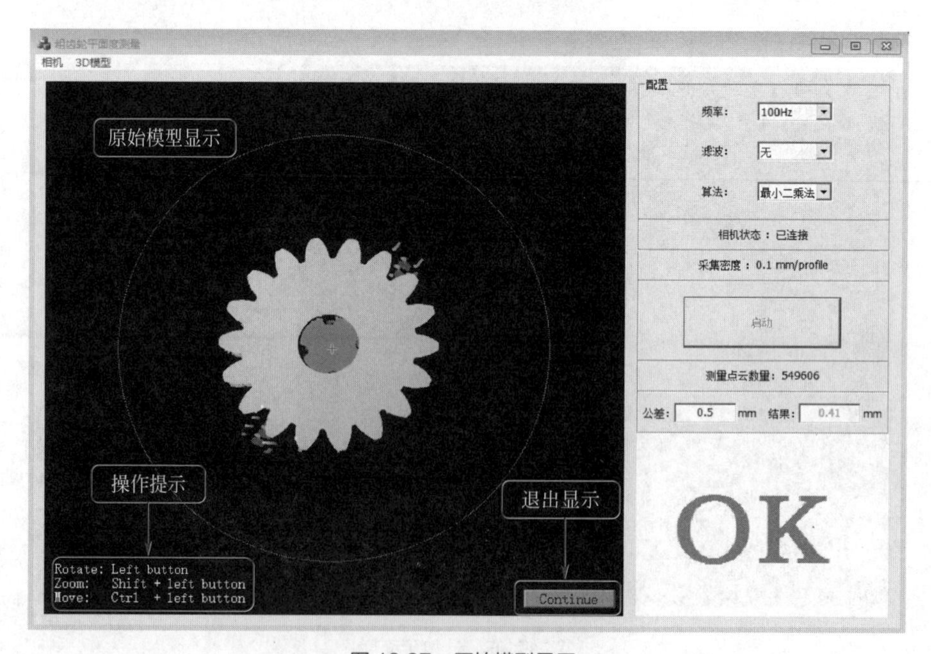

图 12.37　原始模型显示

图像采集完成后点击“原始模型”或“测量模型”即可将 3D 相机采集到的 3D 模型显示出来，显示 3D 模型的时候，软件除了显示区域之外，其他区域都不可操作，可对模型进行旋转（鼠标左键）、缩放（Shift+ 鼠标左键）和移动（Ctrl+ 鼠标左键）。点击显示区域

“Continue”按钮可退出 3D 模型显示。

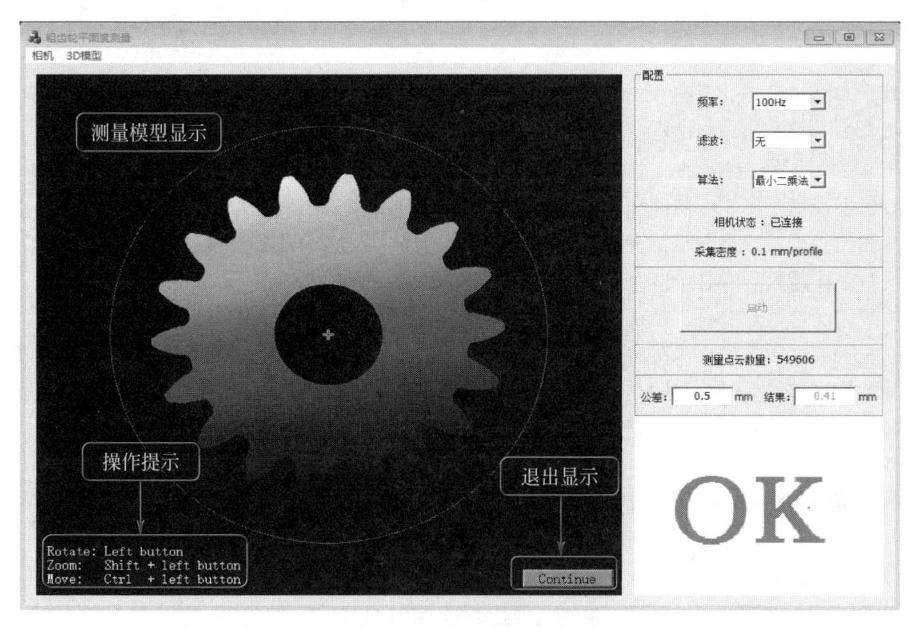

图 12.38 测量模型显示

12.5.4 小结

本系统是专门针对一款特定齿轮平面度检测设计而成，系统检测功能具有专一性。但是可以针对不同检测零件设计出不同的检测方案，可拓展性高。

此案例检测根据不同的采集频率和不同的滤波效果其测试的结果在一定范围内波动，因此需要根据检测的需求选择合适的采集频率和滤波效果，而且这种选择也是需要经过大量的实验进行验证才能确定，这也是在视觉项目开发过程中必须注重的问题，所有理论测试都要经过大量的实验进行验证，才能在实验过程中不断提升系统的可靠性及合理性。

参考文献

[1] 尹力 . 基于 OpenCV 的计算机视觉三维重建方法研究 [D]. 合肥 : 安徽大学 , 2011.

[2] 杨青 . 机器视觉算法原理与编程实战 [M]. 北京 : 北京大学出版社 , 2019.

[3] 高峰 , 王富东 . 浅谈机器视觉技术发展及应用 [J]. 山东工业技术 , 2019(05): 142.

[4] 李延浩 . 机器视觉在多领域内的应用 [J]. 电子技术与软件工程 , 2018(01): 93-94.

[5] 杨高科 . 图像处理、分析与机器视觉 (基于 LabVIEW). 北京 : 清华大学出版社 , 2018.

[6] 阮秋琦 . 数字图像处理 [M]. 北京 : 清华大学出版社 , 2009.

[7] 贾永红 . 数字图像处理 [M].2 版 . 武汉 : 武汉大学出版社 , 2010.

[8] 刘海波 . Visual C++ 数字图像处理技术详解 . 2 版 [M]. 北京 : 机械工业出版社 , 2014.

[9]［美］冈萨雷斯 . 数字图像处理 [M].2 版 . 阮秋琦 , 译 . 北京 : 电子工业出版社 , 2007.

[10]［德］斯蒂格 . 机器视觉算法与应用 . 杨少荣 , 译 . 北京 : 清华大学出版社 , 2008.

[11] 胡雨婷 . 海康机器视觉工业镜头应用技术 [J]. 智慧工厂 , 2018(07): 66-72.

[12] 刘国华 . HALCON 数字图像处理 . 西安 : 西安电子科技大学出版社 , 2018.

[13] 余文勇 , 石绘 . 机器视觉自动检测技术 . 北京 : 化学工业出版社 , 2013.

[14] 李刚 . 疯狂 Java 讲义 . 5 版 . 北京 : 电子工业出版社 , 2019.

[15] 李立宗 . OpenCV 轻松入门 . 北京 : 电子工业出版社 , 2019.

[16] 丘亚伟 . 数字图像处理与 Python. 北京 : 人民邮电出版社 , 2020.

[17] 张铮 , 徐超 , 任淑霞 , 等 . 数字图像处理与机器视觉 : VisualC++ 与 Matlab 实现 . 2 版 . 北京 : 人民邮电出版社 , 2014.

[18] 陈兵旗 . 机器视觉技术 . 北京 : 化学工业出版社 , 2018.

[19] 赵小强 , 李大湘 , 白本督 . DSP 原理及图像处理 . 北京 : 人民邮电出版社 , 2013.

[20] 阿查里雅 . 数字图像处理原理与应用 . 田浩 , 译 . 北京 : 北京大学出版社 , 2007.

[21] 陈天华 . 数字图像处理及应用 . 北京 : 清华大学出版社 , 2019.

[22] 张铮 , 倪红霞 , 宛春苗 , 等 . 精通 Matlab 数字图像与识别 . 北京 : 人民邮电出版社 , 2013.

[23] 赵小川 , 何灏 , 唐弘毅 . MATLAB 计算机视觉实战 . 北京 : 清华大学出版社 , 2018.

[24] 高永勋 , 任德均 , 严扎杰 , 等 . 基于 HALCON 的汽车牌照识别研究 [J]. 精密制造与自动化 , 2018(04): 48-50.

[25] 付兴领 . 基于 HALCON 机器视觉的齿轮参数测量系统 [J]. 电子世界 , 2020(02): 23-25.

[26] 康耐官网 http://www.csray.com/NewsDetail/1256100.html(镜头分类部分).

[27] 李志 . 基于激光扫描的三维机器视觉系统研究 [D]. 吉林大学 , 2007.

[28] 于春和 , 祁乐阳 . 基于 HALCON 的双目摄像机标定 [J］. 电子设计工程 , 2017, 25(19) : 190-193.

[29] 徐凯 . 基于双目视觉的机械手定位抓取技术的研究 [D]. 杭州 : 浙江大学 , 2018.

[30] 刘玉婷 , 徐祥宇 , 王超 , 等 . 摄像机标定系统方法的研究 [J]. 智能计算机与应用 , 2019, 9(03): 133-136+141.

[31] 张广军 . 机器视觉 . 北京 : 科学出版社 , 2015.

[32] 秦志远 . 数字图像处理原理与实践 . 北京 : 化学工业出版社 , 2017.

[33] 张岩 . MATLAB 图像处理超级手册 . 北京 : 人民邮电出版社 , 2014.

[34] 孙明 . 数字图像处理与分析基础 : MATLAB 和 VC++ 实现 . 北京 : 电子工业出版社 , 2013.

[35] 张德丰 . 数字图像处理 (MATLAB 版). 北京 : 人民邮电出版社 , 2015.

[36] 唐波 , 马伯宁 , 邹焕新 , 等 . 计算机图形图像处理基础 . 北京 : 电子工业出版社 , 2011.

[37] 黄力宇 , 赵静 , 李超 . 医学影像的数字处理 . 北京 : 电子工业出版社 , 2012.

[38] 冯建辉 , 杨玉静 . 基于灰度共生矩阵提取纹理特征图像的研究 [J]. 北京测绘 , 2007(03): 19-22.